ビジュアル図解

新装版

食品工場のしくみ

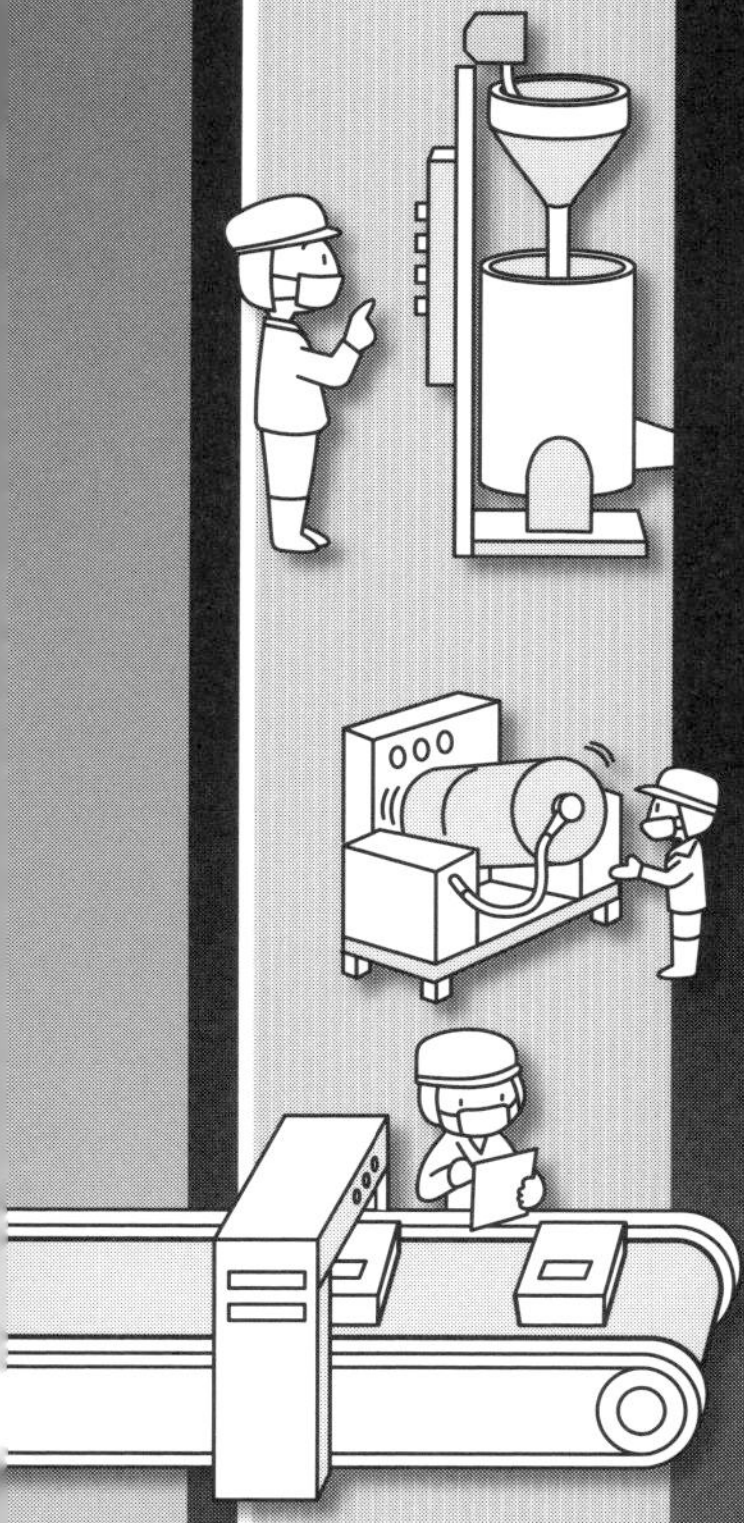

食品安全教育研究所 代表
河岸 宏和
Hirokazu Kawagishi

同文舘出版

はじめに

「人の命を救うには、一所懸命勉強して、医者の免許がいるけれど、人の命を奪うには免許はいらない」―これは、私がよく話す言葉です。食品は、人の命を育むのに必要なものですが、一歩間違うと人の命を奪うものにもなりかねません。

２００５年に初版を書いてから10年以上が経ってしまいました。東日本大震災もあり、食品工場の多くが被災してしまいました。被害の少なかった食品工場は、毎日被災地に食料を届けるため、生産していたそうです。食品工場の持つ安心、安全の役割が、より明確になった10年だと思っています。また、インターネットの普及により、たった一枚の写真、動画が会社の経営を左右する時代になってしまいました。

今回の改訂にあたり、食品工場で働く方に必要な安心、安全に関する知識をよりわかりやすく解説しました。

食品は毎日食べるものです。加工食品、すなわち、食品工場で加工した食品をまったく使わずに、毎日の食事を準備することは、現代では非常に難しくなってきています。毎日食べる食品がどのようにつくられているか、食品工場で働いている人がどのように働いているか、どのように食品工場の管理がされているか、本書でお話しすることによって、毎日口にするものを、より安心して食べることができるようになると思います。

この本を手に取られた方は、これから食品工場に勤めようと考えている学生、食品工場に転職しようと考えている方、現在、食品工場で働いている方、食品工場はどんな所か興味を持った方、いろいろな方がいらっしゃることと思います。

本書では、私が、初めて就職してから、さまざまな食品工場で働いた経験から得た知識を、お話ししたいと思います。なるべくやさしい言葉で、わかりやすく具体的にお話ししていきます。

現在、食品工場で働いている方にとっては、少し物足りないかもしれません。しかし、工場全体がどのように動いているか、よくわかるようにお話ししていきたいと思います。工場で働いている方でも、工場全体を見ながら働いている方は、意外に少ないものです。安全、安心な食品を製造するためには、工場全体の管理がしっかりしている必要があります。ぜひ、工場全体を理解していただきたいと思います。

大企業の希望退職募集という報道が常に聞かれる中、弁当工場で働く方が不足して、外国人労働者に頼っている事実もあります。食品工場で働くということは、どんなことなのか、本書を読んで理解していただき、食品工場で働く人が一人でも増えることを願っています。

２０１９年6月

食品安全教育研究所　代表　河岸宏和

※本書は『最新版　ビジュアル図解　食品工場のしくみ』（２０１９年8月15日初版発行）の一部を修正し、装丁を新たにした新装版です。

新装版 ビジュアル図解

食品工場のしくみ

3章 食品工場はこんな部門に分かれている

4章 安全な食品をつくるためのポイント

5章 働く人の安全を考える

6章 食品工場の商品開発のポイント

7章 生産管理はこうして行う

8章 流通センターの役割を考える

9章 クレームはお客様からのプレゼント

10章 工場を管理するために知っておきたいこと

カバー／齋藤稔
本文DTP／萩原印刷
イラスト／清正、武藤孝子

1章

食品工場はこんな働きをしている

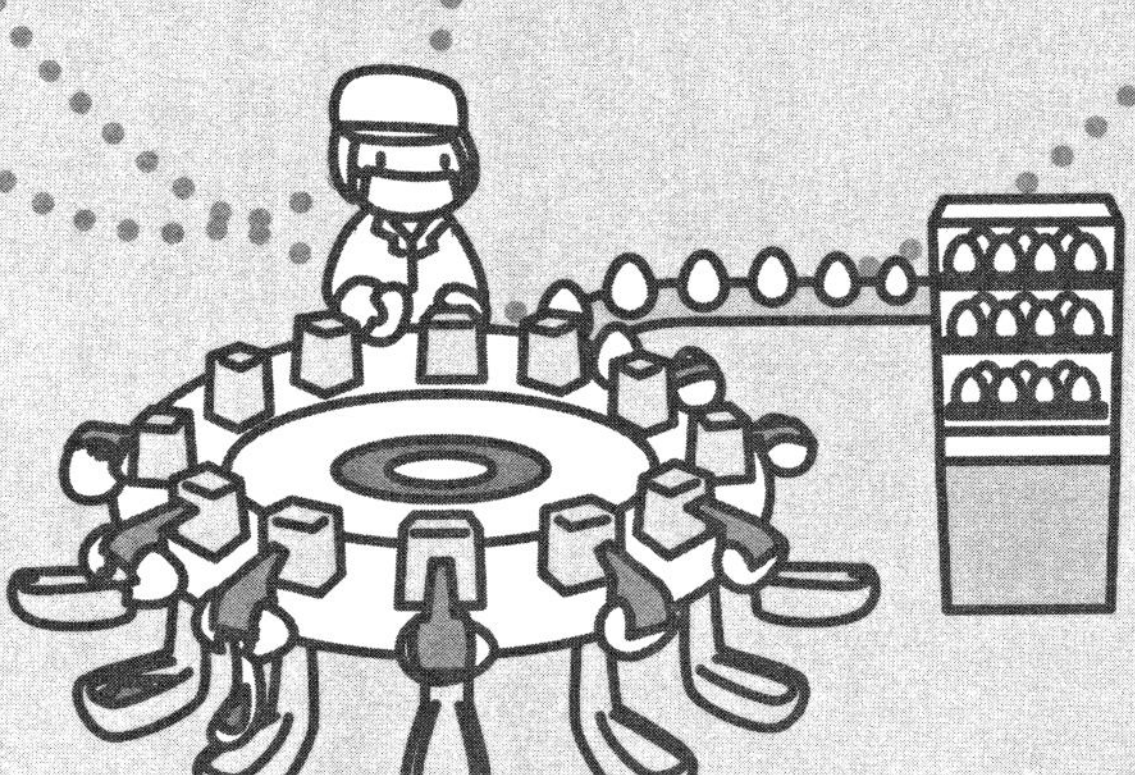

01 食品工場はこのように動いている

■工場の目的は付加価値をつけること

食品工場の目的は、原料にどれぐらいの付加価値をつけることができるか、ということになります。付加価値には、原料の保存性が高まる、移動が簡単にできる、おいしくなる、食べた人が健康になる等があります。

なかでも第一の目的は、工場で加工することによって、食材の保存性を高めることです。トマト、トウモロコシ等の作物は年に1回しか収穫できず、そのままでは年間を通して食べることはできません。そこで、ケチャップやジュースに加工したり、缶詰にすることによって、年間を通して食べることができるようになります。

第二の目的は、移動を簡単にすることです。熟れたトマトを畑からそのまま都市まで運ぶことは困難ですが、缶詰に加工すると、移動は非常に簡単になります。

第三の目的は、家庭で調理するより、おいしくできるということです。ポテトチップは家庭でつくることができます。ジャガイモを薄くスライスして、カラッと揚げればいいだけですが、どうしても工場でつくったもののほうがおいしくなります。

■付加価値を生む加工工程を考える

左図で、工場の大きな目的である付加価値を高めるのは、通常、加工工程のみになります。ワイン、ウイスキーのように、保管することによって付加価値が上がるものもありますが、通常は検査、移動、停滞に関しては、短く簡単な工程を組むことが大切になります。

工場の加工技術の差によって、工場の利益体質も変わるし、当然、最終商品の付加価値も変化してきます。前処理、調合、加熱処理、包装、箱詰めという各工程の加工技術を研究開発することが、工場の生命線となります。他の検査、移動、停滞に関する工程はコスト工程と考え、かかる経費をいかに少なくするか、在庫をいかに減らすか、移動時間を短くして、コストをいかに下げるか、を常に考える必要があります。

食品工場というと、長いベルトコンベアーに従業員が並んで作業している姿を想像しますが、コンベアーをいかに短くするかという発想の転換が必要になります。

食品工場はこのように動いている

◎食品工場の目的 ➡ 付加価値をつけること

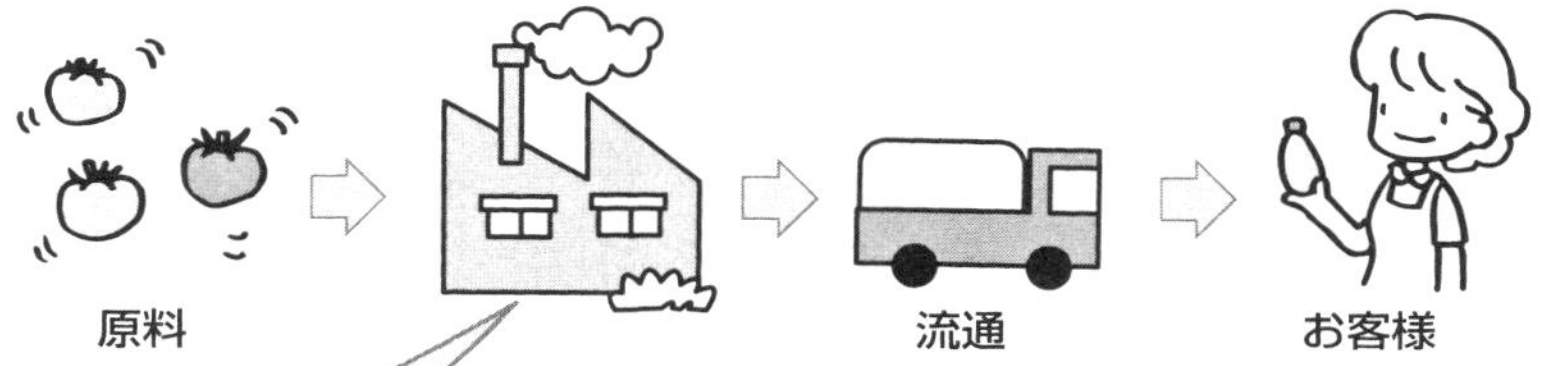

付加価値をつける

保存性を高める

長期間、保存できるようにする

移動できる

生のトマトより、缶詰、ケチャップは運びやすい

おいしくなる

生のトマトがケチャップになる等

健康になる

トマトジュースは毎日飲みやすい

◎工場の大きな流れ

加工 …この工程のみ、付加価値が上がる

（検査）（移動）（停滞）…短く、簡単なほうがいい

原料（移動）→ 受け入れ検査（検査）→ 保管（停滞）→ **前処理**（加工）→ **調合**（加工）→ **加熱処理**（加工）→ **包装**（加工）→ **箱詰め**（加工）→ 保管（停滞）→ 出荷（移動）

02 原料を受け入れる

■お客様と約束した原料を使用することが大切

工場で使用する原料は、保管温度により大きく4種類に分けられます。冷凍保管する物、冷蔵保管する物、定温管理が必要な物、常温保管でもよい物です。

まず、工場に入る前に受け入れ検査を行います。注文通りの数量や重量があるかどうか、加工日、収穫日は約束通りか、単価は間違いないか。そして、品質チェックになります。外観に問題はないか、運ばれてきた温度は間違いないか、必要であれば原料自体の検査をします。細菌検査、理化学検査、物性検査などになります。

受け入れ検査の精度を上げれば上げるほど、工場で使用する原材料がいい物になるため、よい商品をつくることができます。ただし、非常に付加価値がつけにくい工程です。なるべく簡単にすむように、日頃から原料供給メーカーの出荷前検査の精度を上げるように調整しておく必要があります。

■原料の劣化を防ぎ、ペスト（害虫）を取り除く

原料は左頁の4温度区分帯で保管しますが、大切なことは原料の品質を劣化させないことです。そこで、保管温度、保管期間を基準通りに守ることが重要です。ＦＩＦＯ（先入れ先出し）、在庫量、在庫日数の管理が必要です。また保管庫では、原料の劣化を防ぐことが大切です。冷蔵庫の場合は、冷気が充分に当たらないと原料を冷やすことができないため、原料の上下左右に充分な冷気が通る隙間が必要になります。

冷蔵庫の場合は、さらに温度、湿度のモニタリングと記録が必要になります。原料を保管している間に、カビや細菌などによる汚染が起こらないように、冷蔵庫の中は常に清潔にしておく必要があります。特に、冷凍機の室内機のフィンは、定期的な清掃が必要です。また農畜産原料は、ペスト（害虫）がついてくるため、保管中にペストを取り除く必要があります。食品の保管庫に毒餌を置くことはできないので、飛来昆虫の場合は捕虫器が有用です。電撃殺虫器ではなく、粘着テープで捕虫します。歩行ペストについては、床面に粘着テープを置いて捕獲します。

原料を受け入れる

原料 ➡ **受け入れ検査** ➡ **保管**

原料
移動

- 冷凍保管
- 冷蔵保管
- 定温保管
- 常温保管

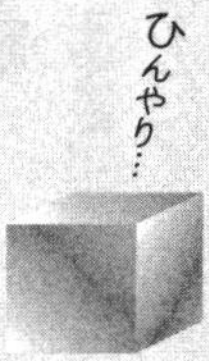

受け入れ検査
検査

- 数量、重量
- 日付（加工日）
  （収穫日）
- 単価
- 品質　外観
  温度
  細菌数
- 使用添加物

保管
停滞

- FIFO（先入れ先出し）
- 在庫量
- 品質を劣化させない

◉保管庫に求められること

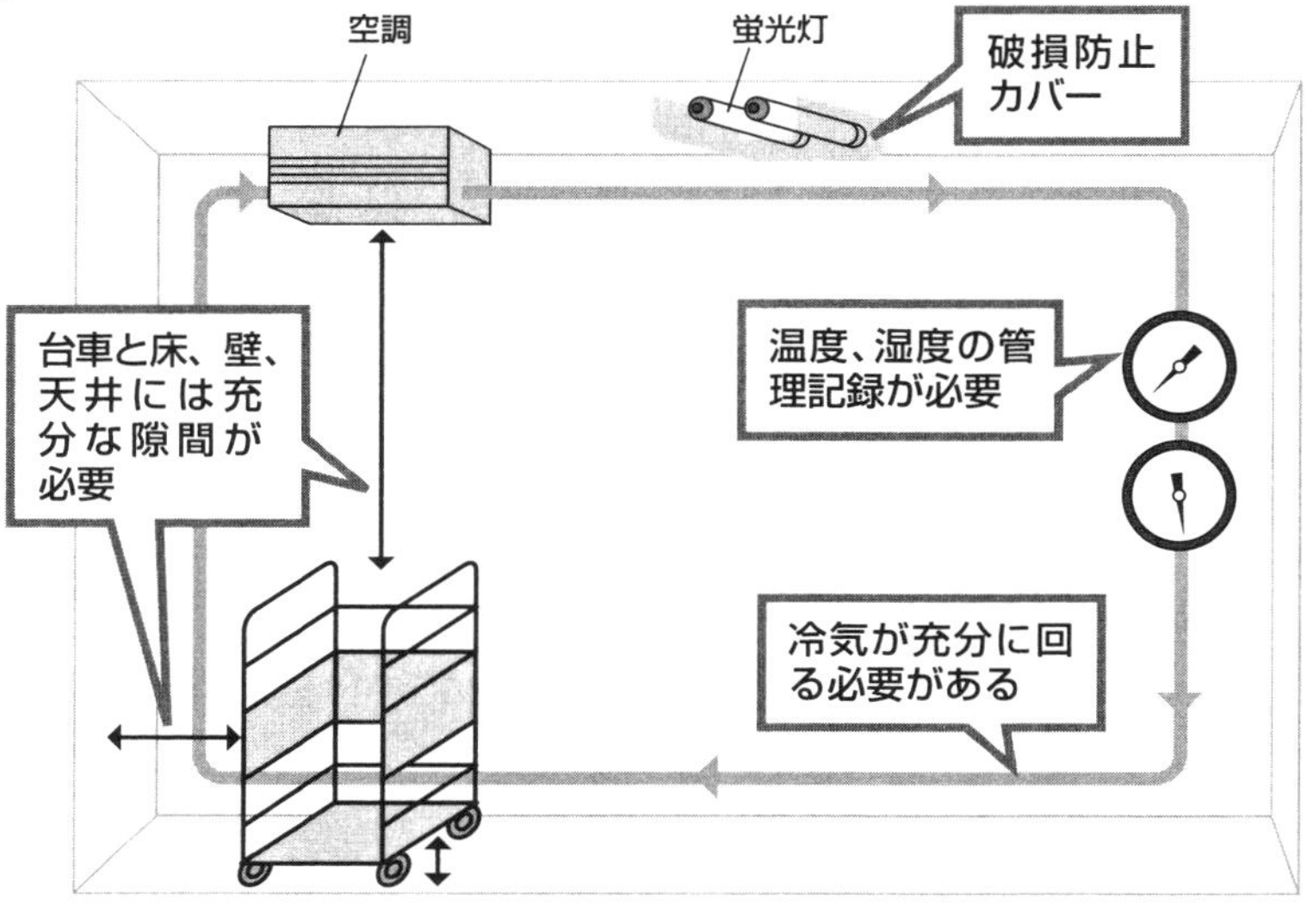

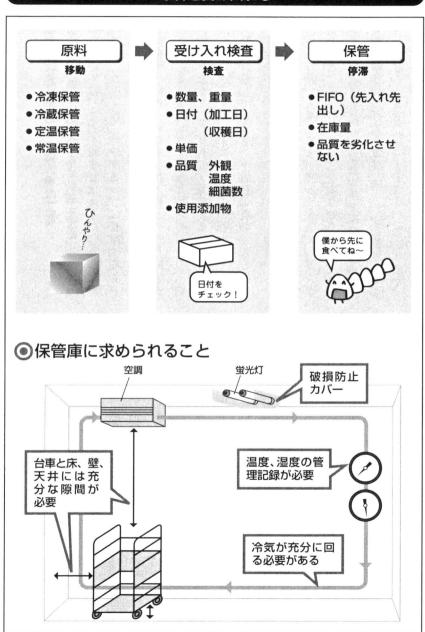

03

原料を加工する

■下処理工程は品質管理で一番大事な工程

次は、原料を工場内で使えるように加工する工程です。農畜産物については、この工程までは人手に頼ることが多い工程です。たとえば、サラダカップに使用するレタスは、農場から段ボール箱で入荷します。レタスは包丁などの金物を嫌うため、外葉を1枚1枚手で取り除きます。次に手で芯を取り除いて、葉を1枚ずつはがし、洗浄装置に投入します。この工程で、異物が入っていないかを確認していきます。レタスには毛虫や石など、いろいろな異物が付着しています。下処理の終わったレタスは洗浄・殺菌され、サラダカップに入れていきます。

畜産物ではどうでしょうか。ソーセージに使用する豚肉は、段ボール箱で入荷します。箱から出して、ソーセージにしたときに残る骨や筋などを取り除きます。豚肉も、レタスと同じように一つひとつ手で確認しながら、豚毛などの異物チェックをします。チェックが終わると、機械に入れやすい大きさにカットします。この工程で、金属探知器、エックス線探知機に通します。これは、注射針などの金属異物の混入を防ぐためです。

■トレースできるようにロットを区分する

人手がかかることによって、原料に人の体温が伝わります。食材は、温度の変化が品質を左右しますから、冷蔵保管の必要な原料を処理する部屋は温度管理の必要があります。たとえば、肉の処理工程では、10℃以下の部屋に作業者が並んで、肉の固い筋を取り除いていきます。

原料の異常に後から気がついて、最終商品のリコールが必要になる場合があります。その際のロットを小さくするため、原料のロット区分が必要になります。1日分というロット区分では、異常があった場合、その製造日分すべてがリコールの対象になります。対象のロットを小さくするため、なるべく細かいロット区分が必要です。

食品リサイクル法の施行後、前処理工程で発生するゴミを有効利用する工場が増えています。レタスの外葉、豚肉の筋などはきちんと区分すれば資源になります。この工程で発生した廃棄物は、次の処理を考えて、水分を取り除く、冷蔵保管する等を考える必要があります。

原料を加工する

◎付加価値のつく工程

サラダのレタスの場合

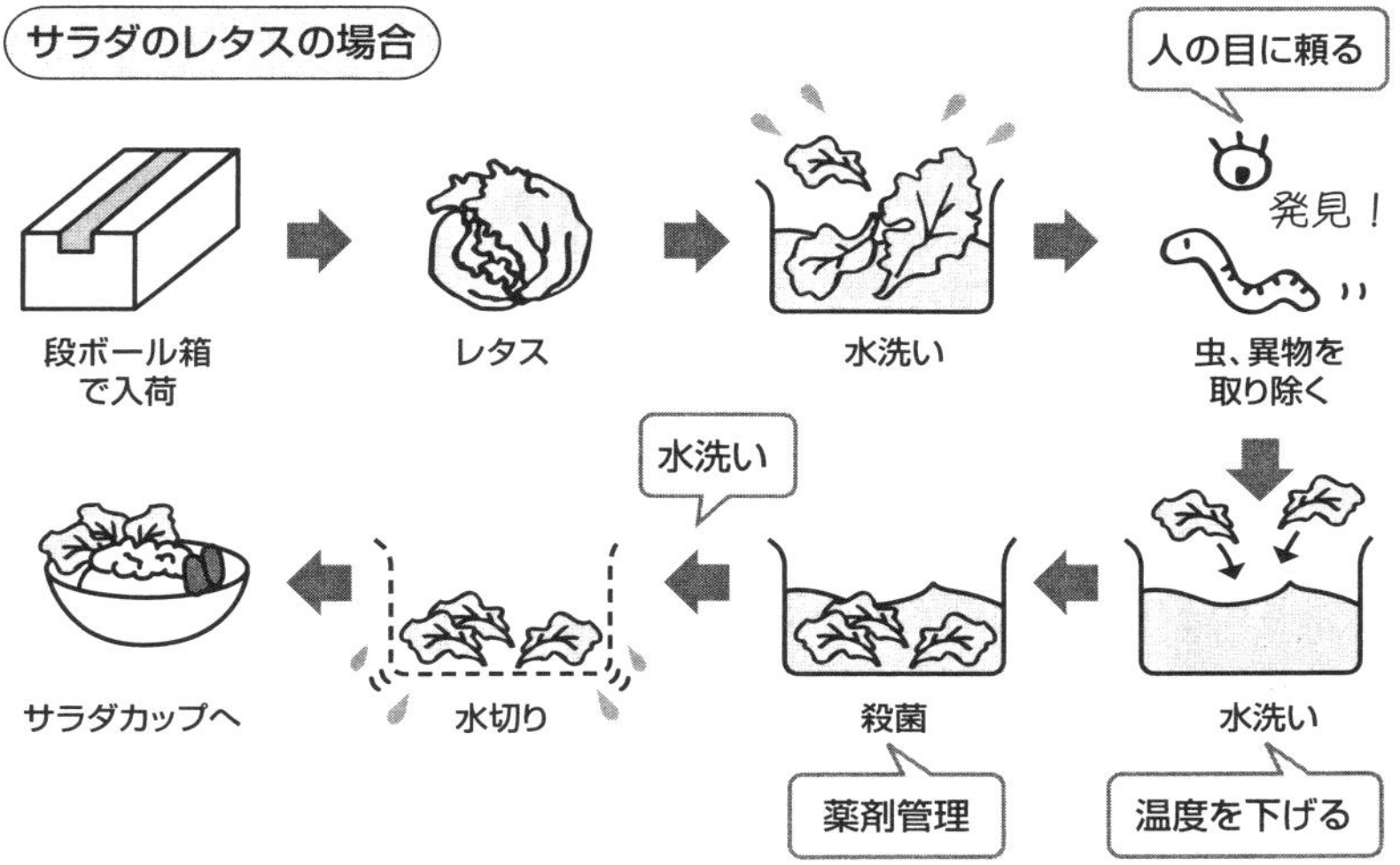

豚肉の場合

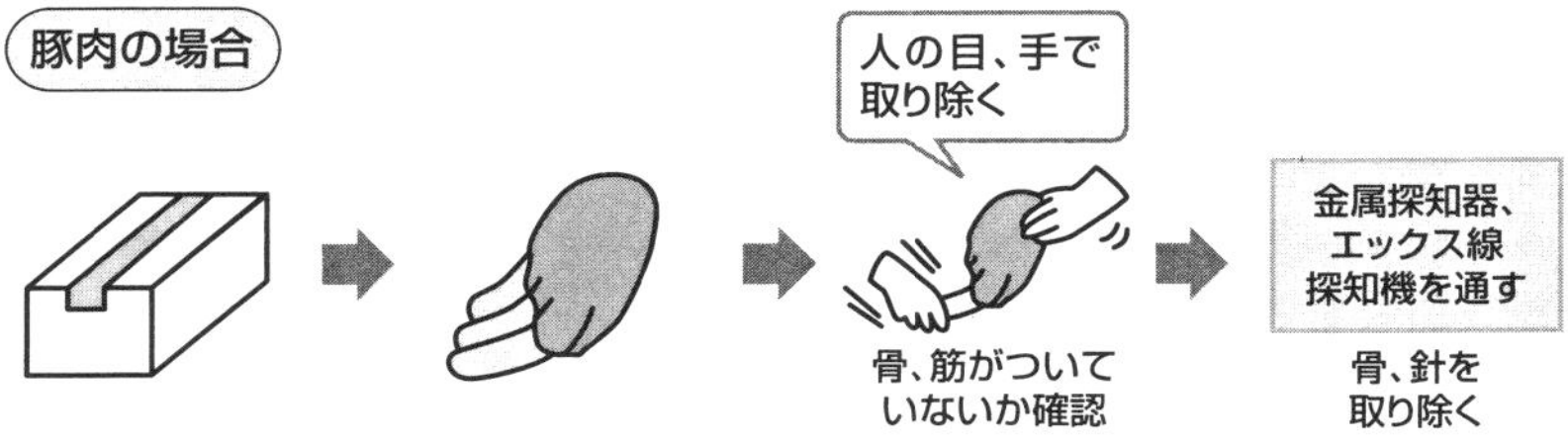

人の手が触れると原料の温度が上がるため、低温での管理が必要

◎加工で大切なこと

- 原料の温度を上げない
- 最終商品と使用した原料が
トレースができるようにする
- 廃棄物を少なくする

毎年、減らすことを考える

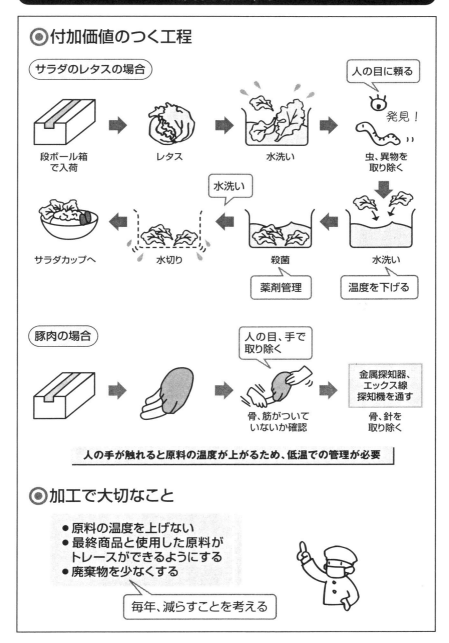

04 原料を配合する

■仕上がり状況の確認が必要

原料を配合表の通りに配合するのが、この工程です。たとえば、ポテトサラダであれば、ゆでたジャガイモ80%、マヨネーズ18%、添加物2%と、配合表通りに配合する工程です。

このように書くと簡単に思われますが、ちょっとした配合の違いで製品は変わってしまいます。畜肉ソーセージ、かまぼこなど、タンパク質の変化を配合工程で引き出して商品の特徴にしている場合は、この工程で最終商品の品質が決まります。

また、物理的に原料を攪拌《かくはん》するため、温度が上がります。この温度の上昇を抑えて、なおかつ充分に攪拌することができれば、よい製品をつくることができます。

具体的には、原料肉、添加物等を充分に冷やし込んでおき、カッター等の攪拌設備も充分に冷やしておきます。通常は、氷をカッターに入れて冷やしておきます。また、カッターの刃を研いでおく、刃とボールの隙間を整備しておくなど、配合表には現われてこない固有技術が、最終商品に活きてきます。

■機械にこだわれば、付加価値が上がる

付加価値をつけて、他社の工場と差別化するためには、設備にこだわることも必要です。ソーセージの場合、配合後の原料肉をケーシング（羊腸など）に充填するために、充填機まで肉を送る必要があります。機械化する前は、充填機まで手で原料肉を運んで充填していました。そうすることで、歯ごたえのあるソーセージができ上がっていました。現在は機械化により、手で充填していた肉をポンプで送るようになりました。そのポンプは、ギアポンプ、スネークポンプ、ロータリーポンプ、ピストンポンプ等の種類があり、この順番で、でき上がる最終商品の品質が上がっていきます。配合工程から充填工程に送るポンプだけで、これだけこだわることができるわけです。

食品工場の設備は、価格だけでなく、どうすれば最終商品の付加価値が高くなるかを常に考えて、設備を工夫する必要があります。

原料を配合する

◎原料の力を最大限に活かす

ソーセージの場合

原料

- 充分に冷やしておく

混合

- ねばるまでよく混ぜる
- よく刃を研いでおく

確認

- ねばりが充分に出ているか
- 温度が上がりすぎていないか

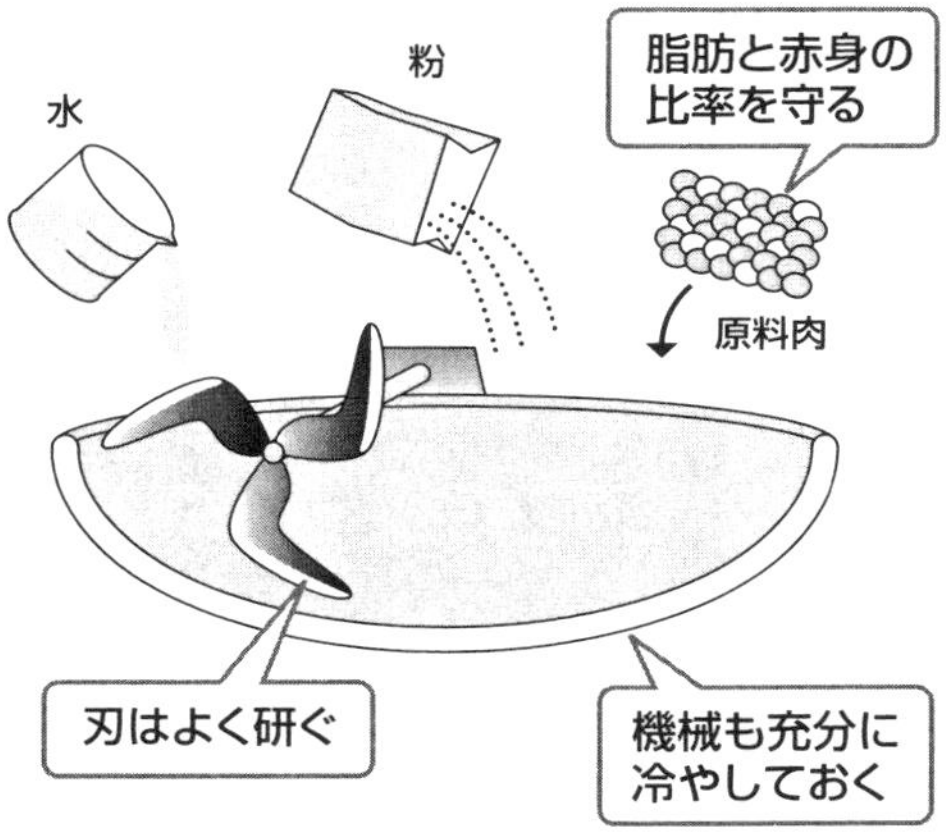

単に混ぜるだけでなく、原料からの温度管理が大切

◎原料の結着力を弱めない

原料をポンプで送るとき、原料の結着力を弱めないことが大切。
同じポンプでも多くの種類がある

▶ギアポンプ

▶スネークポンプ

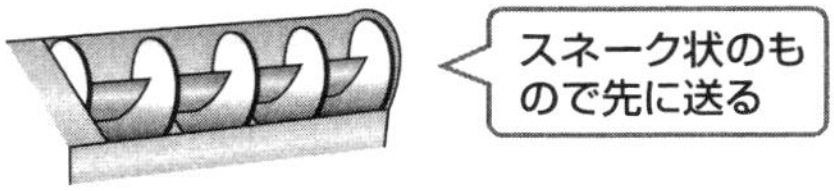

▶ロータリーポンプ

▶ピストンポンプ

▶手で送る

手で原料を次の工程に送る

よい品質

05

加熱調理をする

■保存性を上げて、おいしくする工程。火加減がおいしさを左右する

加熱する目的には、細菌を殺して保存性を上げることと、タンパク質を熱変成させて、食品を食べられるようにすることという二つがあります。

保存性を上げるための加熱は、加熱温度と加熱時間の掛け算になります。蒸す、焼く等の加熱方法とは関係がなく、単純に加熱温度と加熱時間で決まります。加熱後、細菌が増殖する10℃~60℃の温度帯を、いかに早く通り過ぎるか、が次に大切な点になります。

家庭で弁当をつくって、炊きたてのご飯を弁当箱に詰めて、夏の暑い日にそのままにしておくと、弁当は細菌の繁殖によって酸っぱくなってしまいます。ご飯を弁当箱に詰めて、扇風機ですぐに熱を取って、蓄冷材を入れて10℃以下にしておけば、添加物を使わなくても充分に食べることができます。

そこで、この危険な温度帯を素早く通り過ぎるように製品を冷やす必要があります。冷たい水のシャワーをかける、冷たい水につける、真空冷却装置で冷やす等の方法があります。また、一度殺菌した製品を冷却中に細菌で汚染させないことも重要です。

■いろいろな加熱方法

加熱方法にはいろいろあります。たとえば、お湯でゆでる方法、蒸気で蒸す方法、油で揚げる方法。ここまでは家庭と同じです。骨から出汁《だし》を取る際、80℃×2時間で出汁を取るときと１００℃×1時間のとき、１２０℃×30分のお湯から出汁を取るときでは、味が違ってきます。温度を高くして出汁を取ったほうがこくが出て、家庭では出せない付加価値をつけることができます。しかも、絶対熱量が少なくてすむため、加熱コストが下がることにもなります。

家庭にも圧力鍋があります。圧力を加えるとお湯の温度が上がるため、早く調理できるしくみです。工場ではこの圧力を加えたお湯を使って出汁を取ったり、加熱したりしています。家庭では出せない味を出す付加価値を加えるため、加熱することが多いのです。

加熱調理をする

加熱調理の目的

- タンパク質を熱変成させて食べられるようにする
- 細菌を熱で殺菌して、保存できるようにする

加熱だけでなく、素早く冷却することが大切

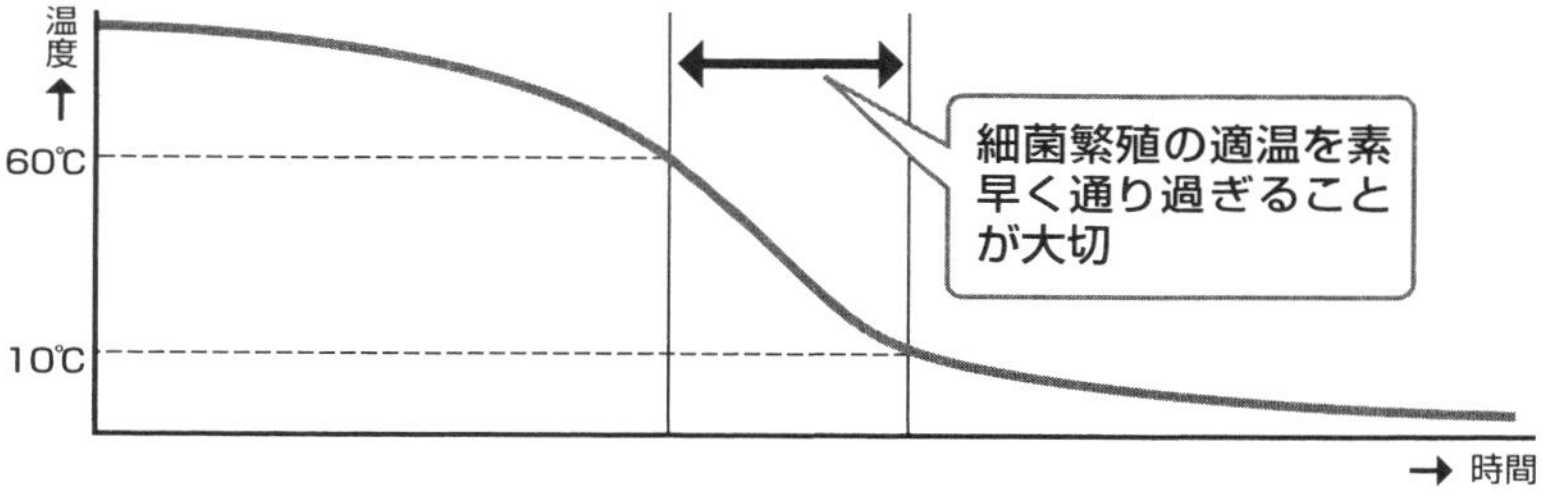

加熱調理で付加価値を出す。
家庭の調理ではできない調理方法でおいしくする

通常の加熱方法

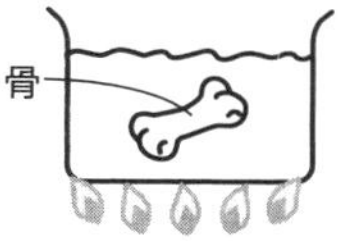

80℃×2時間 → **通常の味**

蒸気加熱

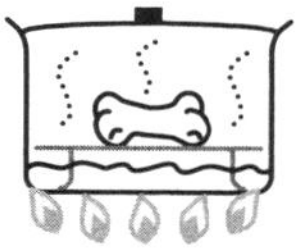

100℃×1時間 → **こくのある味**

加圧蒸気

120℃×30分 → **より独特な味**

加熱時間が短いほうが、作業効率が上がる

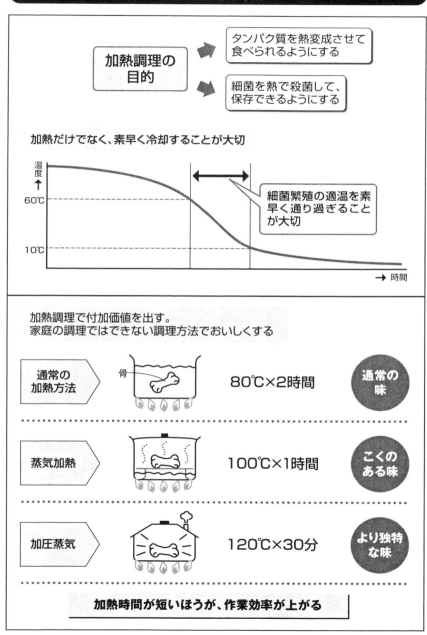

06

包装をする

■食品の保存性を高めて運びやすくする。商品価値を上げる大切な工程

レトルトパウチ食品（加圧加熱殺菌した食品）のように、加熱調理前に包装してある商品もあります。しかし、ほとんどの食品は、加熱してでき上がったものを包装して、運べるようにしていきます。

包装の目的は、品質保持と保護、取り扱いやすさを向上させる、商品価値を上げることにあります。包装することで食品を、微生物、水分、酸素、光などの危害から守ることができます。そして、直接触れられないようにし、物理的に壊れないようにすることができます。

たとえば、豆腐は非常に壊れやすく、腐敗しやすいものです。豆腐を食品工場で包装することによって、大量に製造して運ぶことができるようになりました。

また、豆腐の場合は、豆腐自体が60℃以上あるとき、パックに入れてフタをシールしてから冷やすことによって、無菌状態で包装することができます。最近は、ザルのように丸い包装容器に入れられて販売されている豆腐もあります。この豆腐は、包装容器ごと食卓に器として出しても違和感がありません。包装工程で商品価値、商品の付加価値をつけることもできます。

■工場で、もっとも衛生に注意が必要な工程

包装工程では､再度加熱殺菌されることはありません。包装工程で細菌に汚染されることを二次汚染と言います。この二次汚染を防ぐことに、充分に気をつける必要があります。人から汚染することがないよう、専用の作業服、使い捨て手袋、マスクの着用が必要になります。

環境についても、包装室の落下菌は最小限に抑えて、常に陽圧（室内の気圧を高く保つこと）の換気になっていることが重要です。二次汚染を防ぐため、最近では包装の後、再度殺菌する商品が増えてきました。

新聞には、食品の日付ミスの社告が少なくありません。包装工程では、製造年月日、賞味期限の日付を印字します。また商品の種類によって、ラベル、フィルムを変更します。設備だけに頼ることなく、チェック表を用いた、二重三重のチェック体制が必要です。

包装をする

◎包装の目的

品質保持と保護
- 微生物から守る
- 水分から守る
- 酸素、光から守る
- 直接、触れることができないようにする
- 物理的に壊れないようにする

取り扱いやすさの向上
- 移動できるようにする
- 段ボール詰めできるようにする

商品価値を上げる
- 食器として、そのまま使える
- プリンの型がとれる

◎注意しなくてはならないこと

二次汚染を防ぐ
- 包装室の空気
- 人の取り扱い

表示ミス、日付ミス
- ラベルの自動化
- 二重三重のチェック体制

◎表示の自動チェック装置

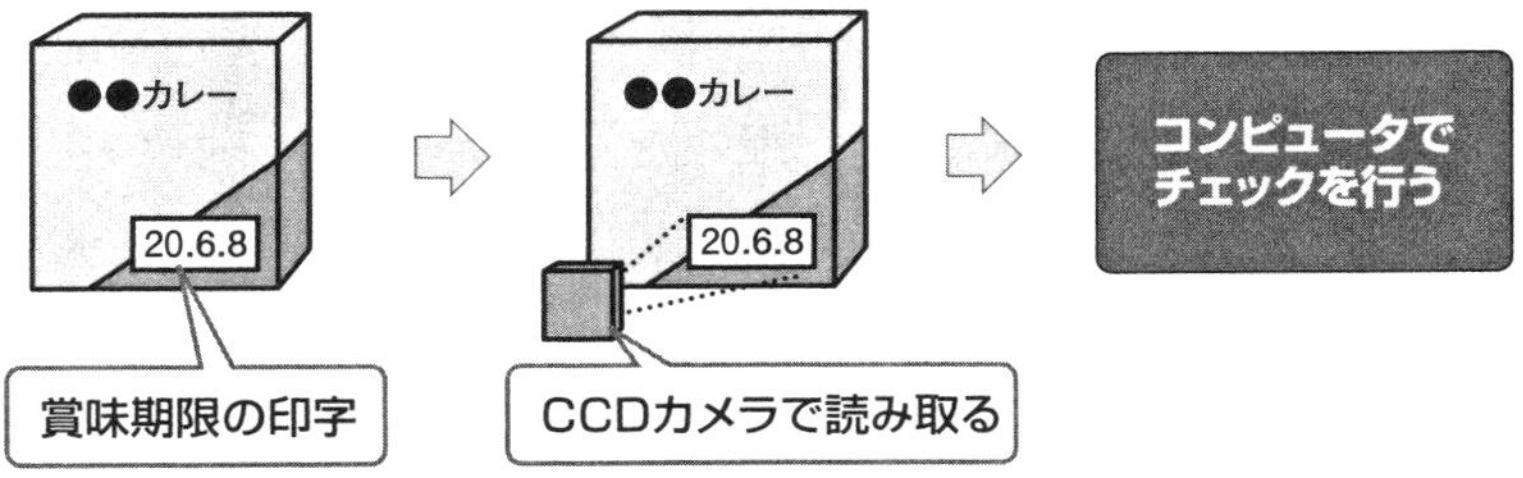

人間の目では、文字がかすれている場合やチェック者が疲れている場合、ミスが出るため、カメラによる自動処理が増えてきた

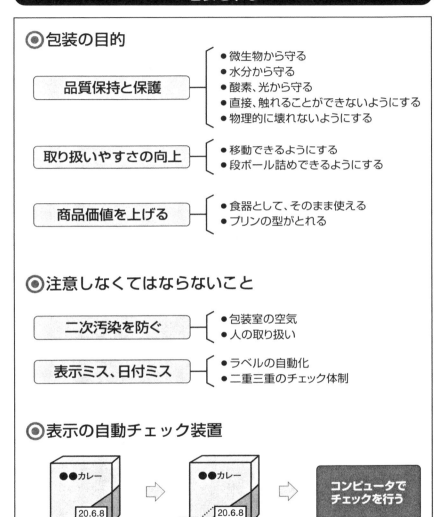

07

運べるように段ボールに詰める

■通いコンテナが増えてきている

工場からお客様の所まで、製品を運ばなくてはなりません。日本の物流は段ボール物流がほとんどです。スーパーなどの店にトラックが着くと、いろいろな荷物を下ろしています。見ていると、段ボールに詰められている物、コンテナ（プラスチック容器）に詰められている物、コンテナが折りたたみ式の物などいろいろです。

段ボールは店まで運ばれると、その使命は終わってしまいます。その後、リサイクルされますが、運ぶだけに使うのであれば、コンテナのほうが経済的です。

ただし、コンテナは回収が必要です。回収するためには、毎日同じ所に配送して、同じ所から回収する必要があります。トラックの有効利用を考えると、行きと帰りで別々の荷物を運んだほうがいいので、日本では段ボール物流が多くなってきています。

段ボールの一番の重要性は強度です。トラックいっぱいに積んでも、一番下の段ボールがつぶれないことが大切です。

一般的には、2メートルくらい積んでも、自重でつぶれない強度で設計されています。

■箱詰めでも、付加価値を考えることができる

最近、業務用の食材を製造している工場では、通いコンテナが増えています。工場の包装室には、外で流通していた段ボールを直接入れることはできません。必ず外箱をはずして持ち込みます。

また、工場に在庫するときは、物理的に壊れない強度が必要です。包装室に持ち込むときは、ゴミや埃《ほこり》などがついていないことも必要です。タケノコの皮をはぐように、各工程で外側の皮がむけるように包装してあれば、納入先の工場に対して大きな付加価値になります。

コストを抑えるためには、段ボールの在庫量を減らす必要があります。そこで、すべての商品で共通段ボールを使用して、箱詰め、テープ貼りを自動化することで省人化し、在庫量を減らすことができます。また、インクジェットを用いて直接、段ボールに商品区別のための表示ができる印刷機が開発されています。

運べるように段ボールに詰める

◉箱詰めの方法

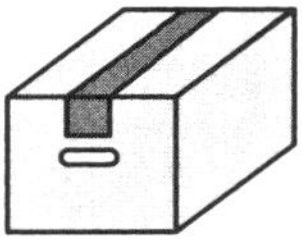

段ボール

- 取り扱いやすい
- 配送が効率的

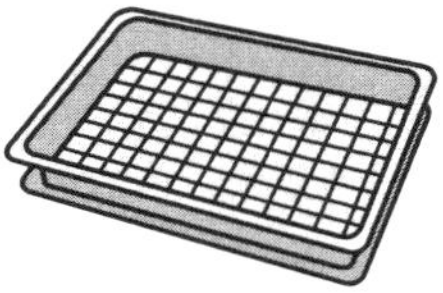

プラスチックコンテナ

- コストが安い
- ゴミが出ない
- 環境にやさしい

◉付加価値をつける

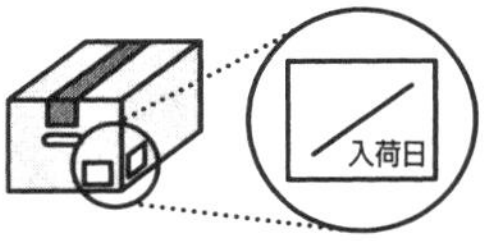

入荷日が書けるようにして、お客様側での管理を容易にする

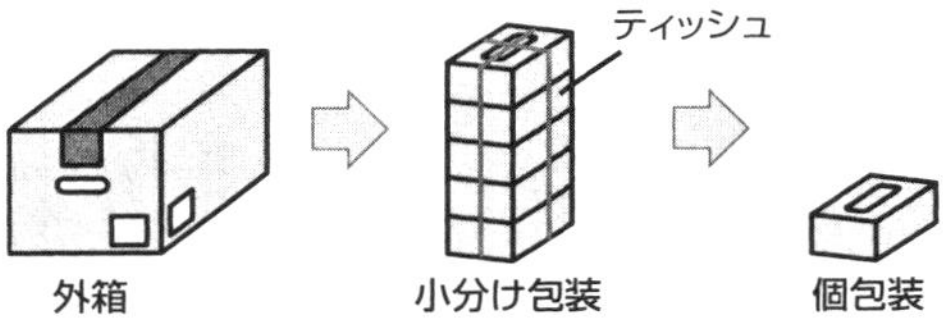

使いやすいように小分け包装を行う

◉自動化

同じ大きさの段ボールを用意して、種類ごとに工場で印刷すると在庫も減り、コストが下がる

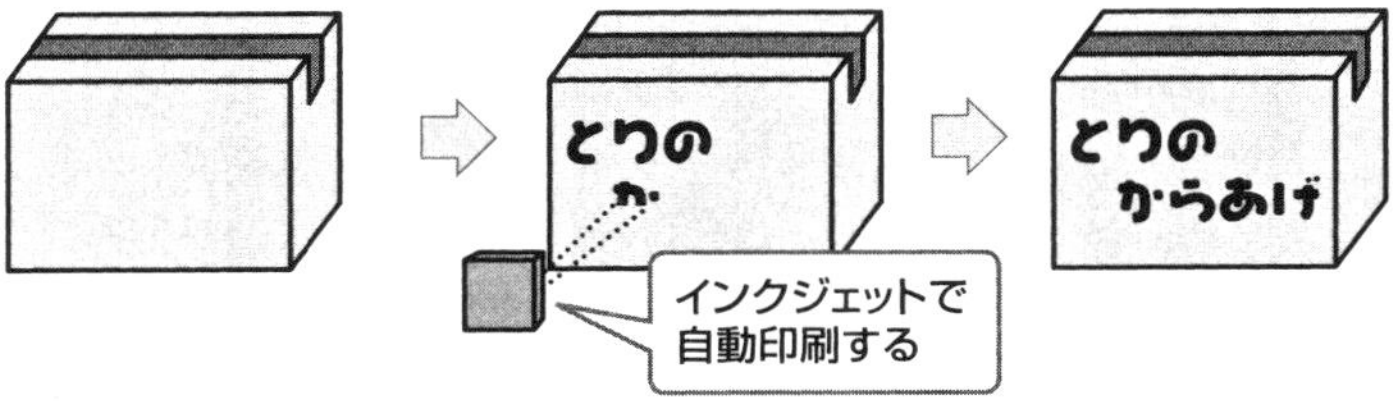

通常は、段ボール工場で品名ごとに印刷する

08

注文を受けて出荷する

■受注生産か見込み生産かで、工場の運営は異なる

工場には注文が入ってきますが、食品工場の受注から生産までには、大きく2種類の考え方があります。それは、見込み生産と受注生産です。

見込み生産は賞味期間が長く、大量生産、大量販売される加工食品のナショナルブランドに多い生産方式です。毎日同じ量を製造して、倉庫に在庫を持ち、注文があれば在庫から出荷するという流れになります。

一方、コンビニエンスストア、スーパーの弁当や総菜売場で見られる生産方式は、受注生産になります。毎日のお客様の動向と天気を見ながら、今日は50しか売れなかったが、明日は天気もよさそうだし土曜日だから、100売れるはずだと店が判断すれば、昨日の発注数の2倍の数を工場に注文します。工場は、注文を受けてからつくりはじめます。コンビニエンスストアの近くで運動会があれば、注文は2倍になります。しかし、店からの発注の際、明日の天気予報が雨に変わると、注文は通常の半分になります。工場は、こうしたすべての注文に対応しなくてはなりません。

■いいところと悪いところは?

具体的に、見込み生産と受注生産の違いを考えてみましょう。

たとえば、寿司を食べに行くとします。もし時間がなくて急いでいるときは、回転寿司がお勧めです。見込み生産で、握られた寿司がくるくると回っていますから、すぐに食べることができます。少し時間に余裕があれば、普通の寿司屋に行きます。ここでは、注文されてから握りはじめます。これが受注生産になります。

次に、工場から見たメリットとデメリットを考えてみましょう。見込み生産は、工場の生産活動を平準化することができます。土曜日・日曜日も製造を止めることができます。しかし、注文がないのに製造しているわけですから、つくった製品が、無駄になる可能性があります。

一方、受注生産は、工場は受注の数字を見るまでは製造体制が組めないため、毎日が変化しています。この変化に、いかに対応するかが工場の力になります。

注文を受けて出荷する

◎受注生産

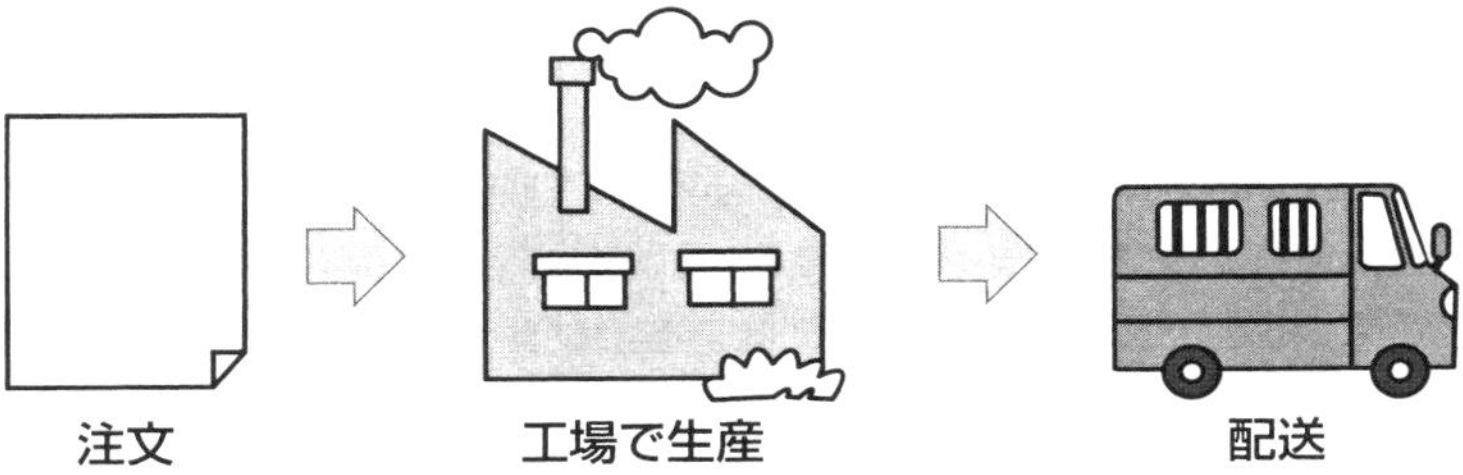

例
- コンビニエンスストアの弁当、総菜
- カウンターでの寿司の食べ方

メリット
- ・天気、行事などの変化に対応できる
- ・在庫を持つことがない

デメリット
- ・原料、要員手配が難しい
- ・数量の“よみ”が難しい
- ・リードタイムが短い

◎見込み生産

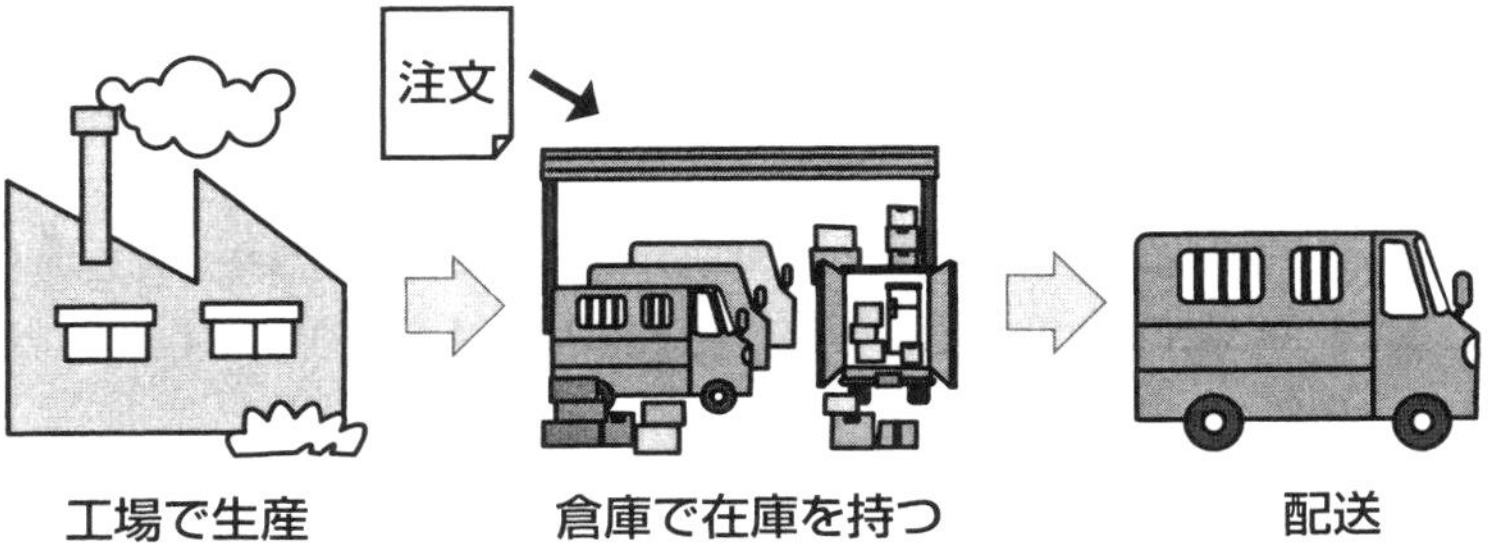

例
- ナショナルブランドの製品
- 回転寿司での食べ方

メリット
- ・工場の生産が計画的にできる
- ・要員管理が容易

デメリット
- ・急な注文に対応できない
- ・注文がなければ不良在庫になる
- ・保管費用がかかる
- ・新鮮なものがお客様に届かない

Column 1

ゴキブリは どこから入ってくるのか

家庭でも工場でも、ゴキブリを見かけると、衛生状態に疑問を持つことと思います。

新築の家の場合で考えてみましょう。

家を新築して、やっとゴキブリから解放されると思っていたら、引っ越した初日からゴキブリに悩まされることになりました。床にはゴキブリをスリッパでつぶした跡がつくし、壁にはゴキブリがへばりついている……なぜ、こんなにゴキブリがいるのか信じられないほどです。ゴキブリは、1匹見かけたら30匹はいると言われています。

では、ゴキブリはどこから入ってきたのでしょうか。アリのように、外からぞろぞろと家の中に入ってくるわけではありません。ゴキブリは引っ越しのときに入ってきます。テレビの中、タンスの後ろ、そしてさまざまな家具に付着して入ってくるのです。

そこで、家具をすべて新品にしたとします。そうすれば、ゴキブリは一掃できるのでしょうか。家具を購入しても、引っ越しに使用した段ボールに付着してくるため、残念ながらゴキブリを一掃することはできません。

ゴキブリは暗くて狭い場所を好みます。チャバネゴキブリの場合は、体長は5ミリ程度ですから、段ボール箱の隙間でも生息することができます。

新品の段ボールを使用しても、1週間もすると、家の中で何かごそごそ動くものを見かけます。どうやって新築の家に侵入してきたのでしょうか。

それは、あなたの鞄に付着して入ってきたのです。ゴキブリは、あなたが喫茶店で、何気なく床に置いた鞄についてしまったのです。電車の床、工場の事務所など、ゴキブリが鞄に付着する可能性のある場所はたくさんあります。鞄についたゴキブリは、新築の家に侵入して増えていきます。その他の方法でも、ゴキブリは人に付着して、いつでも侵入してきます。

現在の日本の環境は、ゴキブリのもっとも住みやすい場所に変わってしまいました。もはやゴキブリと仲よく過ごすことを考えなくてはいけないのでしょうか。

2章 食品工場を見学してみよう

09

食品工場見学の楽しみ方

■日本の食品工場の技術力を確認するチャンス

食品工場を見学したいと思っても、なかなかできるものではありません。就職の面接に行ったとき、工場の中を見せていただけませんかと頼んでも、なかなか見せてもらうことはできません。設備業者や洗剤業者のように、いろいろな工場を回っている業者はさまざまな工場を見ています。私も、新しい設備を入れる際、設備業者の制服を借りてライバル工場を見に行ったことがあります。

一般の方に工場を開放して、工場の衛生状態、管理状態をアピールしているビール会社や乳製品企業もあります。ガラス越しの工場見学でも、現地でしかわからない多くのことに気がつきます。建物・敷地の管理状況、機械設備の大きさ、現場に入るまでの服装や掲示物の状況、すれ違った従業員のあいさつの仕方、衛生管理の状況などです。

■現場の人を質問攻めにしよう

日本のパソコンの組み立て産業が、中国などに生産拠点を移しているのに対して、自動車産業が日本の中心産業であるのは、現場に生産に対する技術力の蓄積があるからだと言われています。同じ機械を中国などに設置しても、その機械を操作する技術、工場全体の流れを管理する技術力の差、もっと言えば、工場を取り巻く部品供給会社の技術力の差などが、日本の自動車産業がいまだに世界と戦える理由と言われています。

食品業界では、生鶏肉の加工拠点がタイや中国などに移行しています。日本の食品業界の技術力が世界に通用するかどうかは、工場の現場で働く人の技術力にかかっています。配合工程での、ちょっとした配合の仕上がり状態の差を見抜く力、包装工程でフタ材の張り方をちょっと工夫して、製品の仕上がりがきれいに見えるようにする技術力等、工場内にはいろいろな技術が蓄積されています。

その蓄積された技術を見聞きすることができるのが、工場見学のおもしろさでもあります。設備の大きさや最新設備だけでなく、掲示板を含めたさまざまな工夫が発見できるでしょう。

工場見学をしてみよう

◎工場見学を、1人からでも受け入れてくれる工場もある
◎衛生上の理由で断られる場合もある
◎工場設備が古くても使い込まれていれば、技術の蓄積が期待できる

10 ハム、ソーセージ工場の見学

ソーセージの原料は多くの場合、国産のフレッシュ原料を使用しています。ソーセージは、原料肉の状態がそのまま食感に現われるため、なるべく新鮮な原料肉を使用することが大切です。ソーセージの品質は、カッティングで決まります。原料の温度を上げることなくタンパク質をまとめ上げるためには、最高のカッティング技術が必要となります。

スライスハムを製造する際の注意点は、スライサーに残る端はスライスできないため、なるべく端が出ないようにすることです。これは、スライスするハムの長さを180㎝に製造することによって、端を少なくする工夫をしています。

また、包装工程後には殺菌を行わ

ソーセージ工場の作業の流れ
❶整形
原料肉から、筋、骨を取り除きます
❷ミンチ
粗挽きソーセージは、このミンチの大きさで粗挽き感が決まります
❸カッティング
品質を左右する工程。刃の切れ味が命です
水
粉
❹充塡
固すぎず、柔らかすぎず、手の感覚で充塡していきます

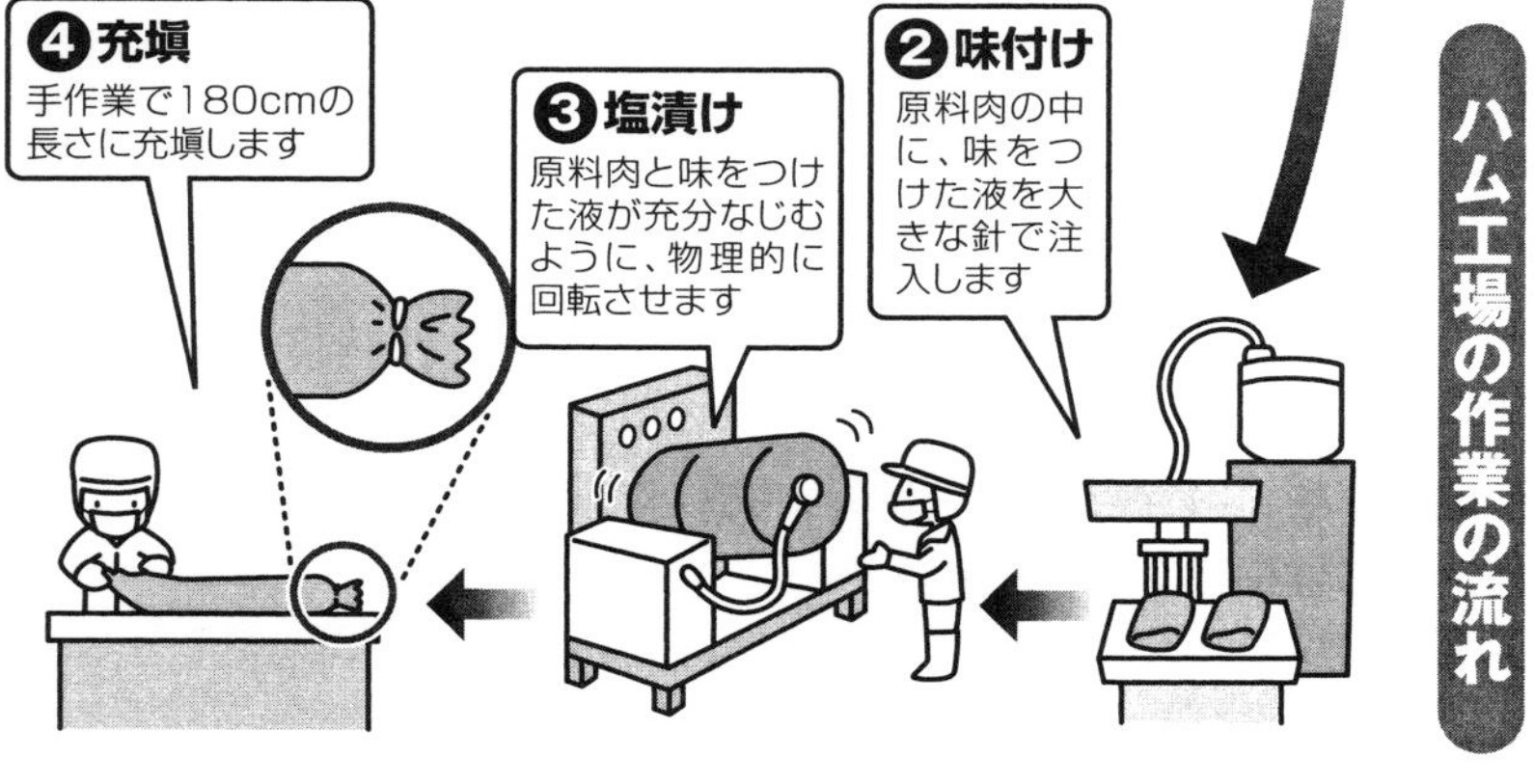

ハム工場の作業の流れ
❷味付け
原料肉の中に、味をつけた液を大きな針で注入します
❸塩漬け
原料肉と味をつけた液が充分なじむように、物理的に回転させます
❹充塡
手作業で180cmの長さに充塡します

ないため、この包装工程での二次汚染を少なくすることが、ハムの賞味期間を左右します。

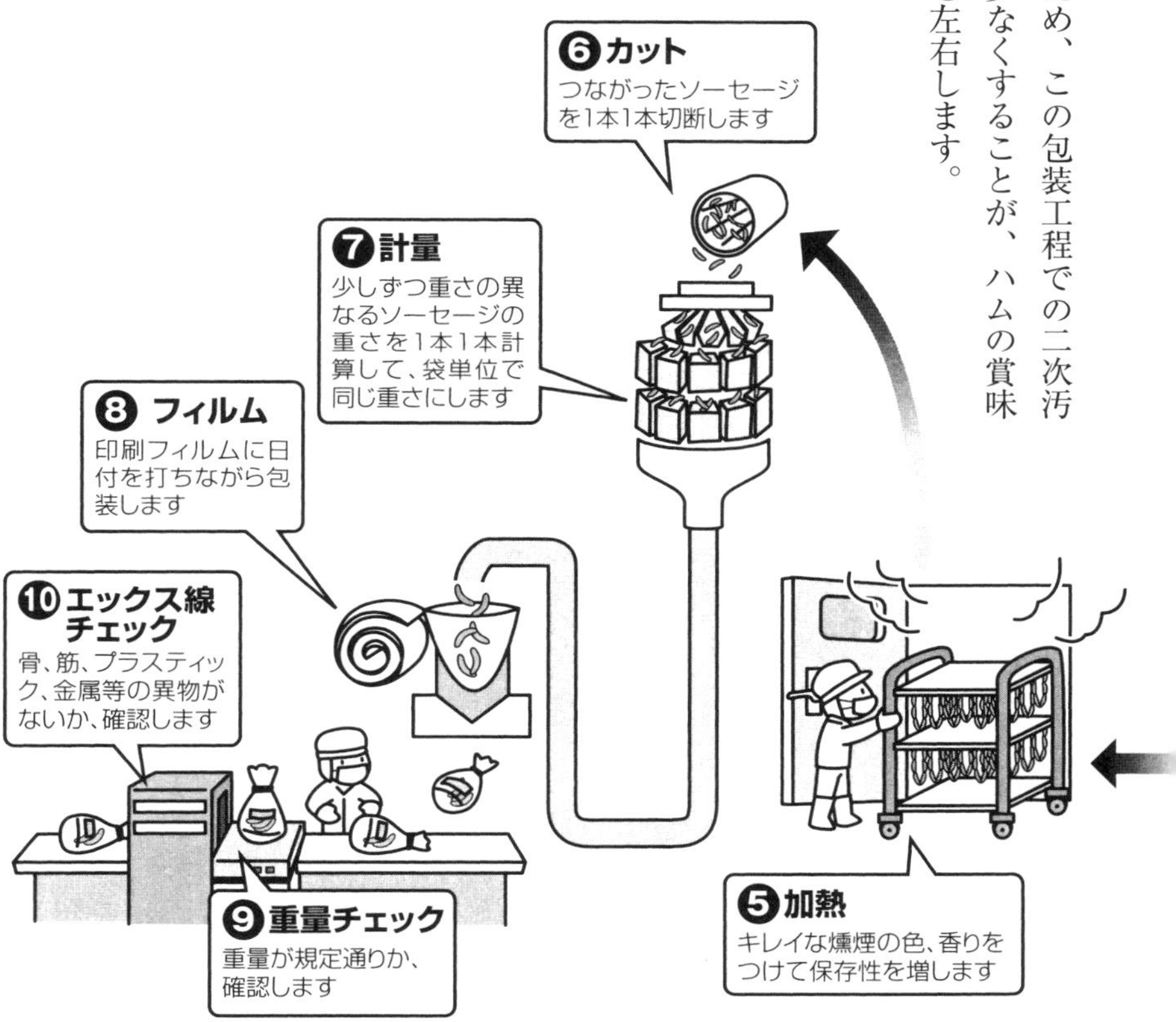

❺加熱
キレイな燻煙の色、香りをつけて保存性を増します
❻カット
つながったソーセージを1本1本切断します
❼計量
少しずつ重さの異なるソーセージの重さを1本1本計算して、袋単位で同じ重さにします
❽ フィルム
印刷フィルムに日付を打ちながら包装します
❾重量チェック
重量が規定通りか、確認します
❿エックス線チェック
骨、筋、プラスティック、金属等の異物がないか、確認します

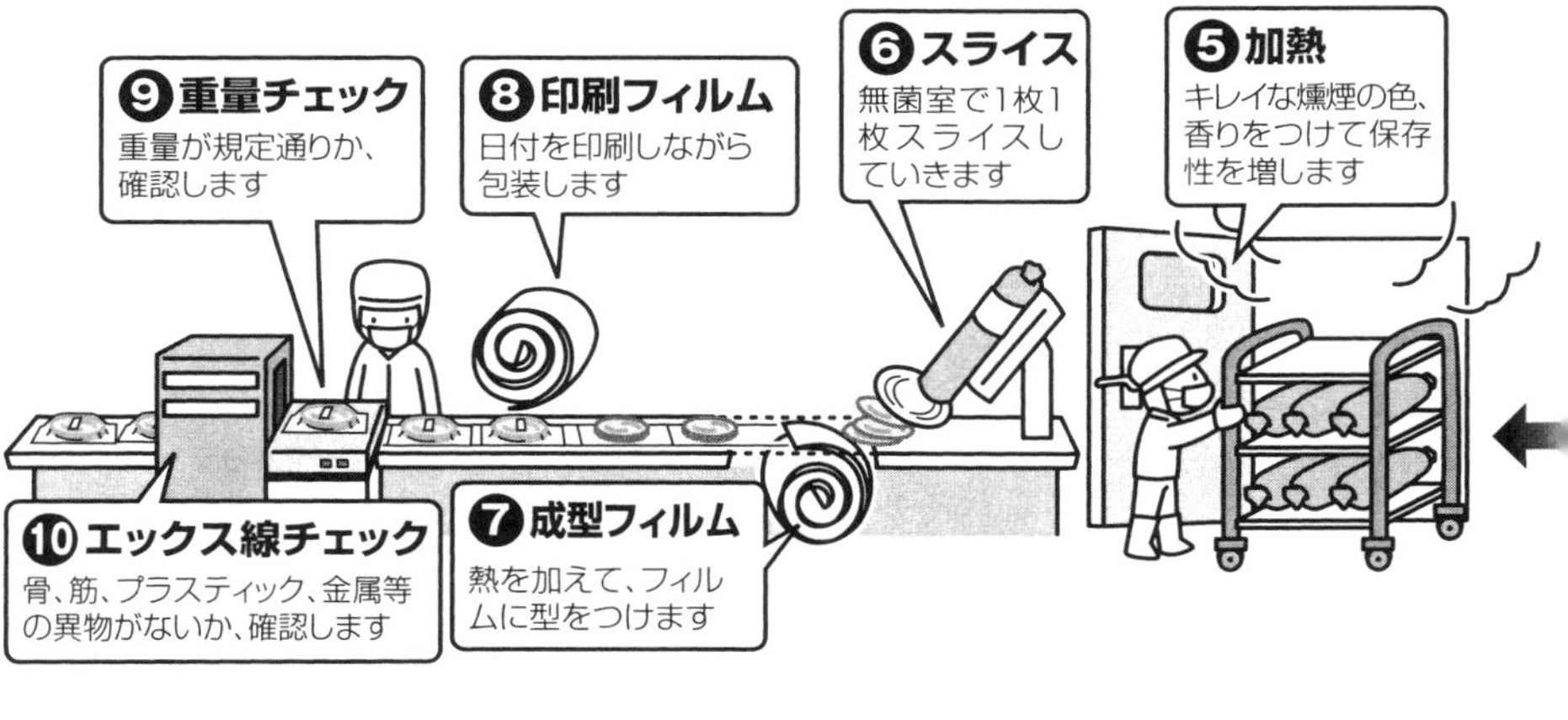

❺加熱
キレイな燻煙の色、香りをつけて保存性を増します
❻スライス
無菌室で1枚1枚スライスしていきます
❼成型フィルム
熱を加えて、フィルムに型をつけます
❽印刷フィルム
日付を印刷しながら包装します
❾重量チェック
重量が規定通りか、確認します
❿エックス線チェック
骨、筋、プラスティック、金属等の異物がないか、確認します

11 玉子焼き工場の見学

玉子焼き工場の命は新鮮な卵です。卵の鮮度が、玉子焼きのふくらみを決めます。

新鮮な卵を割ってできた液卵は、卵白と卵黄を混ぜすぎることなくていねいに攪拌《かくはん》して、鰹節から取った出汁《だし》に醤油、砂糖で味をつけて、加熱しながら混ぜ、焼成機で焼いていきます。

機械に頼って焼くと、プリン状の物が焼けてしまいます。調合液卵が充填されたらすぐに、家庭で焼くときと同じように箸を使ってかき混ぜながら、中央に寄せていきます。

こうすることによって、よりふっくらした玉子焼きをつくることができます。

工場で焼いた玉子焼きは通常、回転寿司等に使用されるため、使いやすいようにカットされ、包装して出荷されます。

❹油を塗る
フライパンに油を塗ります。型の隅まで塗ることが大切です
❺充填
型に、決められた量の卵の液を充填します

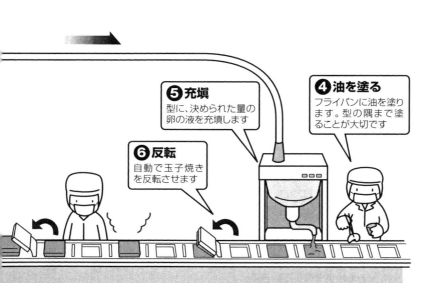

玉子焼き工場の作業の流れ

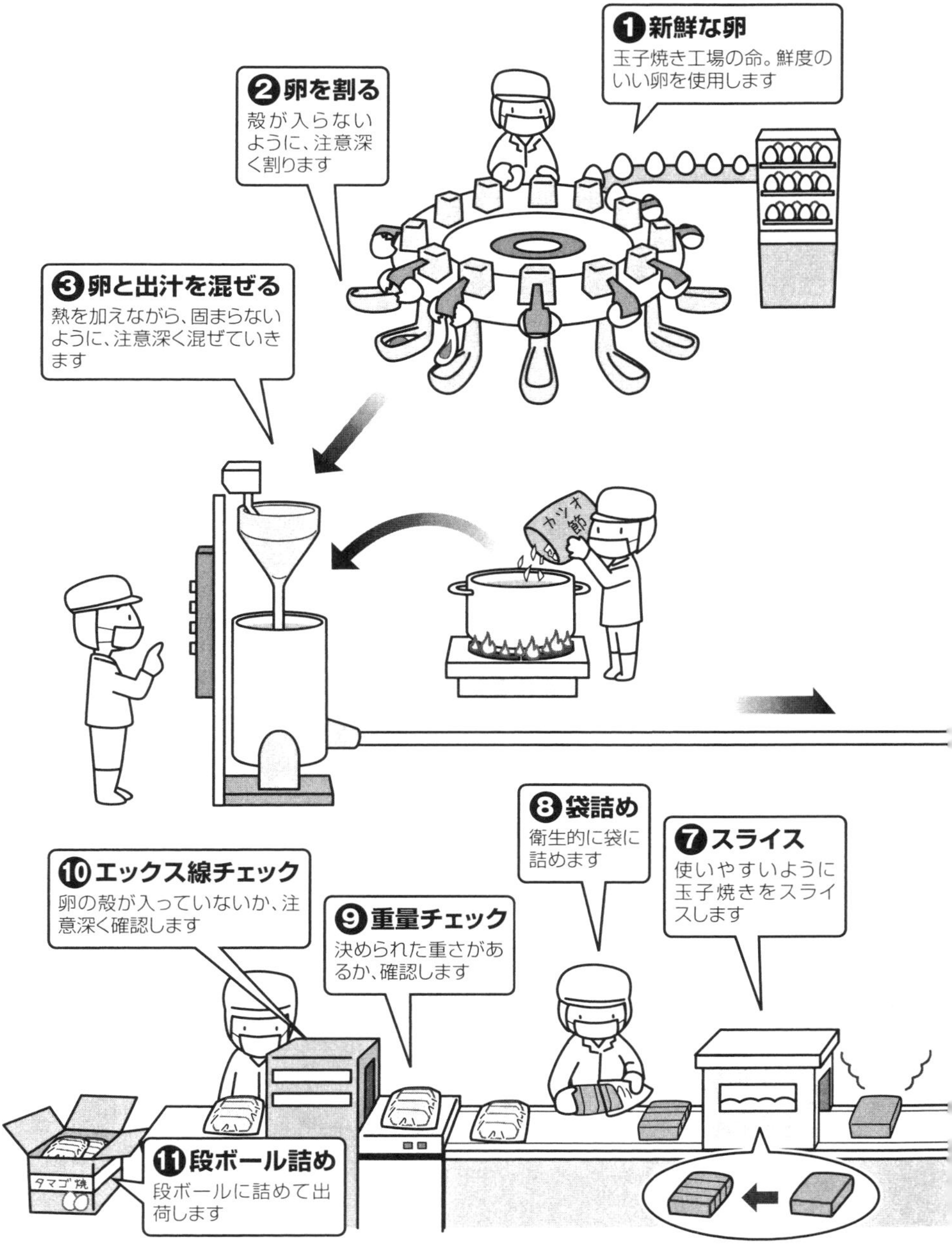

❶新鮮な卵
玉子焼き工場の命。鮮度のいい卵を使用します
❷卵を割る
殻が入らないように、注意深く割ります
❸卵と出汁を混ぜる
熱を加えながら、固まらないように、注意深く混ぜていきます
カツオ節
❼スライス
使いやすいように玉子焼きをスライスします
❽袋詰め
衛生的に袋に詰めます
❾重量チェック
決められた重さがあるか、確認します
❿エックス線チェック
卵の殻が入っていないか、注意深く確認します
⓫段ボール詰め
段ボールに詰めて出荷します
タマゴ焼

12

コンビニの弁当工場の見学

街の弁当屋と違って、コンビニエンスストアの弁当は、賞味期間が長くなっています。賞味期間を長くすることができるのは、炊きたてのご飯を温かいまま盛りつけるのではなく、20℃以下に冷やしてから盛りつけるからです。

細菌は、温度によって増殖の速度が異なるため、街の弁当屋のように、温かいまま盛りつけると、保存時間は非常に短くなります。

弁当に使用するおかずについても、同じように真空冷却器を使用して、一瞬で温度を下げてから盛りつけます。それ以外の食材は、家庭と同じように油や鍋で調理したり、焼くなどしています。弁当の盛りつけは、おかずの数だけの人が並んで行っています。

そして、工場から出荷されるときには、店ごとに弁当が仕分けされて、配達される店の名札を貼って容れ物ごと出荷されていきます。

❽エックス線チェック
異物が混入していないか、確認します。魚の骨もチェックします
❾梱包
通いコンテナを使用します
❿仕分け
店ごとに仕分けをして出荷します
店へ
○○ストア

弁当工場の作業の流れ

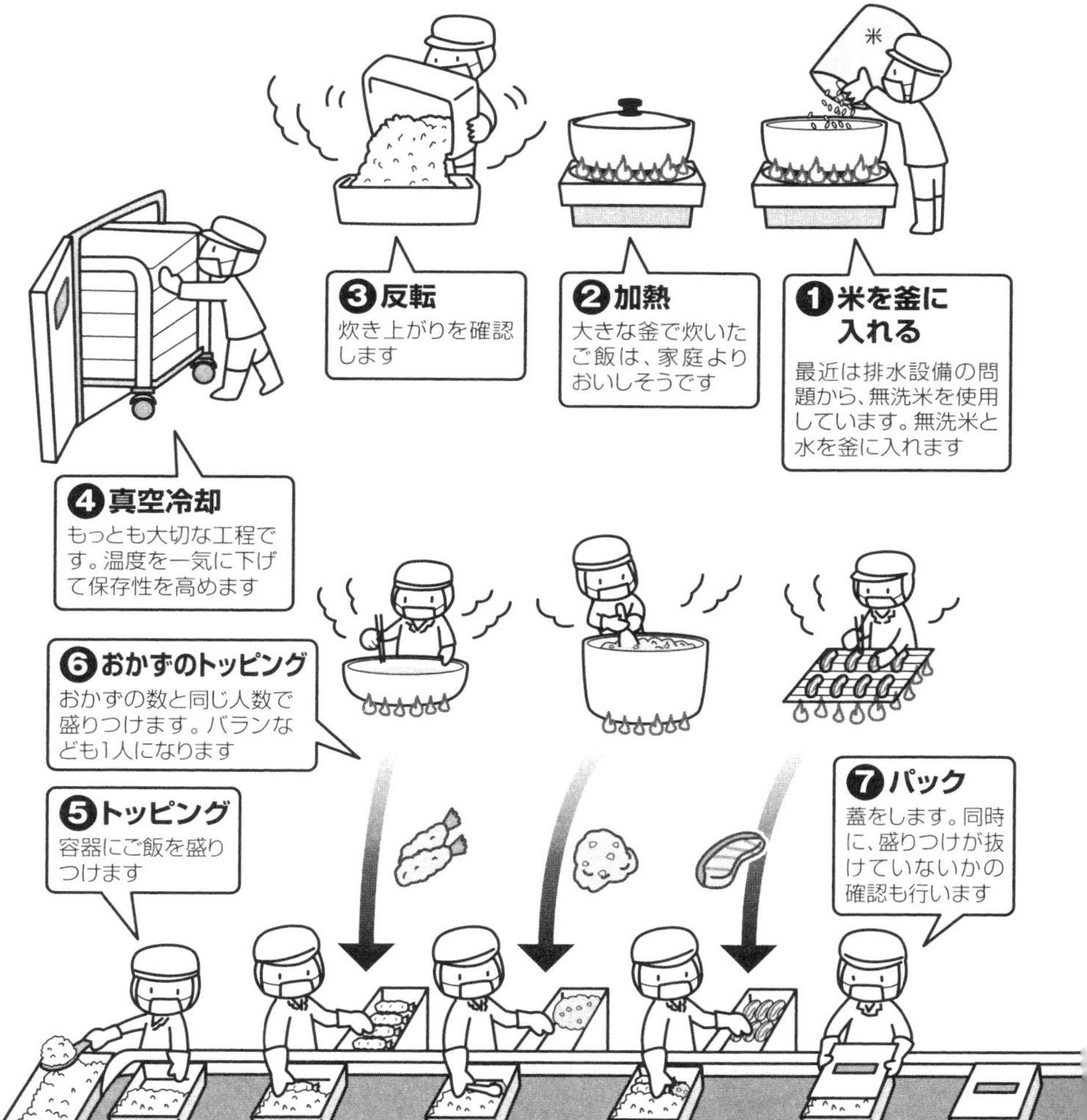

❶米を釜に入れる
最近は排水設備の問題から、無洗米を使用しています。無洗米と水を釜に入れます
❷加熱
大きな釜で炊いたご飯は、家庭よりおいしそうです
❸反転
炊き上がりを確認します
❹真空冷却
もっとも大切な工程です。温度を一気に下げて保存性を高めます
❺トッピング
容器にご飯を盛りつけます
❻おかずのトッピング
おかずの数と同じ人数で盛りつけます。バランなども1人になります
❼パック
蓋をします。同時に、盛りつけが抜けていないかの確認も行います

13 コンビニの総菜工場の見学

コンビニエンスストアの総菜で一番重宝するのは、野菜サラダカップです。サラダがあのような形で食べられるようになったのは、おにぎり同様、コンビニエンスストアのおかげです。

工場見学をすると、ほとんどの作業が人手に頼っていることに気がつきます。サラダも、家庭でつくるときと同じように製造されています。

工場の中でもっとも注意が必要なことは、野菜に付着してくる虫の混入と、工程の中での温度管理です。生のレタスに青虫がついていても、クレームにはなりませんが、野菜サラダカップに青虫が混入しているとクレームになります。

温度管理の注意点は、入荷された食材を、保管中から洗浄、殺菌にわたって、すべて低温管理することです。レタスの葉が時間とともに変色することなどは、低温管理をすることによって防ぐことができます。

❾エックス線チェック
異物が混入していないか確認します
❿梱包
通いコンテナを使用します
⓫仕分け
店ごとに仕分けをして出荷します
出荷

惣菜工場の作業の流れ

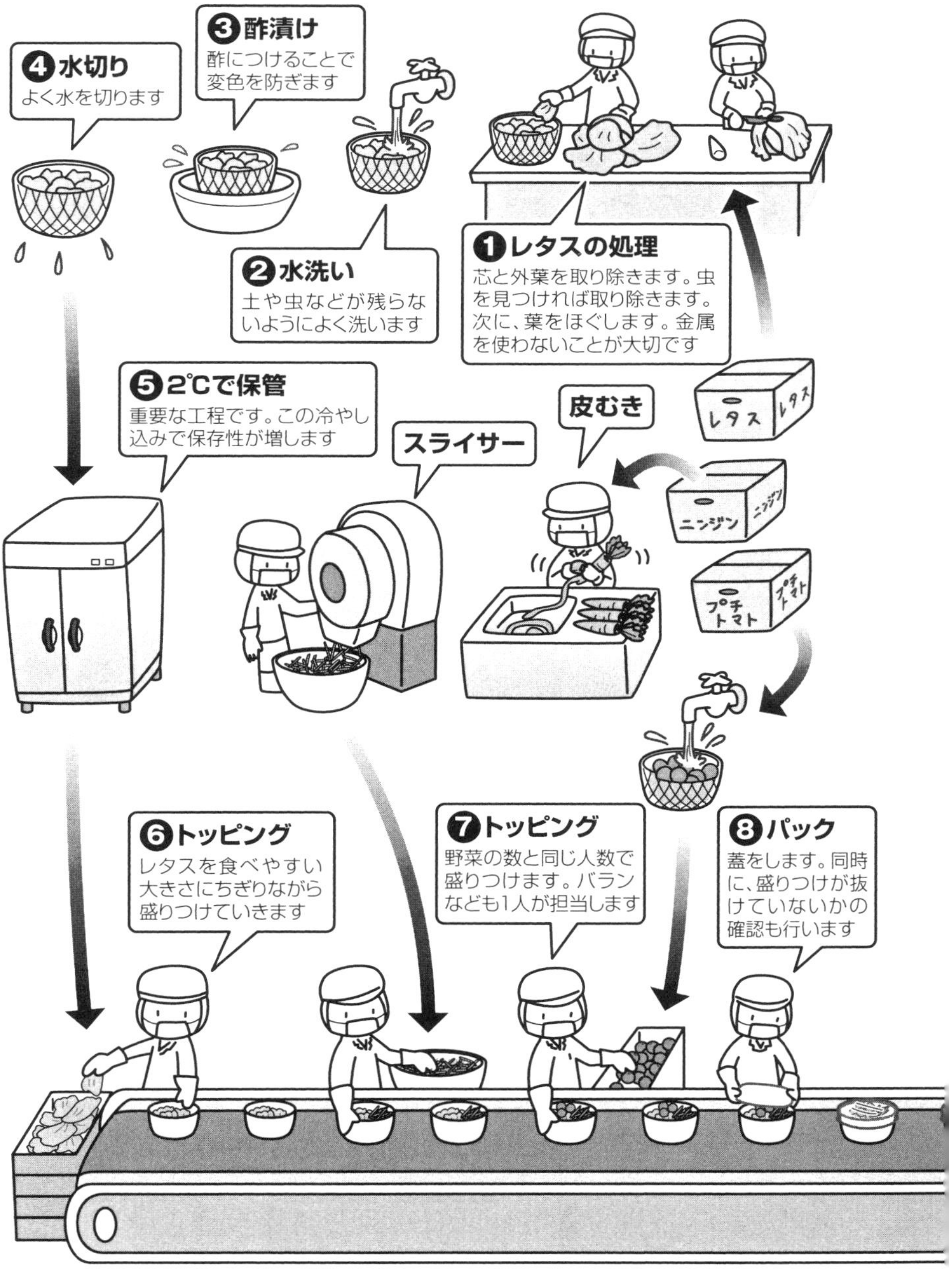
❶レタスの処理
芯と外葉を取り除きます。虫を見つければ取り除きます。次に、葉をほぐします。金属を使わないことが大切です
❷水洗い
土や虫などが残らないようによく洗います
❸酢漬け
酢につけることで変色を防ぎます
❹水切り
よく水を切ります
❺2℃で保管
重要な工程です。この冷やし込みで保存性が増します
レタス
ニンジン
プチトマト
皮むき
スライサー
❻トッピング
レタスを食べやすい大きさにちぎりながら盛りつけていきます
❼トッピング
野菜の数と同じ人数で盛りつけます。バランなども1人が担当します
❽パック
蓋をします。同時に、盛りつけが抜けていないかの確認も行います

14 餃子工場の見学

餃子工場を見学して、できたての餃子を食べると本当に感激してしまいます。中華料理店で、皮から自家製という店は非常に少ないのですが、皮からつくった餃子がこんなにおいしいものかと思ってしまいます。

小麦粉から餃子の皮のネタをつくり、4時間以上熟成してその生地を製造機械にかけます。この機械で餃子の皮を型抜きしながら、ネタを包んでいきます。皮をつくり置きしないため、表面に粉をつけることもなく、皮の水分を保ったまま、おいしい餃子をつくり上げることができます。

この段階で、加熱していない生の餃子をそのままの形で出荷すると生餃子になります。チェーン店の餃子屋では、工場でつくられた生餃子を使用しています。この餃子のおいしさは、皮のおいしさと言っていいでしょう。

また、生餃子を加熱して冷凍すると、冷凍餃子ができ上がります。

❼冷却
チルド餃子は10℃以下まで、冷凍餃子は−18℃以下まで冷却します
❽パック詰め
餃子が壊れないように注意して詰めます
❾エックス線チェック
原料肉の骨や筋などを発見して取り除きます

餃子工場の作業の流れ

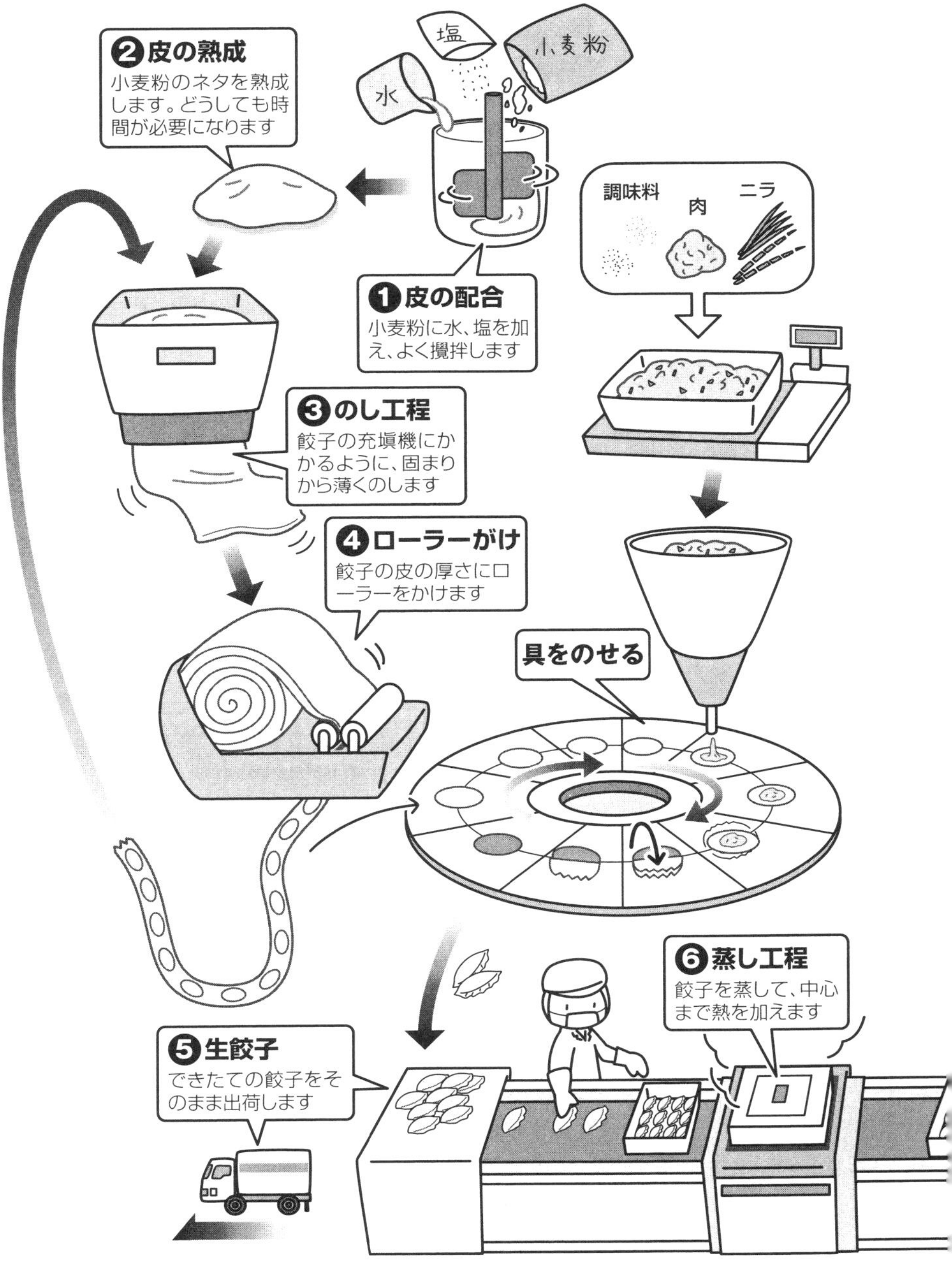
塩
小麦粉
水
❷皮の熟成
小麦粉のネタを熟成します。どうしても時間が必要になります
調味料
肉
ニラ
❶皮の配合
小麦粉に水、塩を加え、よく攪拌します
❸のし工程
餃子の充填機にかかるように、固まりから薄くのします
❹ローラーがけ
餃子の皮の厚さにローラーをかけます
具をのせる
❻蒸し工程
餃子を蒸して、中心まで熱を加えます
❺生餃子
できたての餃子をそのまま出荷します

15 納豆工場の見学

納豆工場の命は大豆です。私が見学した納豆工場は、この大豆を1粒1粒、すべてチェックしていました。納豆のクレームで多いのは、豆が黒くて固いことと、石などの異物の混入がほとんどです。そのようなクレームを防ぐために、1粒1粒、自動的にチェックする機械を導入していました。

納豆は、納豆になってから容器に包装するのではなく、納豆菌をつけた、ゆでた大豆をカップに詰めてシールしていきます。そして容器ごと、発酵熟成庫で納豆になるまで発酵させるのです。家庭まで運ばれる容器が、そのまま発酵容器として使われています。

この容器は家庭では器になって、直接、箸で混ぜて食べることができます。これは、非常によく考えられた容器と言えるでしょう。

納豆は、工場でこの発酵工程までを製造して、消費地に近いところで最終包装をしている場合があります。消費地に近いところで包装を行うことで、注文に応えやすくなります。

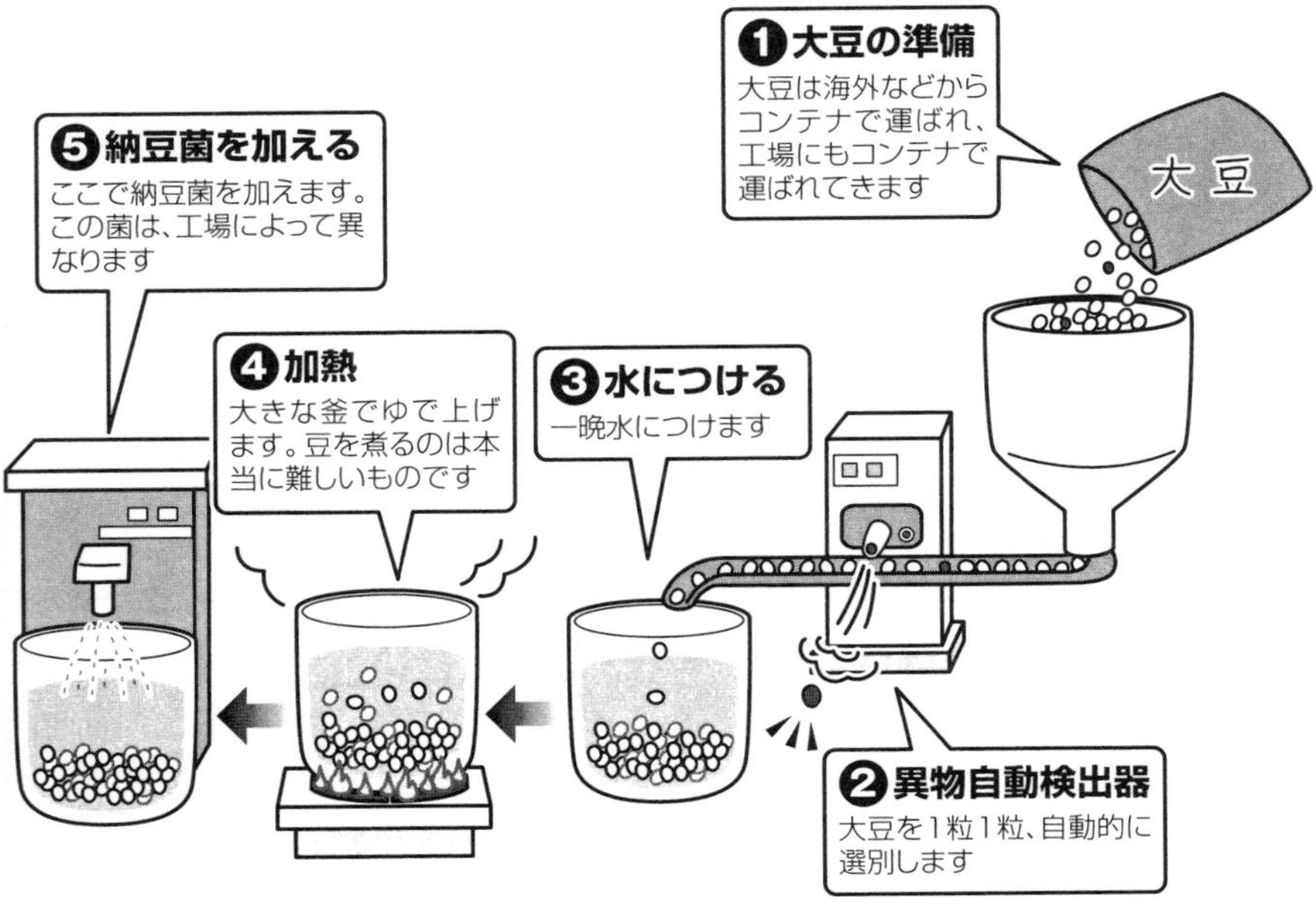

❶大豆の準備
大豆は海外などからコンテナで運ばれ、工場にもコンテナで運ばれてきます
大豆
❷異物自動検出器
大豆を1粒1粒、自動的に選別します
❸水につける
一晩水につけます
❹加熱
大きな釜でゆで上げます。豆を煮るのは本当に難しいものです
❺納豆菌を加える
ここで納豆菌を加えます。この菌は、工場によって異なります

納豆工場の作業の流れ

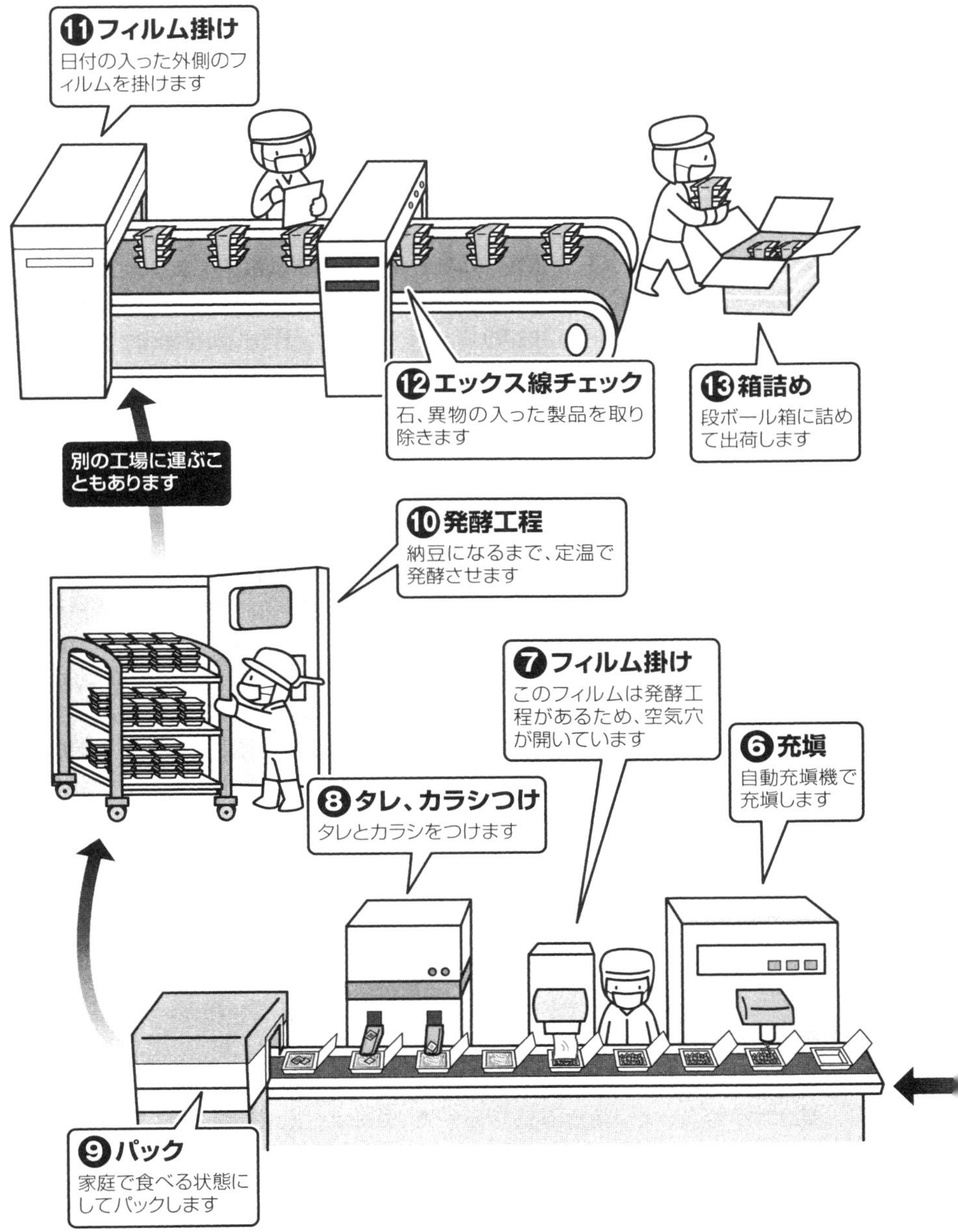
⑪フィルム掛け
日付の入った外側のフィルムを掛けます
⑫エックス線チェック
石、異物の入った製品を取り除きます
⑬箱詰め
段ボール箱に詰めて出荷します
別の工場に運ぶこともあります
⑩発酵工程
納豆になるまで、定温で発酵させます
⑦フィルム掛け
このフィルムは発酵工程があるため、空気穴が開いています
⑥充填
自動充填機で充填します
⑧タレ、カラシつけ
タレとカラシをつけます
⑨パック
家庭で食べる状態にしてパックします

Column 2

部下からの情報を握りつぶしていませんか

「企業は利益を出さなければならない」、「利益が最終結果だ」――よく聞く言葉です。ただしそれは、“安全”という最低限のハードルを越えてからの話です。馬術の障害飛越競技では第一障害を飛ばなければ失格になるように、安全という第一障害を飛ぶことができなければ、利益という最終障害を飛ぶことができても、結果としては失格です。

タイタニック号の話をします。1998年のレオナルド・ディカプリオ主演の映画『タイタニック』で有名な話ですが、超豪華客船タイタニック号が、英国のサウサンプトンからニューヨークをめざして処女航海に出発したところ、1912年4月14日23時40分、ニューファンドランド島沖合で氷山に激突、翌日午前2時20分に海の藻屑と消えました。乗員乗客2224人のうち、生存者711人という悲惨な事故でした。

ここで、なぜ事故を防ぐことができなかったかを考えてみましょう。この船は、船倉が4ヵ所壊れると沈んでしまうという設計でした。船倉の区切りをもっと検討しておけば、氷山にぶつかっても沈むことは防げたはずです。救命ボートにいたっては、デッキが見苦しくなるという理由から、乗客の半数分しか積んでいませんでした。豪華客船である前に、乗客の安全を最優先に考えるべきでした。

船長はキャリア26年のベテランで、この航海が最後になるはずでした。この船長は、新聞に「豪華客船の初航海」という記事だけでなく、スピードも速かったと載せたかったのです。本来新しいエンジンは、慣らし運転が必要で、いきなりスピードを上げると危険と言う部下の進言を無視して、スピードを上げ続けた結果でした。

さらに驚くべきことは、他の船から「氷山があるので注意するように」という連絡があり、部下が船長にメモを渡しているにもかかわらず、そのメモを握りつぶして、自分の写真が新聞のヘッドラインに載ることを夢見ていたのです。危険な海をゆっくり航海していれば、氷山を見つけて回避することができたはずです。船長というリーダーがしっかりしていたら、あるいは、船長を動かすために部下が情報の重要性を強く伝えることができていたら……そんな反省を導き出すことができます。

私たちが製造している食品加工品も、人を殺すことが可能です。食品が食中毒菌で汚染されると、人命を奪ってしまうこともあることを忘れてはなりません。

『日本大百科全書』（小学館）参照

3章

食品工場はこんな部門に分かれている

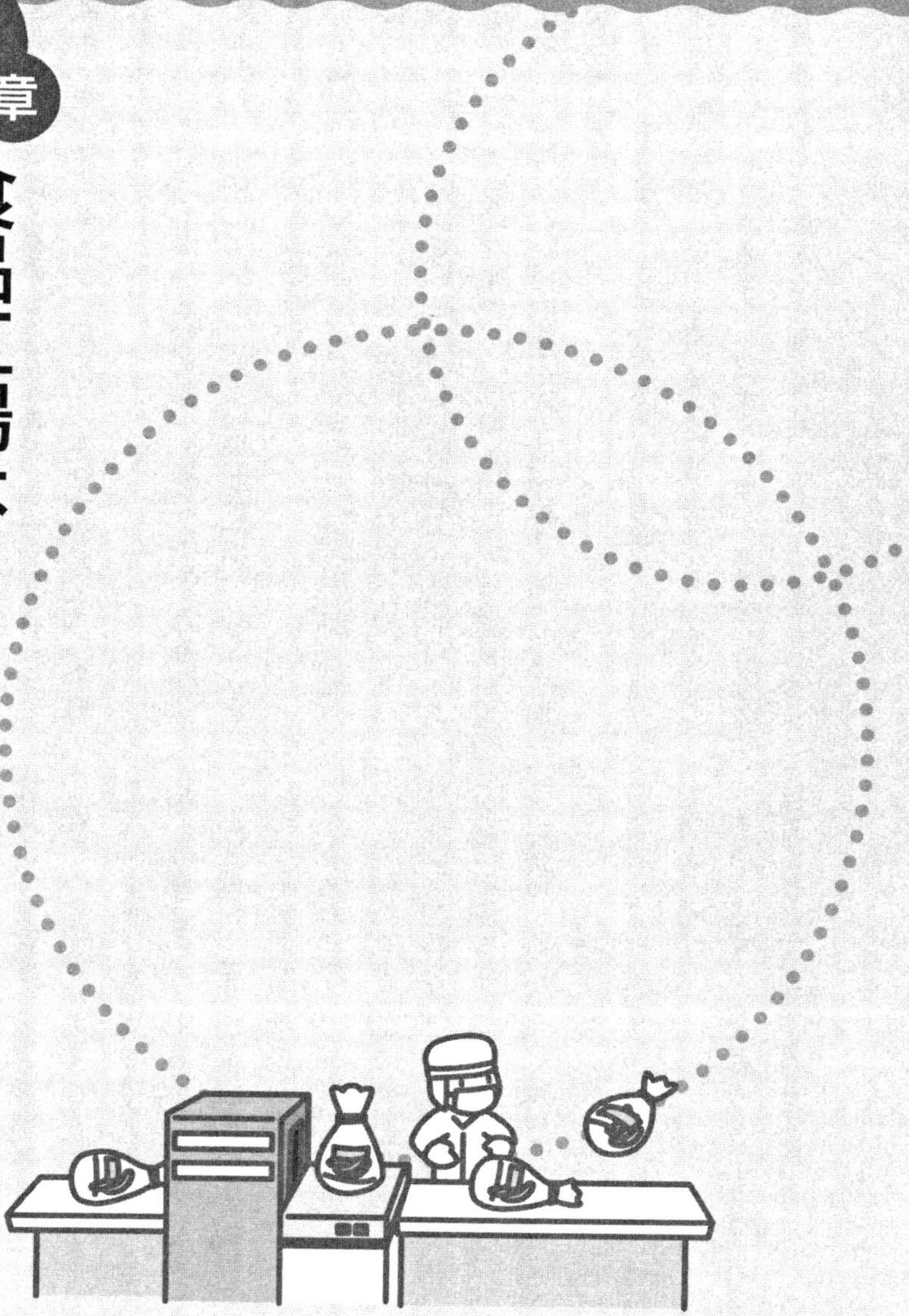

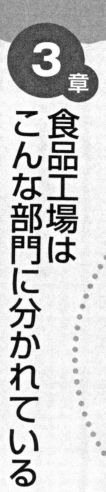

16 食品工場の主な部門の仕事について

■基本は、よい商品をお客様に届ける組織

通常、食品工場の組織は、左図Ⅰのようになります。大きな会社では工場がたくさんあり、工場長の上に製造部長、生産管理部長などがいて、本社が管理している場合があります。

食品工場では小さな工場でも、生産にかかわる直接生産部門と、生産に関係していない間接部門の二つに大きく分けることができます。

生産部門の使命は非常にわかりやすいのですが、他の部門は見る方向によって、役割が大きく変わってしまいます。常に、お客様のためによい製品をつくるサポートをめざすべきなのですが、一部の工場では、工場長が本社から評価されるための数字づくりをめざしてしまう場合もあります。

また、開発部門や品質管理部門は、短期の利益、売上げには直接貢献しないため、削減の対象となりがちです。

しかし、品質管理部門を軽視すると、工場内の内部監査機能が健全に働かなくなるため、クレーム隠し、データねつ造のような事件が発生しやすい体質になっていきます。

■常に、お客様を見る組織が必要

近年の工場組織の考え方は、図Ⅱのようなものに変化しています。お客様を上に持ってくることによって、工場の組織全体が、お客様の方向を見ることになります。

お客様に一番近い部門が、生産部門とクレーム等を受けつける品質管理部門になります。他の部門は、生産部門を支えるサポート部門になります。特に工場長は、すべての部門を支えることになるため、どうすれば組織全体がお客様の方向を見て、従業員が働きやすい環境をつくることができるかを、常に考えなければなりません。

工場は、利益を出し続ける必要があります。原料を使用して、人材を投入して、そして工場という大きな資源を活用して利益が上がらなければ、社会的活動とは言えないからです。

その一方で、お客様の支持が得られる商品をつくり続けることが大前提となります。

食品工場の組織での位置づけ

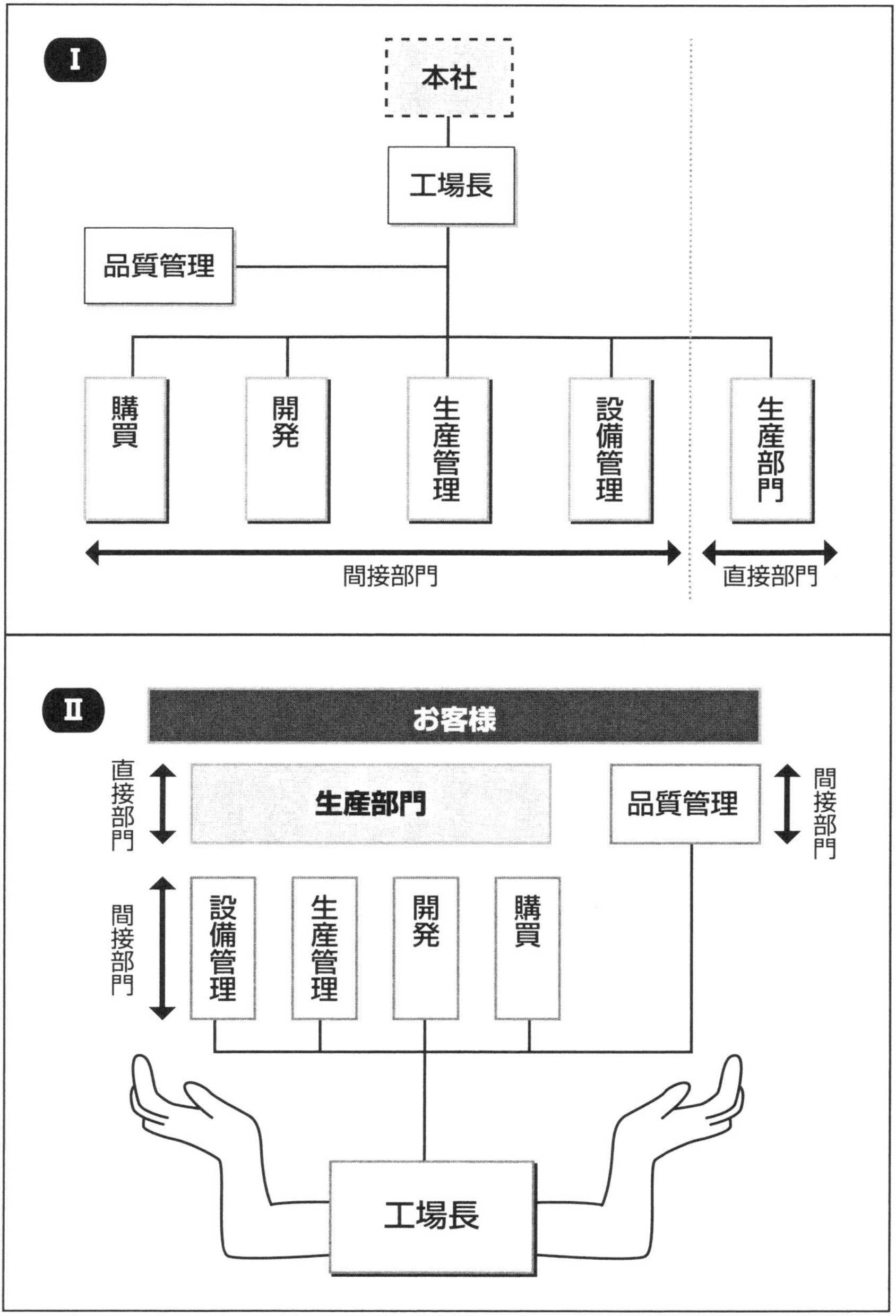

17 工場長の仕事について

■地域全体を見て工場運営を行う

工場長の仕事は、「工場全体の方針を立て、その方針通りに工場を運営すること」、その一言に尽きます。

方針は通常、長期事業計画、中期事業計画、短期事業計画と呼ばれます。長期は10年、中期は3年から5年、短期は1年で考えます。事業計画を立案する際には、お客様のこと、工場で働く従業員のこと、工場のある地域のことなどを考える必要があります。工場の行くべき道を考え、その道筋通りに工場を運営していく仕事といえます。

工場を運営していく上で、さまざまな障害が出てきます。障害にぶつかるつど、どのようにしてその障害を越えていけば、お客様、従業員、地域の方々も含めて、安全に工場運営を進めていくことができるかを、スタッフとともに考え、判断、指導していくことになります。

■売上げ、利益が増え続ける必要がある

工場がうまく運営されているかどうかは、売上げ、利益という数字に表われます。そして、損益計算書に現われる数字が工場長の評価になります。

損益計算書に現われない数字には、働く人が安心して働いているかどうかという数字、つまり労災の発生件数、離職率、平均賃金などがあります。その地域の方とうまくいっているかどうかは、マイナスの出来事が起きていないか、たとえば、浄化槽へのクレーム、騒音、出荷・入荷のトラックのトラブル等が考えられますが、地域の方が工場を「さんづけ」で呼ぶかどうかを聞いてみると、すぐにわかります。信頼を築くには、非常に長い時間がかかりますが、たったひとつの事故やクレームで、信頼は一瞬にしてなくなってしまいます。

■高いモラル、倫理観が求められる

ある組織の士気、モラルの水準は、そのリーダーの水準を超えることができないのと同様に、工場のモラル、倫理の水準は、工場長のモラル水準を超えることはありません。最近の日本のように、宗教や道徳的な面を軽視する状況では、工場長に食品工場としてのモラル、倫理観が備わっていることが必要となります。

工場長の仕事とは

◎方針を立てて工場を運営すること

毎年毎年、10年後を考えます

長期事業計画の策定　(10年)
中期事業計画の策定　(3年〜5年)
短期事業計画の策定　(1年)

◎方針に盛り込むべきこと

- お客様に喜ばれる商品をつくります
- 働きやすい職場をつくります
- 地域の方に喜ばれる工場をめざします

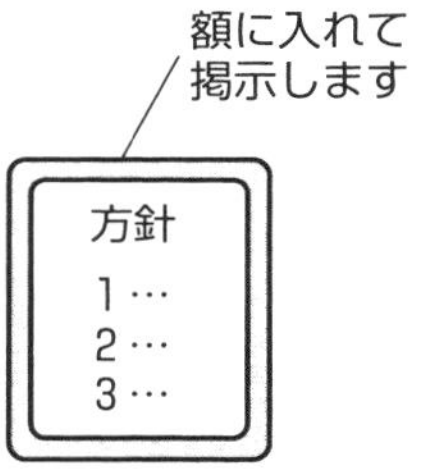

◎工場長が把握すべき数字 ➡ 日常の数字

- 売上げ（昨年比／予算比）
- 利益
- 1人当たりの製造金額
- 人件費率
- 原材料比率
- 出来高当たりの経費
- 労災の発生率
- 離職率

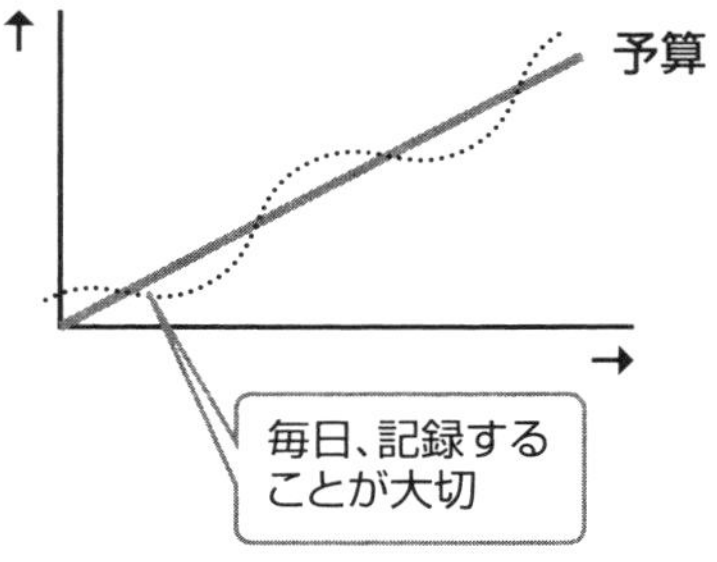

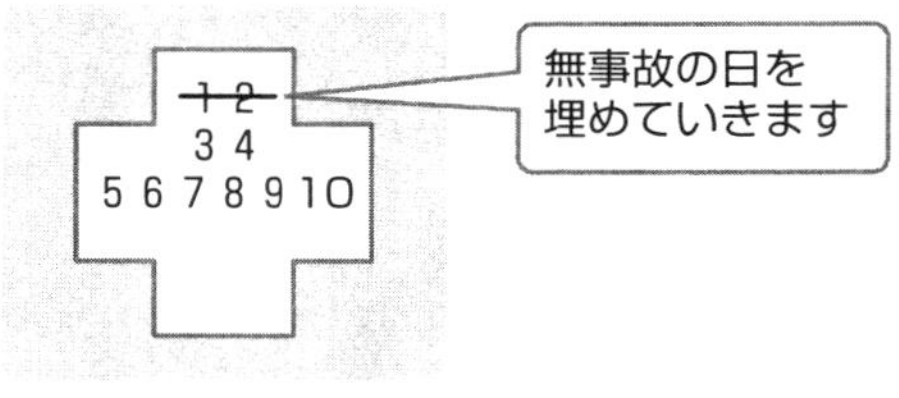

18 生産部門の仕事について

■ＱＣＤＭＳで、注文通りに物をつくり上げる部門

生産部門の仕事は、「お客様の注文通りに製造すること」です。生産部門の仕事を考えるときに大切なことは、ＱＣＤＭＳ（Quality／Cost／Delivery／Morals／Safety）の考え方です。

Quality＝品質は注文通りかどうか。品質という言葉を大きく使うとすべての項目が入ってしまいますが、少し小さな意味での品質です。お客様の方向を見た製造現場での品質のつくり込みが、日本の製造業を支えています。

Cost＝価格です。注文通りのコストで仕上げなければなりません。営業からの注文コスト、標準原価で決められたコストで仕上げなくてはなりません。当然、このコストの中には、工場の利益も含まれています。

Delivery＝納品です。納品には、期日と量が含まれます。いくら品質がよくても、納期に間に合わないようでは、商品価値はなくなってしまいます。

Morals＝倫理観です。深夜に働く人が集まらないと言って、高校生を雇用したり、不法就労の外国人を働かせることは、モラルの欠如に他なりません。また、残業代を払わない、産業廃棄物を不法投棄する等の社会的倫理観に抵触するようなモラルの欠如があると、社会的制裁を受け、やがてお客様からの注文もなくなります。

Safety＝安全です。働く人の労災事故をなくすこと、工場全体が安全であることが求められます。

■記録が必要

生産部門は、記録をつけることが必要です。ＩＳＯ、ＨＡＣＣＰ（危害分析重要管理点）、トレースなどの最近の管理手法は、すべて記録を求めています。ＩＳＯでは、従業員教育を朝礼で行った場合、出席者と簡単な朝礼の内容を書いた記録が必要になります。仕事のやり方や結果も、記録を書類で残すことが必要になりました。

かつての生産部門は、ＫＫＤ（勘、経験、度胸の頭文字）があれば、記録など要らないと言われていましたが、製造物責任法が施行されてからは、商品の安全性を証明する書類の整備が必要になったため、製造に関する記録と証拠が必要になってきました。

生産部門の仕事とは

◎お客様の注文通りに物をつくり上げる部門

KKDからQCDMSの管理へ

KKD

K　勘
K　経験
D　度胸

⇒

QCDMS

Quality　品質
Cost　価格
Delivery　納品
Morals　モラル
Safety　安全

◎生産部門で求められる数字

- クレーム件数
- 工程不良率
- 工程歩留
- 人件費率
- 労災件数
- 生産性
- 機械稼働率
- 離職率

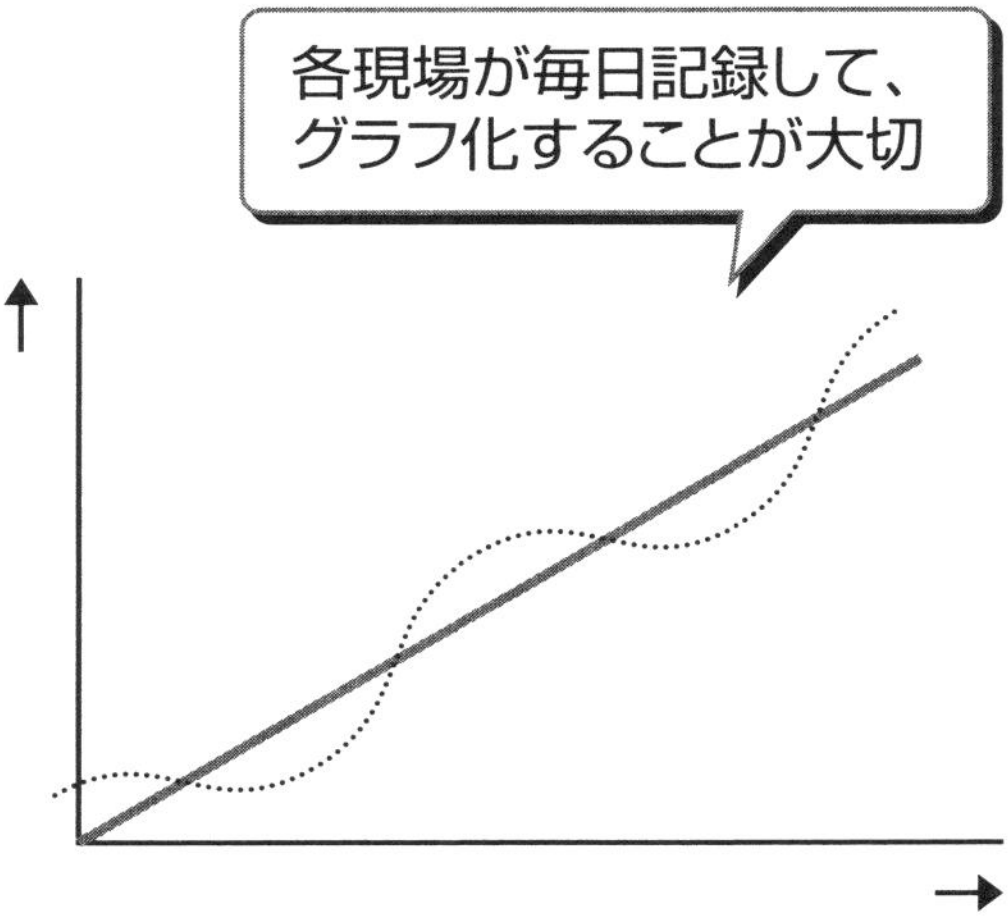
各現場が毎日記録して、
グラフ化することが大切

19 設備管理の仕事について

■毎日毎日、こつこつとリスクを予知する仕事

設備管理の仕事は、「工場の生産設備を、常に最良の状態にしておくこと」です。設備には次のようなものがあります。生産設備、給水設備、排水設備、ユーティリティー設備、消火設備、電話設備、コンピュータのLAN設備等です。これらすべてを含めて、設備と呼びます。

設備管理の仕事は、工場の設備について、リスクマネジメントをすることになります。車でたとえると、パンクしたときの予備のタイヤはトランクに入っています。タイヤ以外の物が壊れたときは、JAFを呼ぶ必要があります。JAFを呼んだ後に、レンタカーかタクシーの手配が必要です。工場の生産を続けるために、常にこうしたリスクマネジメントを考える部門と言えます。

■毎日の積み重ねが大切

日常的には、設備のメンテナンス計画を考え、実行することになります。PM活動（プリメンテナンス活動、予防保全）が大切な活動です。

毎日油をさす、毎日機械を点検する。そのような活動が非常に重要です。壊れる前でも、一定の時間が過ぎれば、部品を交換することもあります。これは、草が生えてくる前に除草剤を撒いて管理するようなものです。

■KYT活動が大切

食品工場では、転んで怪我をしたり、機械にはさまれる事故が非常に多いため、設備管理部門が主催して、安全衛生委員会を開きます。

その活動の中で大事なのが、KYT活動です。危険予知トレーニング（Kiken Yoti Training）のそれぞれの頭文字を取って、KYTと言います。

これは、生産設備の前で具体的に危険を考えます。ここに手を入れたら危ないとか、ここに物を置いたら落ちてきて危険など、危険を予知して、防止策を職場の全員で考えることです。

たとえば、フォークリフトを運転していて故障したとき、持ち上げているパレットの下に入ると危険だとか、人の身長以上に物を積み上げると崩れたときに危険など、集まった全員で話し合うことです。

設備管理の仕事とは

◎工場内すべての設備が、いつでも正常に稼動できるようにしておく仕事

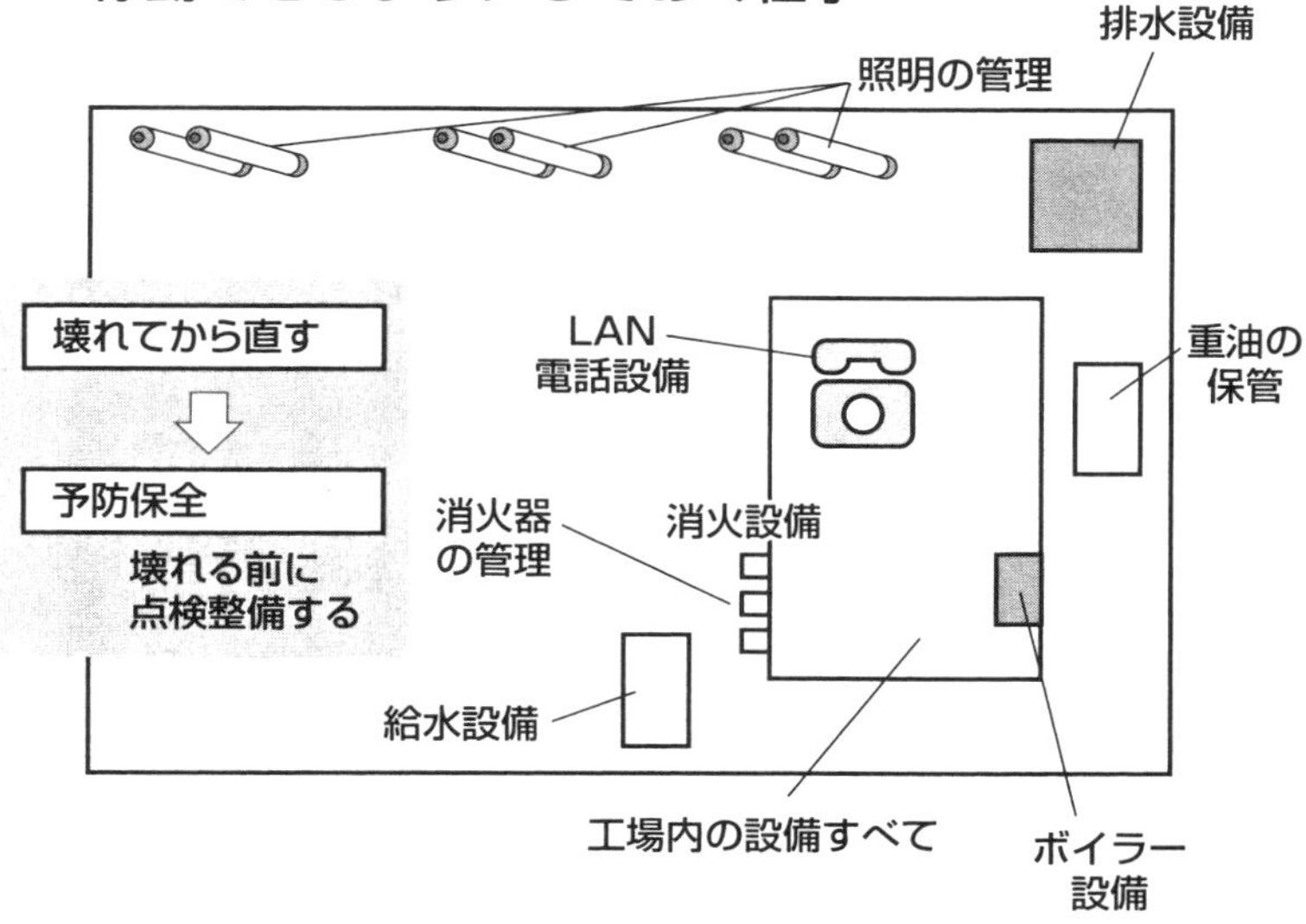

◎毎日、工場内外の点検を繰り返して、データに異常がないか管理する

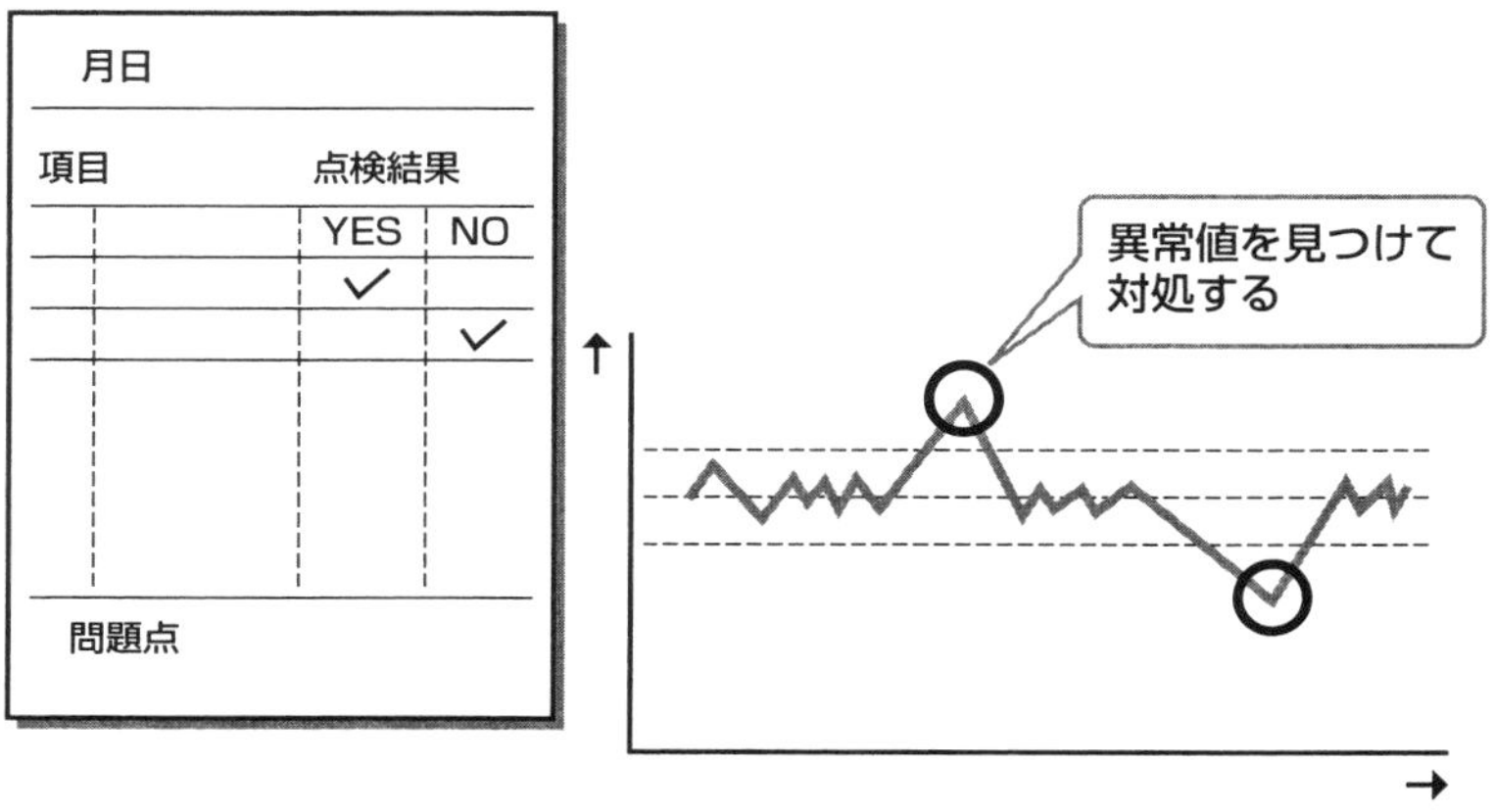

20 生産管理の仕事について

■工場相手に、自分の予想を力強く交渉する部門

生産管理は、「工場に入ったお客様の注文通りに、製品をお客様の手元まで期日通りに届ける仕事」、すなわち工場内の司令塔です。５Ｍ、ＱＣＤＭＳのすべてを満足させて、お客様の要望を１２０％聞いた上で、従業員のことも考えなくてはなりません。

工場で働く人は近所の方が多いため、小学校の運動会等があると、いっせいに休んでしまいます。さまざまな情報を工場の内外から集め、生産計画を立てます。

もちろん、注文が確定していない部分もあるので、予想が大切です。生産ラインの効率、作業の段取り、切り替え時間も考慮して、生産計画をつくり上げるのが仕事です。でき上がった生産計画に基づいて、生産部門は要員計画を組み、購買部門は原料仕入れ計画を組みます。

■物流コストも考える

工場との調整が終わると、お客様までの物流を考えなくてはなりません。注文の数字が大きいと、通常より大きなトラックを準備する必要があり、注文が少ないと、他のお客様との共同配送を考える必要があります。そして、食品のように重量当たりの単価が安い物を運ぶ場合は、積載効率も考えなければなりません。利益の中で物流費が占める割合は、非常に大きいからです。

また、お客様に届くまでが仕事ですから、もし配送中に事故が起きると、商品を再度製造して配送する必要が出てきます。

■精神力と交渉力が必要

生産管理の仕事には、どんなトラブルにも耐えられる精神力と無理を押し通す交渉力が必要です。自分が正しく、自分の無実のためには人質を取ってまで無実を証明する、映画『交渉人』のダニー・ローマンの交渉術が参考になります。

また、忘れてはならないのは、クリティカルパスポイントです。これは、絶対に外せないポイントです。パンをつくるには発酵時間が必要です。ワインには熟成時間が必要です。この時間がかかるポイントを押さえて、お客様の立場に立って行動する仕事です。

生産管理の仕事とは

◎発注から配送までのすべてをコントロール

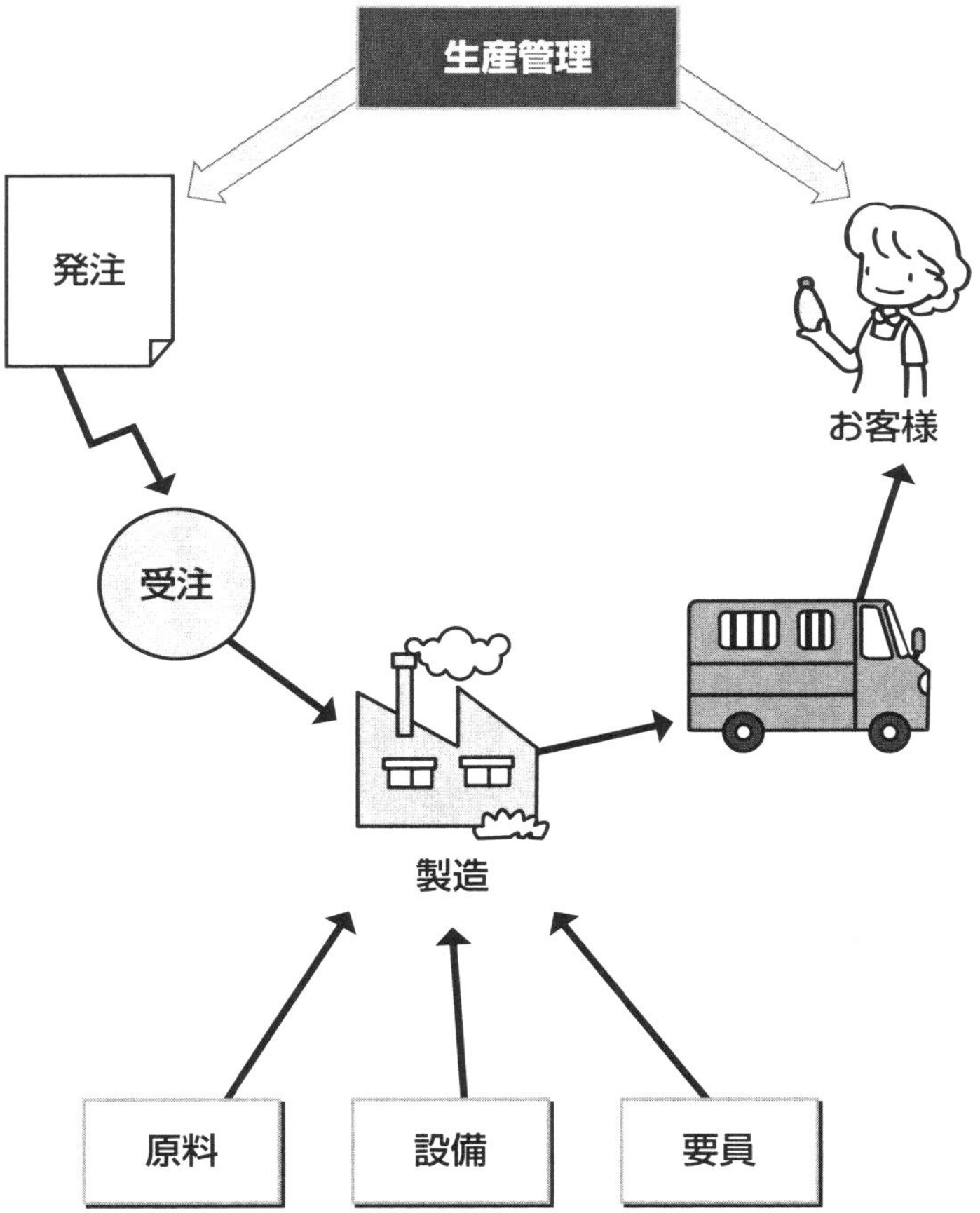

毎日毎日、発注からお客様に届くまで、問題がないかを管理する。受注のシステムがダウンしても、配送車が故障しても、あらゆる方策を考え、お客様に商品を届ける

5M：人（man）、設備（machine）、方法（method）、
材料（material）、検査（measurement）

21

品質管理の仕事について

■SCMによる全体の品質管理に変化している部門

品質管理は、「お客様に喜ばれる商品づくり」をめざす部門です。

お客様は、規格通りの商品を届けても喜んでくれなくなってきています。そのため、自分の工場だけでなく、SCM（supply chain management）と言って、原料を生産している農場から、お客様までの全工程についての品質管理が要求されるようになりました。

一方で最近の品質管理は、TQC、QCサークル型のボトムアップ型の品質管理から、ISOのトップダウン型の品質管理に変化してきています。

品質管理の仕事についても、従来型の品質管理の仕事よりも方針管理、ISOの事務局的な仕事に変化してきました。帳票管理、品質マニュアルのアップデートなど、常に情報の最新化が必要な部門です。

また、品質のよい物を製造するためには、従業員教育も大切です。新入社員のOJT教育、OFF‐JT教育、階層別の教育が、品質管理部門の仕事になります。

■校正、細菌検査の仕事も

旧来型の品質管理も大きな仕事です。校正の仕事、温度計が合っているか、重量を測定する秤《はかり》が合っているか、時報ごとに時計を合わせるように、測定器の校正が必要になっています。校正は地道な仕事です。また、細菌検査も毎日繰り返して、問題のある菌数が出た場合は原因を追求して、工程改善に持ち込まなくてはなりません。

工程が動き出す前に工場全体の拭き取り検査を早朝に行い、汚染源を見つけるという地道な仕事も品質管理の仕事です。汚染源を見つける細菌検査の他に、製品の安全性を証明する品質検査も必要です。そして、製造物責任法で訴えられても、常に反論できるだけのデータをそろえておきます。

クレームについても、品質管理部門が中心になって解決します。現物を回収し、お客様に商品を渡して納得してもらって解決という体質から、二度と同じクレームを再発させないために、どのようなハードルをつくり、そのハードルの高さを調整したらいいかを考えるのです。

品質管理の仕事とは

◎原料の産地から、お客様に届くまでの品質を管理

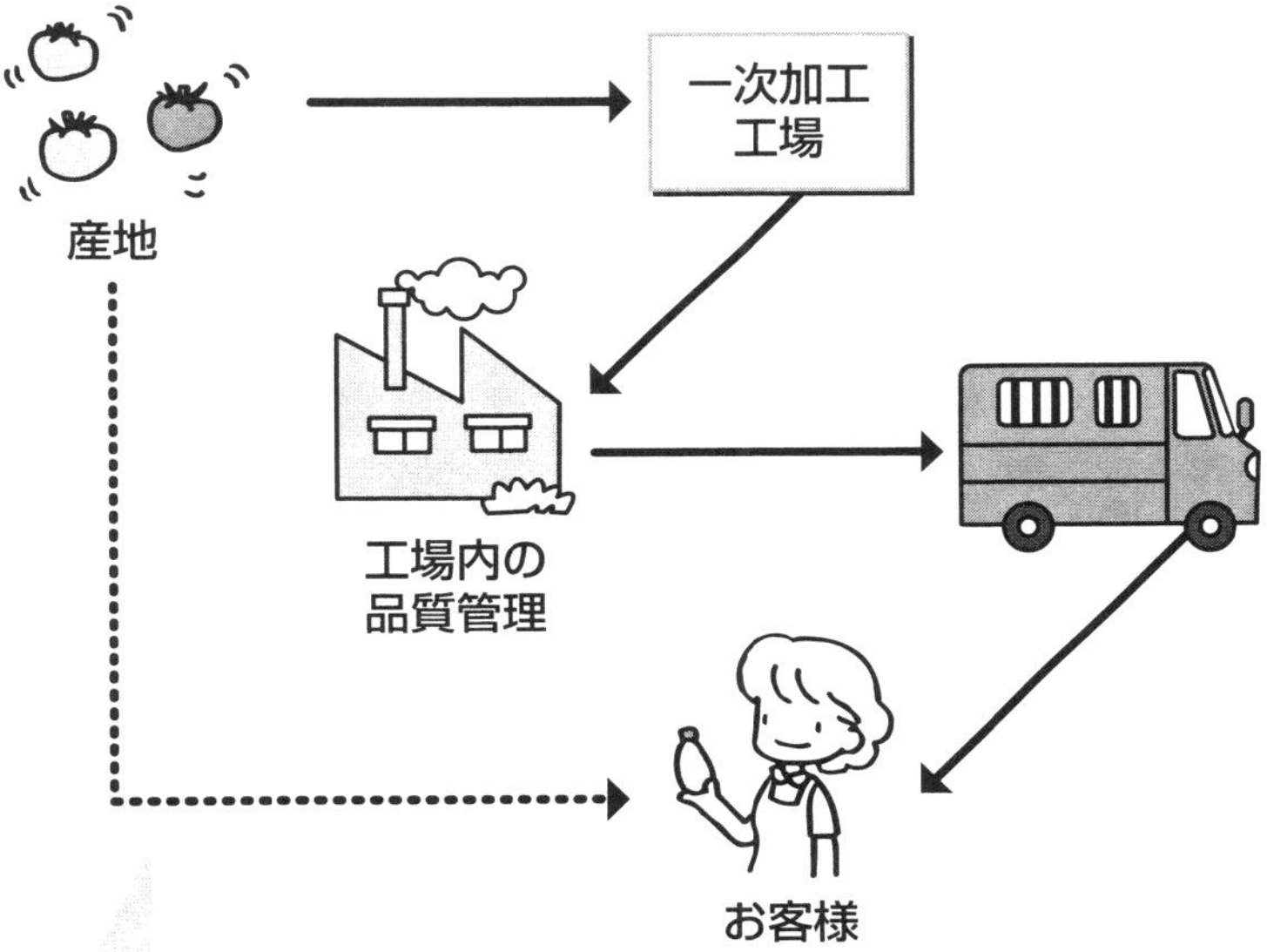

- 温度の状況
- 菌検査の状況
- 工程の管理状況

⇨ いつでも証明できるように記録しておく必要がある

◎教育

OJT教育

現場で、手とり足とりの教育の実施

OFF-JT教育

食品工場で働くに当たっての知識の教育

22

開発の仕事について

■暗黙知を顕在化する部署

開発は、食品工場で求人を出すと、もっとも応募の多い部門です。しかし開発部門で求人をしても、何年か現場で働いてもらってから開発の仕事をさせるという会社もあります。それだけ人気のある部門です。

新商品が出ないと会社の売上げは増えないと思っている方が多いため、開発というと新商品を求めがちです。

しかし、常に製品をおいしくすることを考えていれば、チキンラーメンのように発売45年目にして、初めて卵ポケットをつけて売上げを増やすこともできるのです。自分の工場の製品がどうすればおいしくなるか考えていれば、いつかふと思いつく、そんな仕事です。

また、お客様からアンケートを取って新商品を考えている企業もありますが、アンケートはあくまでもでき上がった商品に対するものであって、アンケートからは新商品は生まれないと考えたほうが賢明です。なぜなら、新商品で当たっているものは、お客様が、あればいいなと思っていたニーズ、すなわち「暗黙知」を、見える形に「顕在化」したものです。お客様に見えていない「暗黙知」は、アンケートには現われてきません。

■答えは誰も教えてくれない

開発の仕事では市場の大きな流れを見て、市場の先にある何かを見つけ出す必要があります。現状の商品を一歩でも先に進めることによって、売上げは落ちることなく、常に右肩上がりで増え続けます。

健康志向になれば、ＤＨＡたっぷりの商品、ダイエットブームになればやせる商品というように、食品には毎日食べることによって健康になる機能を足すことで新商品ができます。しかし、あくまでも食品ですから、どうすればもっとおいしくなるか、毎日食べ続けてもらうためにはどうすればいいかを、常に考え続けなければならず、答えは誰も教えてくれません。

最高のお客様、「信奉者」にはどうしたらなっていただけるかを考えましょう。信奉者は、その製品を食べると体調がよくなると信じて、率先して商品を購入してくれるだけでなく、あらゆる所で宣伝してくれるからです。

開発の仕事とは

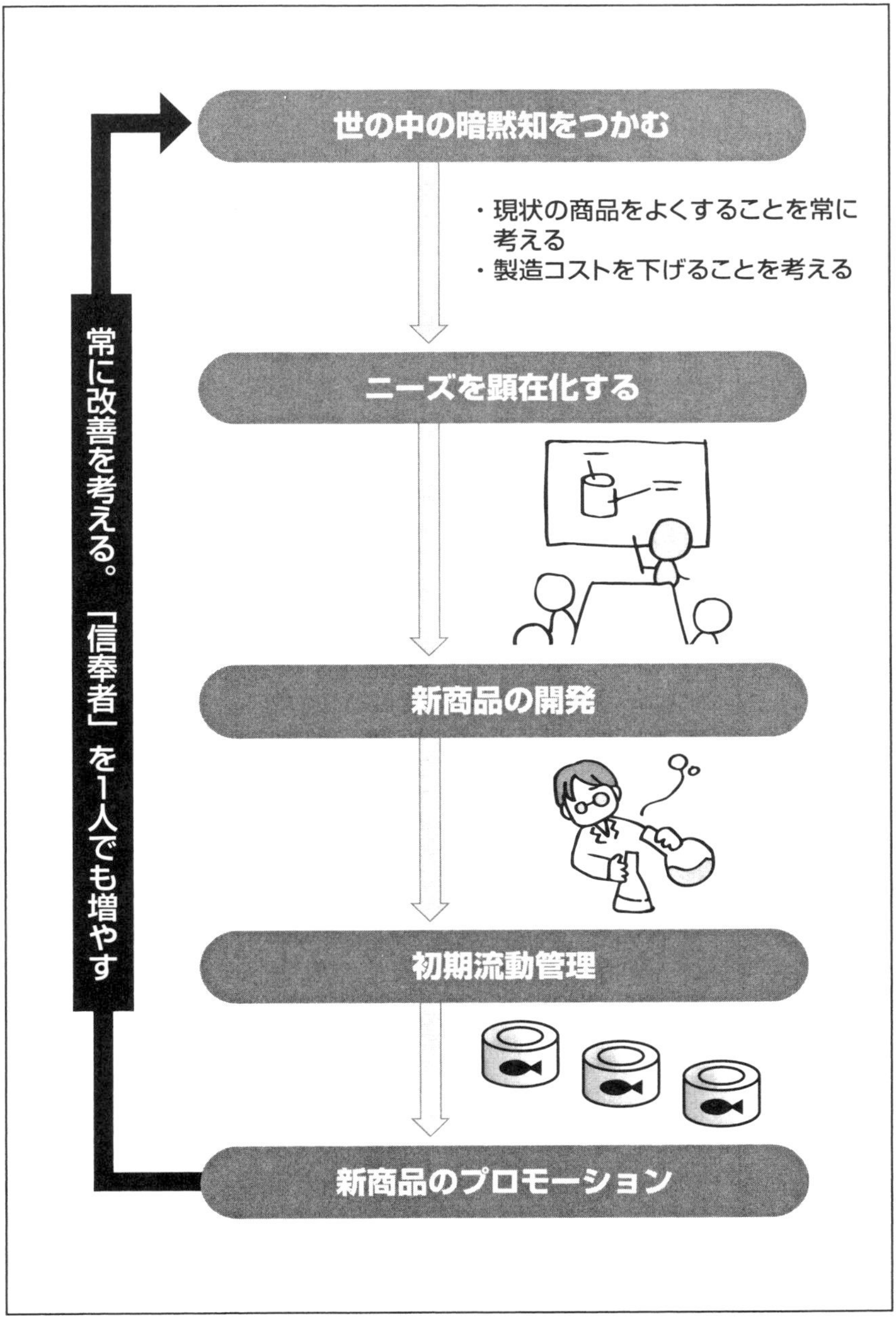
世の中の暗黙知をつかむ
・現状の商品をよくすることを常に考える
・製造コストを下げることを考える
ニーズを顕在化する
新商品の開発
初期流動管理
新商品のプロモーション
常に改善を考える。「信奉者」を1人でも増やす

23 購買の仕事について

■製品の差別化は仕入れる原材料の差別化

「規格通りの原料を、必要なとき必要な量仕入れる部門」、こう書いてしまうと、購買の仕事は非常に簡単です。しかし、購買の仕事で非常に難しいことのひとつに、差別化原料の仕入れがあります。現在、原料の差別化、鮮度の差別化が進んでいます。たとえば、「鹿児島でとれたサツマイモだけを食べて、鹿児島で育った豚を原料として使用しています」、「契約農場でとれた、産卵日から3日以内の卵を使用したマヨネーズ」——そんな食品が現実に出てきています。

購買部門は、消費者から問い合わせが来たときに説明できるように、仕入れ規格、仕入れの証明を作成しておく必要があります。また、仕入れ先のレベルが低い場合は、仕入れ先に対して教育を実施する必要もあります。

新商品が売れると、開発、製造、工場長と、すべての人が喜びます。ただ1人顔が青くなるのは、購買部門です。新商品がどのくらい売れるか、原料の手配はどうすればいいか、すべては購買の肩にかかっているからです。多く仕入れてしまえば、原料は余ってしまいます。少なければ、思ったように新商品をつくることができません。

■1円でも安く、そのためには知恵が必要

購買にはコストダウンの交渉もあります。賃金が毎年上がっていた頃は、物価も上がっていました。しかし、賃金が上がらず、物価は下がり続ける時代になりました。そこで購買部門は毎年、仕入れの原材料価格を下げなければなりません。

原料の品質、規格を下げることなくコストダウンをするには、仕入れ業者と密に打ち合わせを行って、運び方、包装材料、在庫量等を考え、1円でも原料のコストダウンをしていくことが必要です。仕入れ業者と知恵を出し合ってコストダウンを図るのです。

たとえば、仕入れ数量を年間で決めることにより、コストを下げることができます。量と時期が決まれば、原料の確保に、いろいろな手段が考えられます。そのためには、年間の仕入れ数量、月間・週間計画を、仕入れ業者と密に打ち合わせておく必要があります。

購買の仕事とは

◉規格を決める

・規格書をサプライヤーと取り決める
・契約書を取り交わす
・決めたことが守られているか、工場監査を行う

◉購買量を決める

・年間予定
・月間予定
・週間予定
・前日予定

→ 事前にサプライヤーと数量を確認することで、双方のコストの低減を検討する

◉価格を決める

・市場相場で動くもの
・原料、加工費で決まるもの

→ サプライヤーとWIN-WIN関係になることが大切

◉差別化原料を仕入れる

・産地の差別化
・餌、原料肉の差別化
・鮮度の差別化

→ お客様に対しての差別化が大切

Column 3

ＫＫＤ――
勘と経験と度胸について

ＫＫＤ――勘と経験と度胸をローマ字で書いたときの頭文字をとって、ＫＫＤと言います。

ＫＫＤで仕事している、と言うと悪いように感じますが、私は決してＫＫＤによる仕事の仕方を否定しているわけではありません。

日本の産業はこれまで、ＫＫＤで成長してきました。今でも新幹線に使用されている先頭の丸い金属部品は、職人の延伸という技術で、一つひとつ手づくりだと聞きます。日本の誇るべき技術は、職人によって伝えられてきました。太平洋戦争中につくられた零戦は、その代表例と言えるでしょう。

では、なぜ今、職人のＫＫＤが軽視されてきたのでしょうか。零戦をつくることのできる職人を、一晩で育成することはできません。しかし、アメリカの戦闘機は当時、マニュアルによって大量生産されていました。しかも、戦闘機に乗る操縦士もマニュアルで育成されていたのです。

人件費を下げ、誰にでもつくれるようにするためには、ＫＫＤに頼るより、マニュアルに頼ったほうが、パイロットや技術者を素早く育成することができます。

その流れに沿って考えると、ＫＫＤで仕事をすることは、非効率的ということになります。

一方、ドイツのマイスター制度は、日本の職人制度に似ています。日本で言う中学を卒業すると、マイスターになるべく学校に通い、職人から技術を学びます。そのときは、目がセンサーになり、指が温度計になり、舌が味覚計になるのです。マイスターを育てるためには時間がかかります。勘を磨き上げる必要もあります。

人間には五感があります。視覚、嗅覚、味覚、触覚、聴覚です。そして、その五感を磨き上げるには、経験が必要となります。

マクドナルドはマニュアルの世界ですが、料亭の板前さんはＫＫＤの世界です。マニュアルの世界は、新人でもすぐに戦力になりますが、ＫＫＤの世界は、驚くほど時間がかかります。

コストを抑え、ある程度の品質までは、マニュアルの世界で進めると思いますが、トップの品質、新しい物をつくり上げていくには、その世界のマイスターのＫＫＤが必要になります。

4章

安全な食品をつくるためのポイント

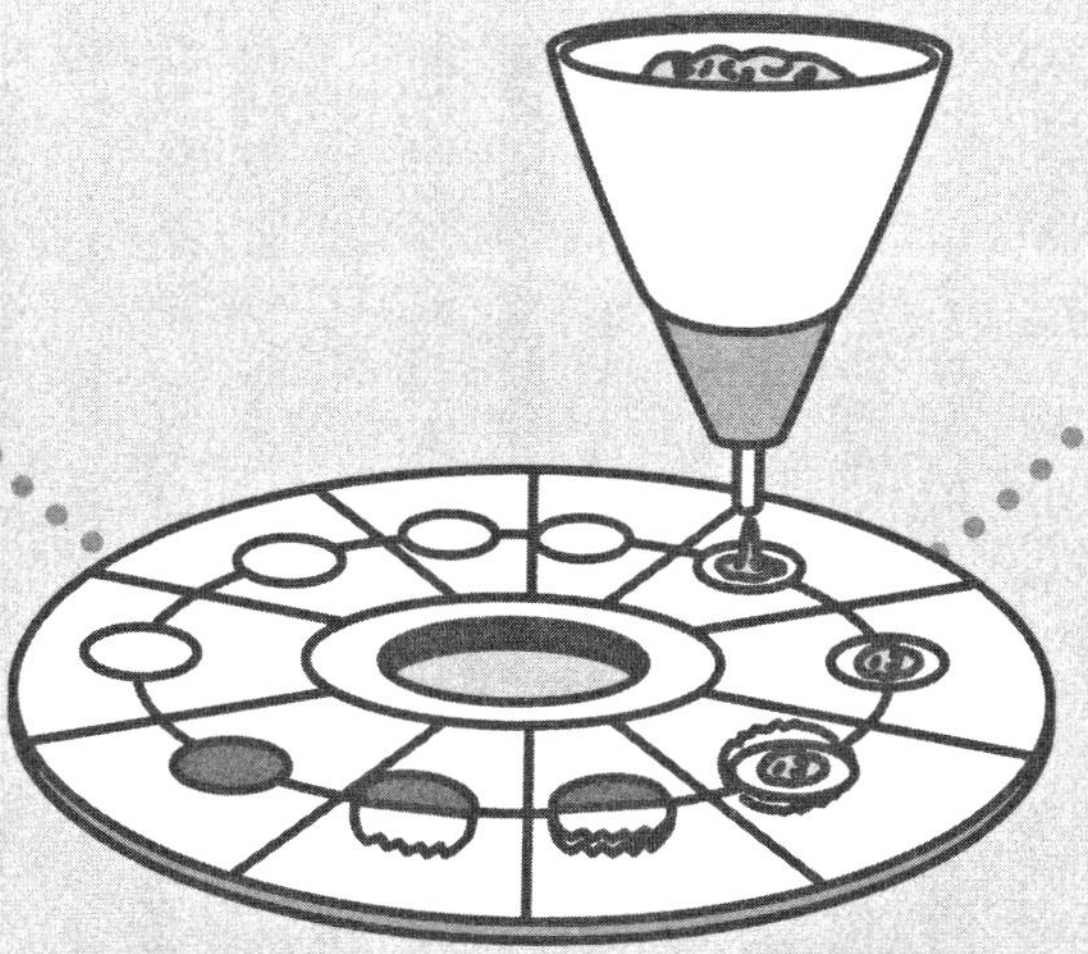

24 安全な食品をつくるために

■安全というハードルを高くするためのポイント

食品は、人の命を奪うこともできます。病気を治す医者になるためには、難しい勉強をして国家試験に通る必要がありますが、食品工場で働くために資格は必要ありません。食中毒、食品の事故はいろいろな原因で発生します。食品工場で働く人は最低限、「安全な食品をつくるためのポイント」を頭に入れた上で、食品製造現場において、実践で訓練を積んでいただきたいものです。

安全な食品をつくるための知識を頭に叩き込んでいても、それだけでは安全な食品を製造することはできません。しかし、テニスをする前にルールを学ぶように、業者としての最低限の知識は得られます。

食品事故は一度発生すると、被害者の方の人生を変えてしまいます。

ですから、働く人すべての知恵で、安全という第一ハードルを高くしていく必要があります。

■個人の衛生が最終商品の品質に影響する

安全な食品をつくるためには、異物の混入を防ぎ、化学的な異物の侵入を防ぎ、食中毒を起こすような微生物やネズミ、ゴキブリに代表される害虫の侵入、繁殖を防ぐ必要があります。

食品の安全を保つためには、働いている人の生活にまで立ち入る必要があると言われています。事実、毎日、風呂に入る、毎日、洗濯するといった、少し前なら常識だったことが、今では、わざわざ工場で教育しないと行われなくなってきています。

安全な食品をつくるためには、私生活まで入り込んだ教育が必要なのです。

■表示のミスが命を脅かす

食品アレルギーは、当事者にとっては死活問題です。小麦、そば、卵、乳、落花生、えび、かにの7品目は「特定原材料」と言い、必ず表示をする義務があります。同じ工程を使って、そばが別の製品に混入するとアレルギー症状が出て、最悪の場合は死亡することもあります。配合工程で使用していなくても、同じ工程で特定原材料を使用した場合は、表示するべきです。

安全な食品をつくるためのポイント

◉安全の第一ハードルを高くする

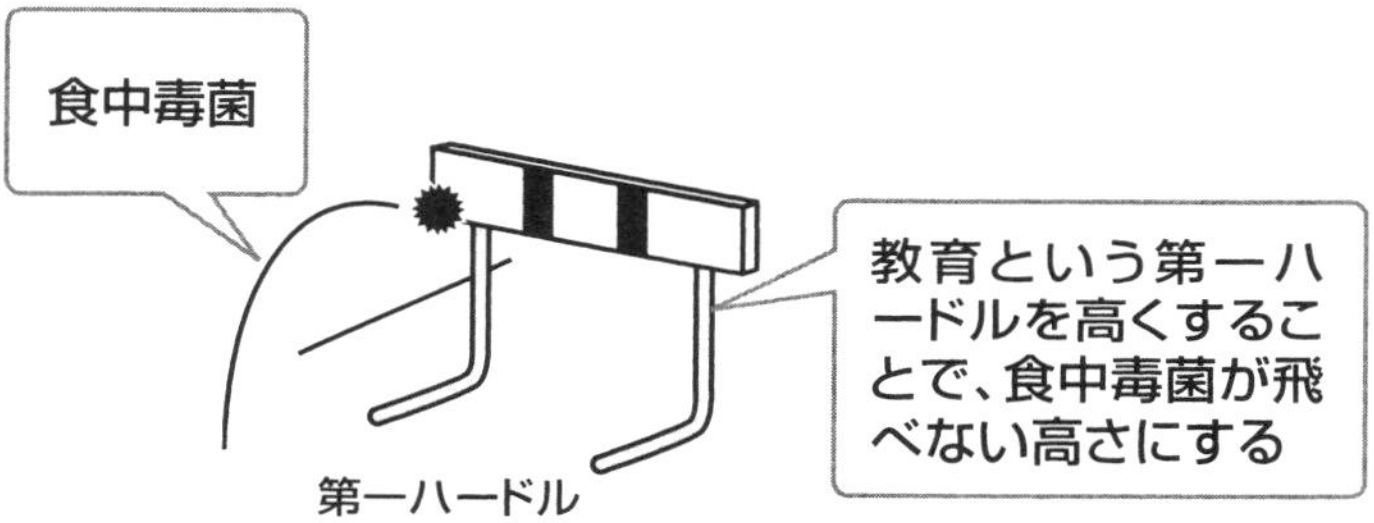

◉個人衛生まで教育する

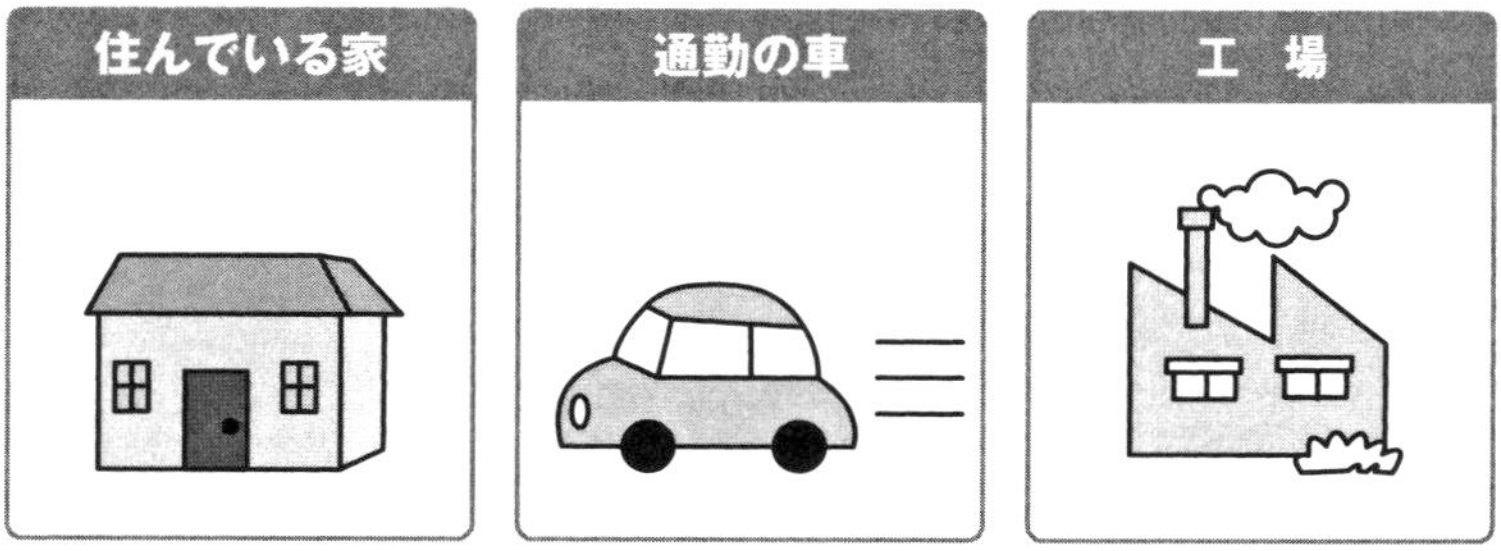

働いている人の個人に対する衛生教育が必要

◉工場内で、アレルギー物質が混入しない体制が必要

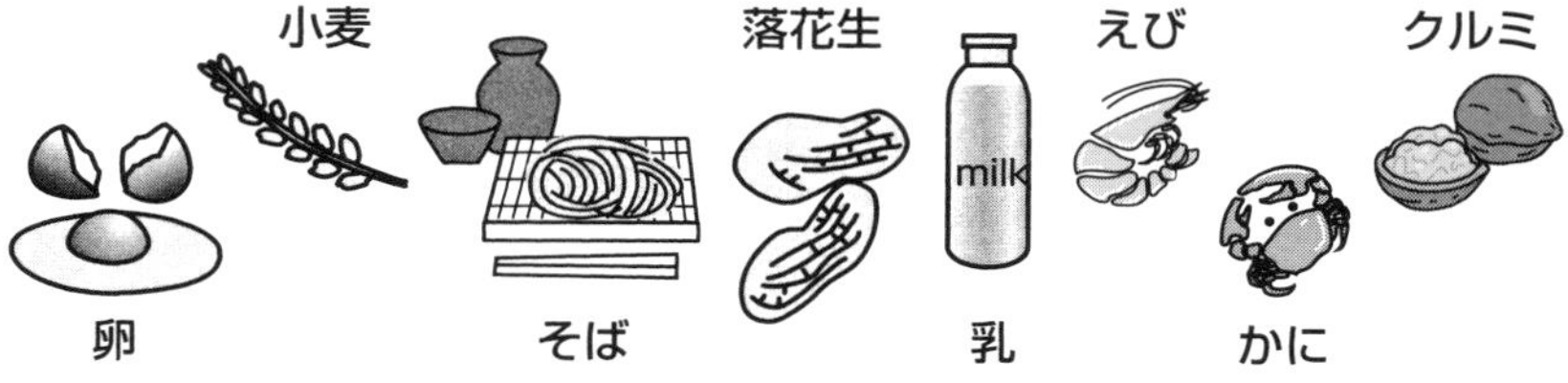

25

異物混入を防ぐために

■異物を入れたくても入れられない工場が理想

食品のクレームで一番多いのが異物混入です。異物には、実にいろいろな物があります。ホチキスの針、縫い針、クリップ、ガラスの破片、歯の詰め物など、ありとあらゆる物が入ります。

また、食品に本来ついている物が、形を変えると異物になることがあります。殻つきゆで卵では、卵の殻は異物になりませんが、卵サラダになったときに卵の殻が入っていては、異物混入のクレームになってしまいます。また、サンドイッチを食べていて卵の殻が入っていたら、口の中を切ってしまうかもしれません。

同じように、鮭弁当で鮭に骨がついていてもクレームにはなりませんが、鮭フレークに骨がついていて、そのフレークを使ったおにぎりを食べて、骨が入っていた場合、大事故にもなりかねません。お金で元通りにならないのが人間の体なのです。

■生きたカエルが入ることも

また、生き物が異物として混入することもあります。人毛、ハエ、ネズミの糞、ゴキブリ、毛虫……コンビニエンスストアのそばの中に、生きたカエルが入っていたこともあります。

野菜カップサラダは、新鮮なレタスを使用しますから、選別工程で充分に注意しないと、毛虫が生きたままサラダカップの中に入ってしまうこともあります。空気も餌も充分にありますから、生きたままお客様の所に行ってしまいます。

この生き物に関するクレームは、お客様の精神的なダメージも大きいため、解決に時間がかかることが少なくありません。

■異物を発見する機械は毎年進化している

食品の安全に関する投資は、最優先で行われるべきです。たとえば、アルミの鍋にうどんを入れた物は、今まで金属探知器を通すことはできませんでした。しかし、エックス線探知機は通すことができます。エックス線探知機がない工場は、今後、お客様から淘汰されていくことになるでしょう。

異物混入を防ぐために

工場の中のあらゆるものが異物として入る。
異物が入らない環境づくりが大切

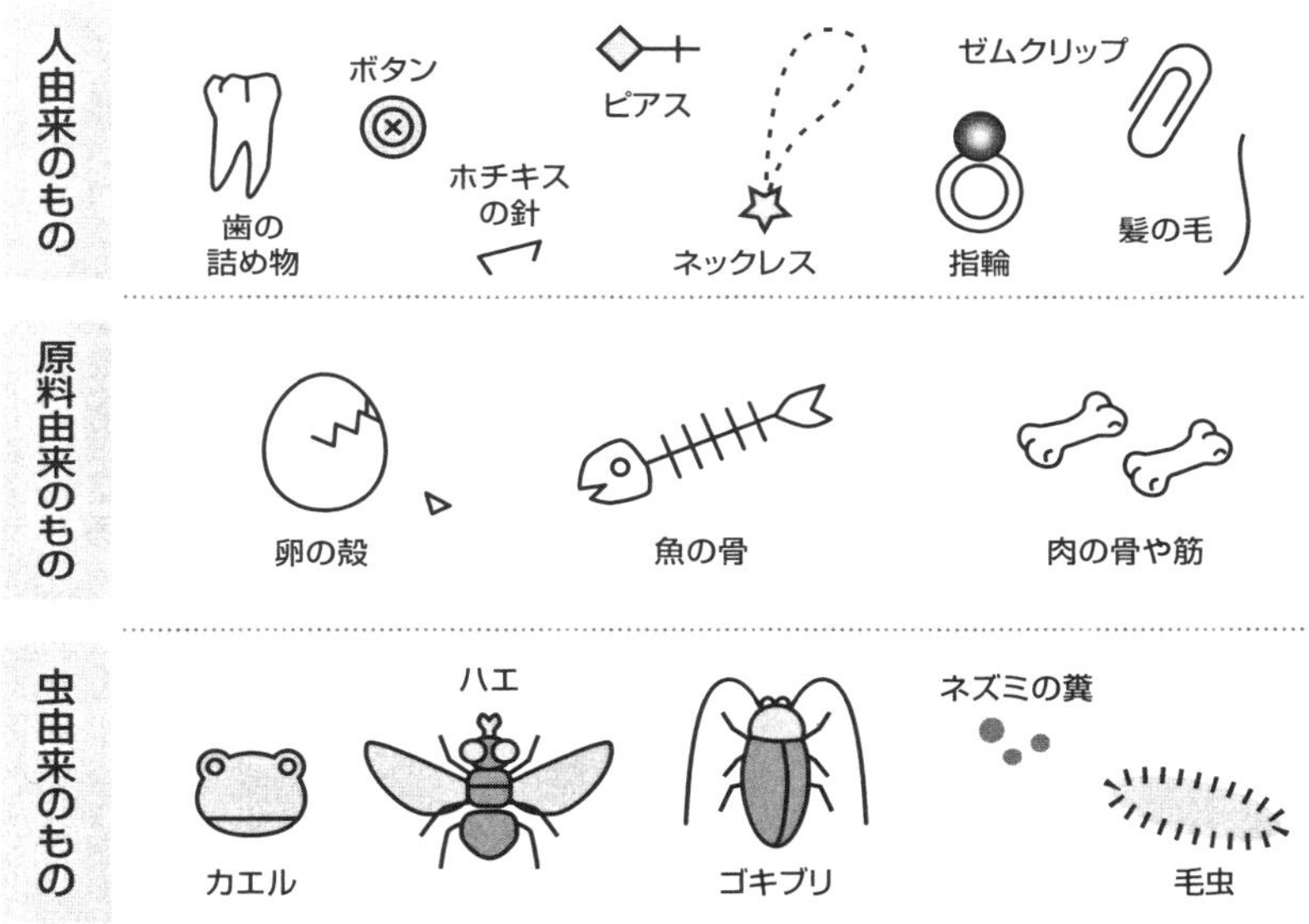

◎異物を発見する精度を上げ続けること

目視検査		目視が機能しているか、適性テストをする必要がある
金属探知器	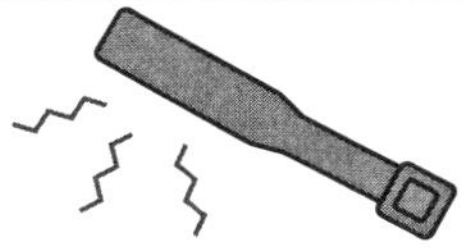	定期的にテストピースを流して、性能をチェックする
エックス線探知機	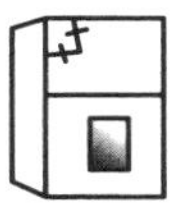 現役？	エックス線の発生装置の寿命を管理する

26 異物混入を防ぐために——原材料から考える

■異物混入に対して高いハードルを設定する

異物混入を防ぐためには、まず原材料の外側について工場に異物が入ってこないか、確認する必要があります。

原材料の配送車の荷台の床、天井、壁の材質は何でできていますか、掃除は行き届いていますか、原材料の他に何か積んでいませんか、他の原材料が破れて異物になる物が荷台に落ちていませんか。

また、荷台は通常、ベニヤ材でできています。ベニヤは安くて補修も簡単にできるため使用されますが、どうしてもささくれだってしまい、他の原材料が破れて床に散乱した場合、掃除が完全にできなくなってしまいます。補修もベニヤ板を当てて、釘で補修しているのが普通ですから、板だけでなく釘が入ってしまう可能性もあります。できれば、床面だけはアルミやステンレス材で、毎日洗浄できる配送車が理想的です。

■次工程に異物を回さない覚悟が必要

原材料庫から処理室に原材料を運び入れるときは、一番外側の段ボールをはずす必要があります。工程が進むにつれて、異物が入らないように一番外側の外装を取り除きます。この段階で金属探知器、エックス線探知機を通過させて、処理室に運び入れることが大切です。

豚肉等の畜肉では、豚が生体（生きている状態）のときに予防接種等で注射を打つ際、注射針が折れてしまい、体内に残ってしまう事故が多く発生しています。金属探知器では針を発見できませんが、エックス線探知機であれば発見することができます。

また、豚肉や鶏肉は骨をきれいにはずしたつもりでも、小さな骨が入ってしまいます。そのため、この段階でエックス線探知機を使って選別する必要があります。

■伝票にも注意が必要

原材料と一緒についてくる伝票の管理も重要です。多くの工場では、伝票を綴じるのにホチキスを使用しています。また、段ボールのフタを閉じるのに大きな金属クリップを使用したり、通いコンテナが欠けている、釘が出ている、割れたパレットに載ってくる等、異物混入に気を配り出すと、いろいろ注意点が見えてきます。

異物混入を防ぐために——原材料から

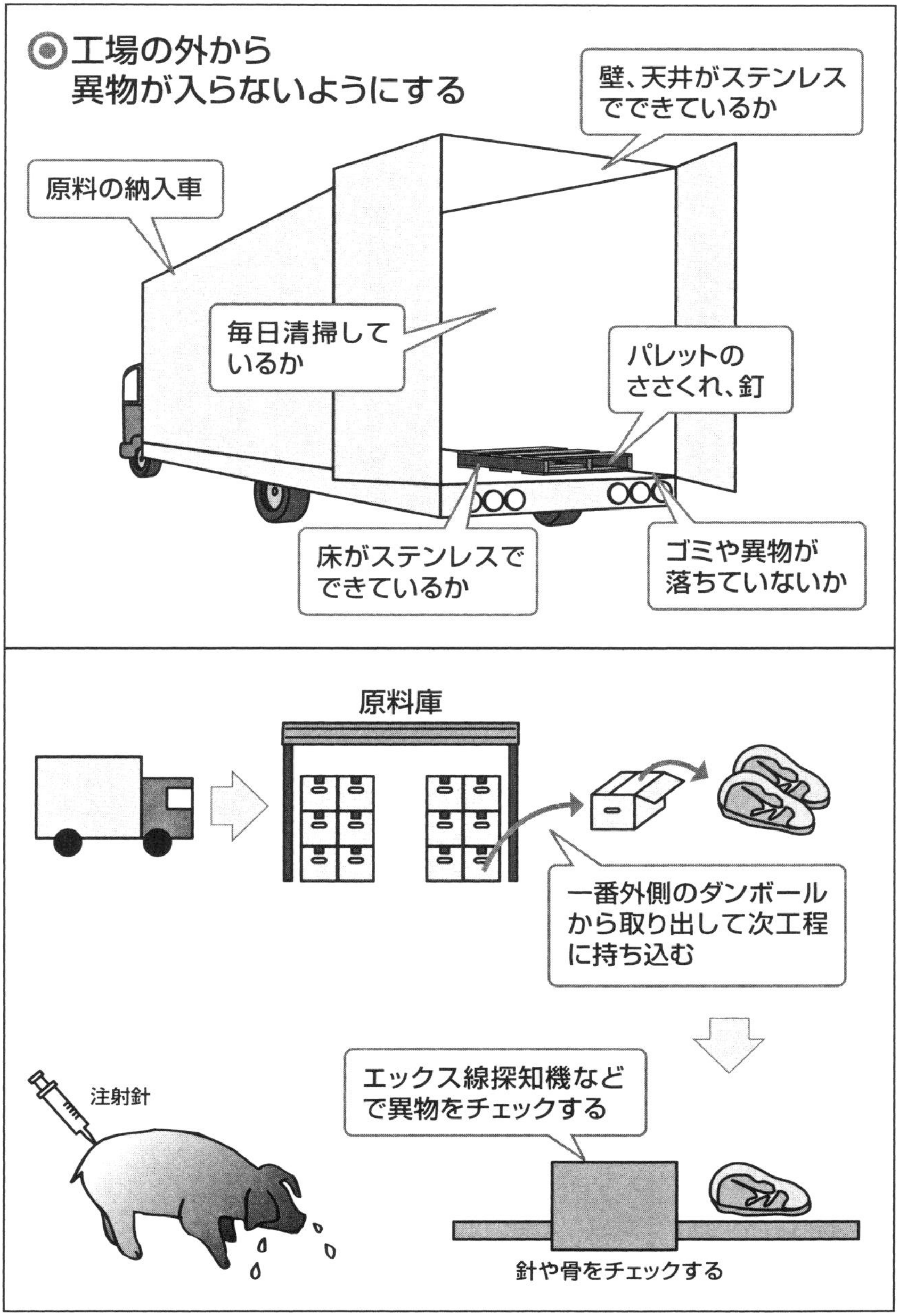
工場の外から
異物が入らないようにする
壁、天井がステンレス
でできているか
原料の納入車
毎日清掃して
いるか
パレットの
ささくれ、釘
床がステンレスで
できているか
ゴミや異物が
落ちていないか
原料庫
一番外側のダンボール
から取り出して次工程
に持ち込む
エックス線探知機など
で異物をチェックする
注射針
針や骨をチェックする

27 異物混入を防ぐために——機械設備から考える

■ガラス、金属、石——異物はたくさんある

異物混入で問題の多い順番に並べると、ガラス、金属類、石・タイル、プラスティック類、生き物（虫、髪の毛など、生物に関する物）の順です。食品に多く混入する髪の毛などの順位は低くなっています。

ガラスなどが食べ物に混入してしまうと、それを食べた人は口の中や食道、胃などを傷つけてしまいます。万一、蛍光灯が割れても落ちてこないように、作業場の蛍光灯はカバーがついた物か、破損防止で合成樹脂被膜（プラスティックフィルム）を貼った、割れても飛び散らない蛍光管にする必要があります。壁や扉等は、台車等がぶつかっても破損しないように、ガードを取りつけておくことも必要です。

もし破損した場合は、破損した破片をジグソーパズルのように集めて、すべてがそろうまでは、その近くにあった原材料仕掛品は使用しないようにしなくてはなりません。また、設備等の修理にしばらく時間がかかる場合があるので、その場合は欠けた箇所を赤マジックなどで表示します。そして何月何日破損、修理依頼中と表示をしておけば、別の破損との区別がつきます。

■部品庫には鍵が必要

次に、機械設備で考えてみます。食品機械には専用機械が多いので、異物混入対策がよく考えられている機械と、そうでない機械があります。問題となるのは、後者の場合です。

小さな部品がはずれた場合、必ず最終の金属探知器に反応する材質や部品の大きさか、確認してください。特殊な金属を使用しているビスなどは、金属探知器に反応しない場合があります。また、直接食品が触れる所は毎日部品をはずして洗浄しますから、分解が終わった時点、組み立てる前に部品数を確認して記録しておきます。

一般的に使用されるビス、ナット類、パッキン等は組み立てのときに不足すると、部品庫から出庫して補充しただけで、食品に入ったことがわからなくなるケースがあります。このため部品類には在庫表をつけて、部品庫は鍵を閉める管理が必要です。

異物混入を防ぐために――機械設備から

◎混入してはならない異物

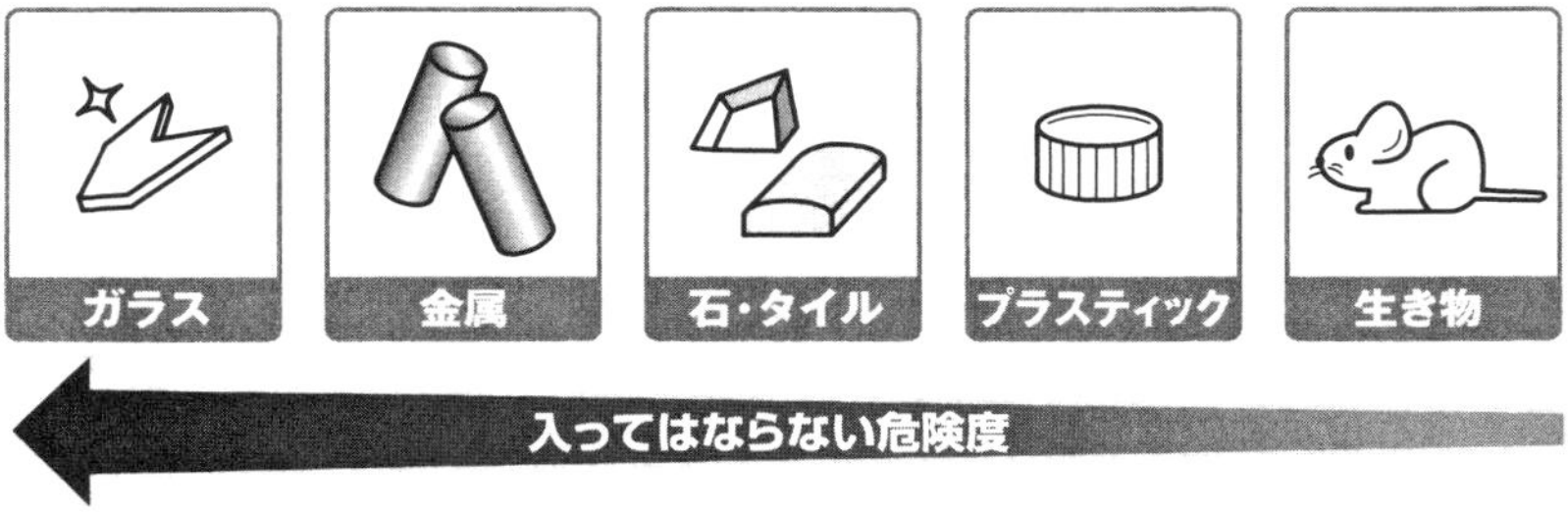
ガラス
金属
石・タイル
プラスティック
生き物
入ってはならない危険度

◎工場内の照明

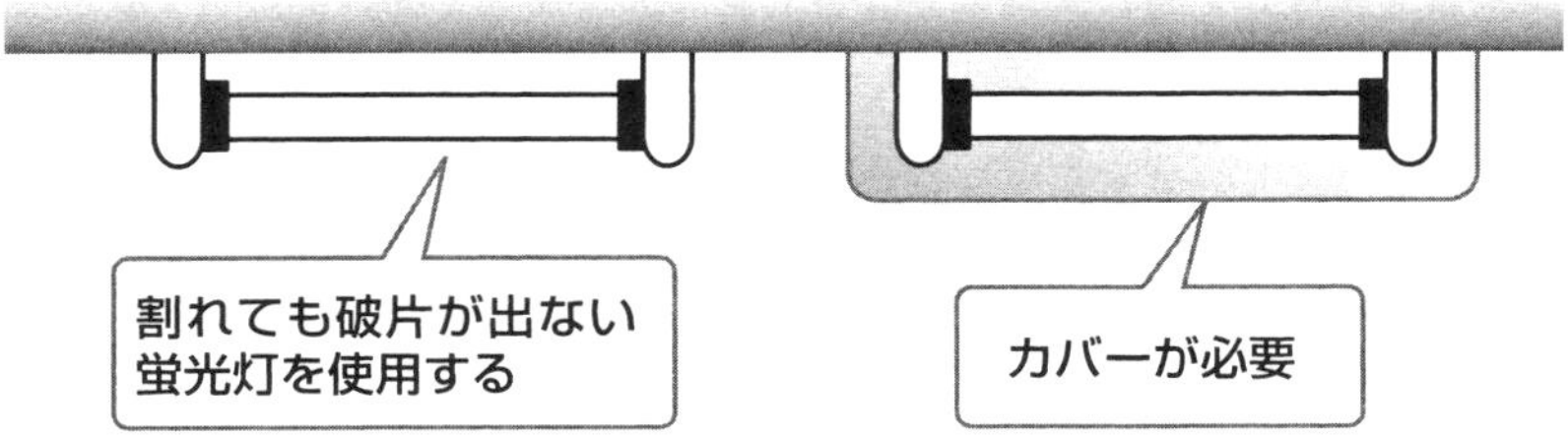
割れても破片が出ない
蛍光灯を使用する
カバーが必要

◎生産設備は毎日、部品がなくなっていないか確認する

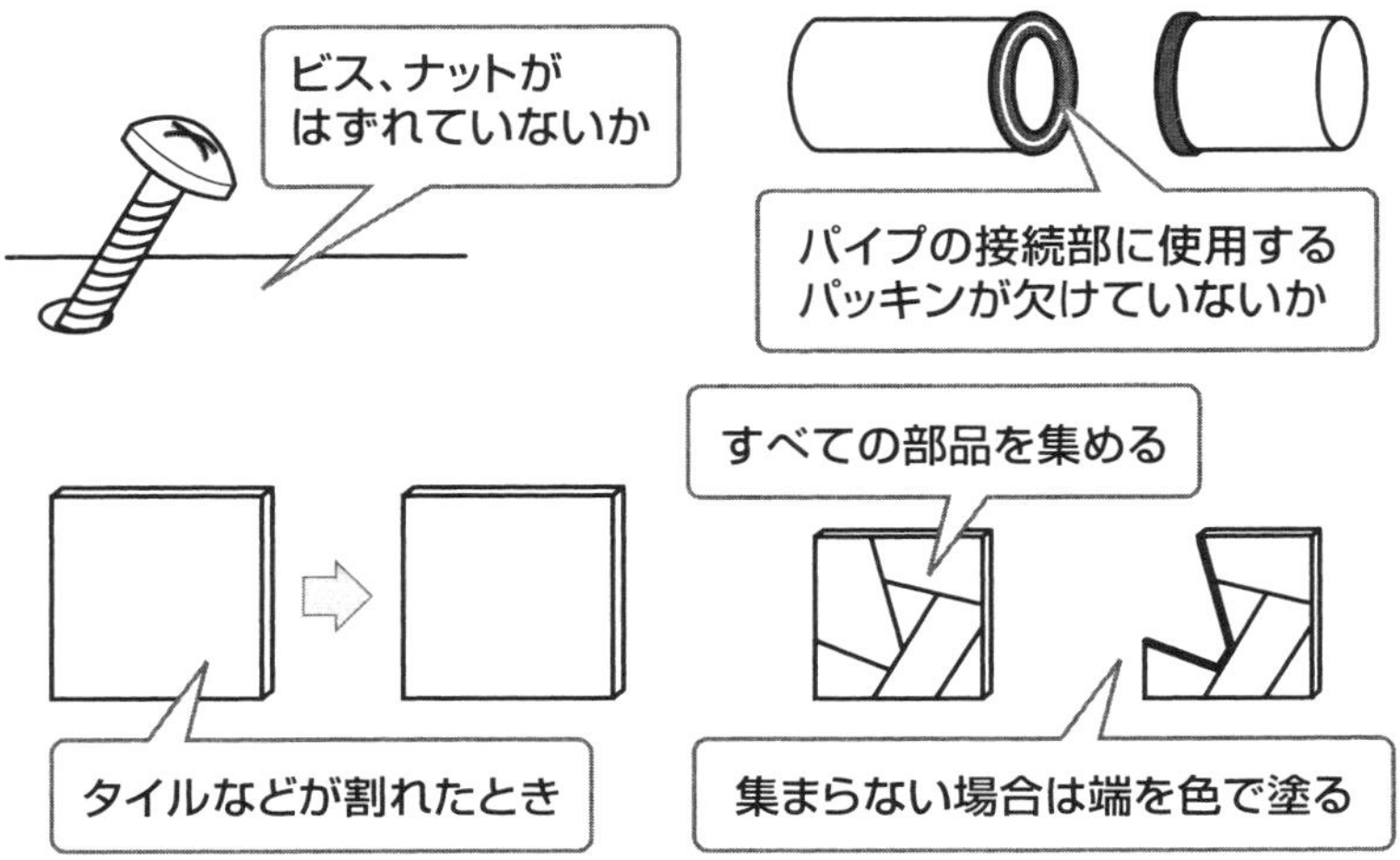
ビス、ナットが
はずれていないか
パイプの接続部に使用する
パッキンが欠けていないか
すべての部品を集める
タイルなどが割れたとき
集まらない場合は端を色で塗る

28 異物混入を防ぐために——働く人から考える

■個人の衛生が最終商品の品質に直接影響する

「工場の最終商品に入る異物は、すべて働いている人が持ち込んでいる」——そう言っても過言ではありません。従業員教育では、朝起きたら必ず顔を洗って、歯を磨き、髪の毛にクシを通すことを教育するようにしてください。

顔を洗うと、夜寝ている間に顔についた異物が取れます。歯を磨くと、歯の詰め物が取れていたら気がつきます。髪の毛にクシを通すと、落ちる髪の毛はほとんどすべて落ちます。このように、家での注意点を守ってもらうと、髪の毛などの混入はかなり減ります。

工場では、作業着が入っている場所と、家から着てきた服が同じロッカーに入っていませんか。同じロッカーに保管すると、従業員が家で犬や猫と遊んだときについた獣毛が作業着に付着してしまいます。また、作業着を着たまま昼寝をしないことも大切です。

■作業着は消耗品

作業着で気をつけることは、異物が持ち込めないような作業着を着ることです。ポケットもボタンもないものです。チャックも、体の正面ではなく、横にある物がベストです。

しかし、せっかく考えられた作業着でも、家庭で洗濯していたのでは、異物混入の原因になります。家庭の洗濯機はいろいろな物を洗うし、作業着をたたむ場所から考えてもわかると思います。

また、作業着に寿命があることはあまり知られていません。洗濯を何回か繰り返すと、繊維が毛羽立ってしまい、髪の毛等の異物がついても落ちなくなってしまいます。作業着は、何回か洗濯をしたらチェックして交換する必要があります。

■工場での個人衛生

手に怪我などをした場合に使用する救急ばんそうこうも、工場で使用する物には特徴が必要です。めだつ色で、テープの所をカットして、通常の物と区分する必要があります。そして、番号をつけて、貼ったときとはがしたときに記録を残しておくようにします。

異物混入を防ぐために――働く人から

◉個人衛生を教育する

毎朝顔を洗う
毎朝クシを入れる
毎朝歯を磨く
作業着を入れるロッカー
家からの服を入れるロッカー

◉作業着は消耗品

正面にチャックがない
ポケットがない

専用の洗濯機で洗う

↓

専用のロッカーで保管する

◉救急ばんそうこうの管理

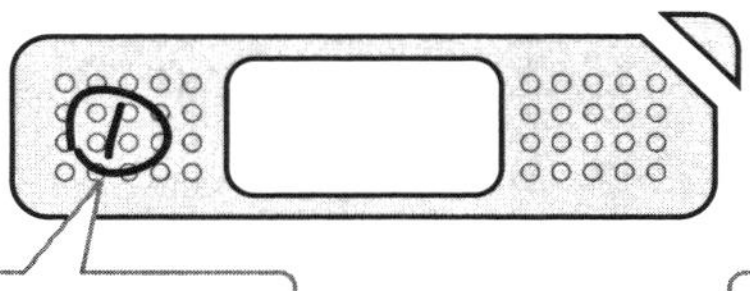
端をカットして一般のものと区分する
マジックで番号をつける
帰りに回収する

29 異物混入を防ぐために——作業方法

■文房具を統一して、工場のハードルを高くする

異物混入防止の意識を高めるためには、文房具について教育していくのがもっとも効果的です。工場で使用する文房具は、すべて統一します。万一、最終製品に混入しても、混入経路が明確になるため必要です。

たとえば筆記用具であれば、鉛筆やシャープペンシルは芯が異物になりますから、食品工場では使用できません。

では、筆記用具は何を使えばいいのでしょうか。分解できないタイプのボールペンがお勧めです。フタがある物、芯が交換できるように分解できる物は、部品が異物混入の原因になります。

また、ホチキスの針も異物となります。紙の書類を綴じるのに非常に便利ですが、異物混入のトップになる物です。工場内から、ホチキスやホチキスで綴じた書類をなくします。ゼムクリップも同じです。各原料の納品についてくる仕入れ伝票等も対象になります。

■工場内のすべての物は15㎝以上の高さに置く

工場の中の物はすべて、床から15㎝以上の所に置くことと決めます。これは、床に落ちている異物が混入しないようにするためです。特に、異物に気を配る必要のある包装工程等は、この高さを25㎝、30㎝と高くしていくと、異物混入の可能性は低くなっていきます。直接口に入る可能性のある物は、膝の高さである50㎝以上は確保したいものです。

これは、事務所の物にも当てはまります。事務所に納品に来た宅配便業者が床に荷物を直接置かないように、ふだんからのコミュニケーションが必要となります。これは、床に落ちている物を荷物につけないことが目的です。

この目的を忘れてしまうと、使用していない台車を積み重ねたり、パレットを積み重ねてしまいます。積み重ねることで、床面に接していた部分と接した所は、床面と同じ汚染状態になってしまいます。

では、パレットはどのように保管したらいいのでしょうか。衛生に気を遣うのであれば、左図のような台車を準備して、1枚1枚置いておく必要があります。

異物混入を防ぐために——作業方法

◎筆記用具について

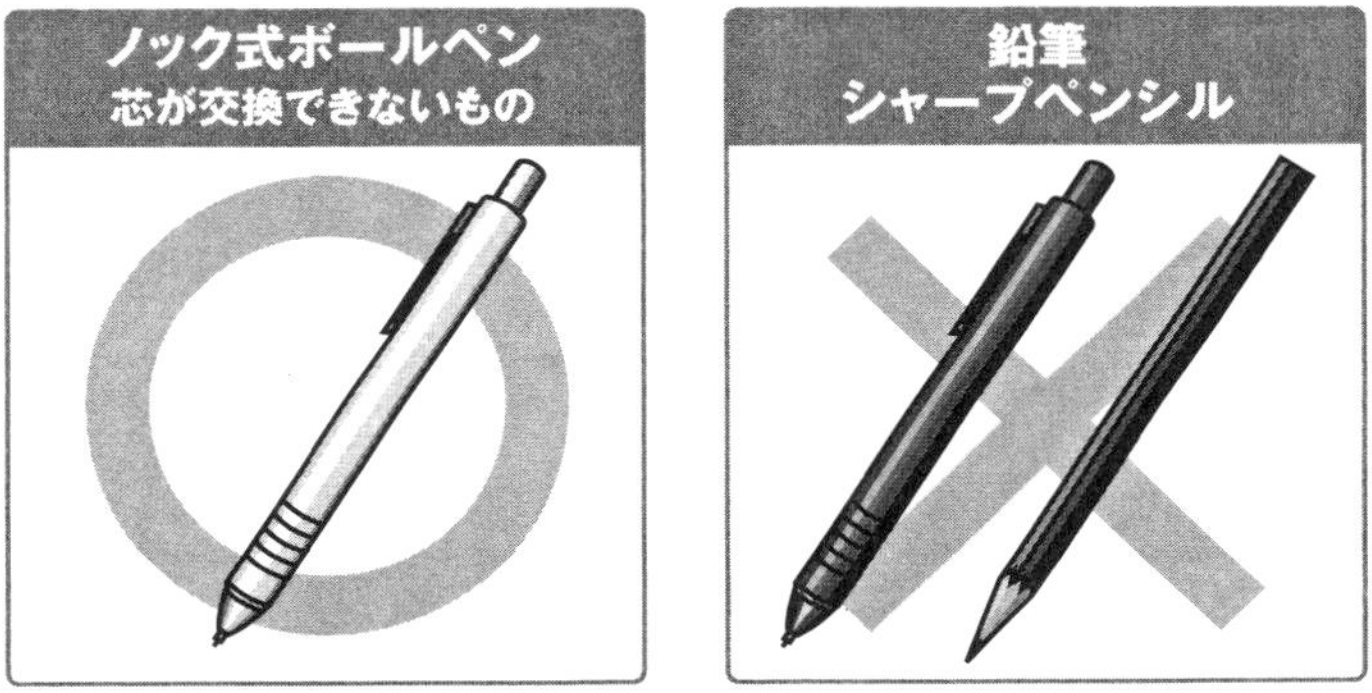

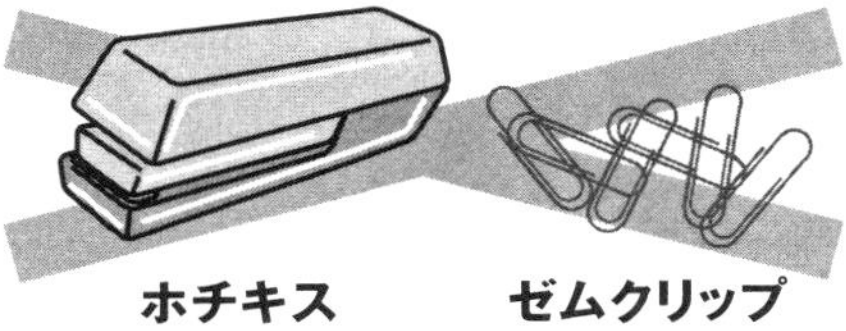

◎床から15cm以上離して置く

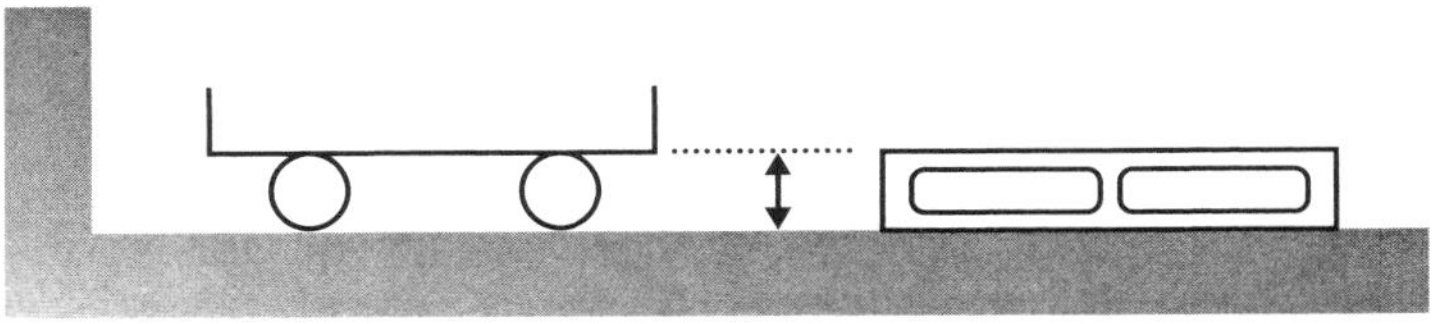

◎パレットの保管方法

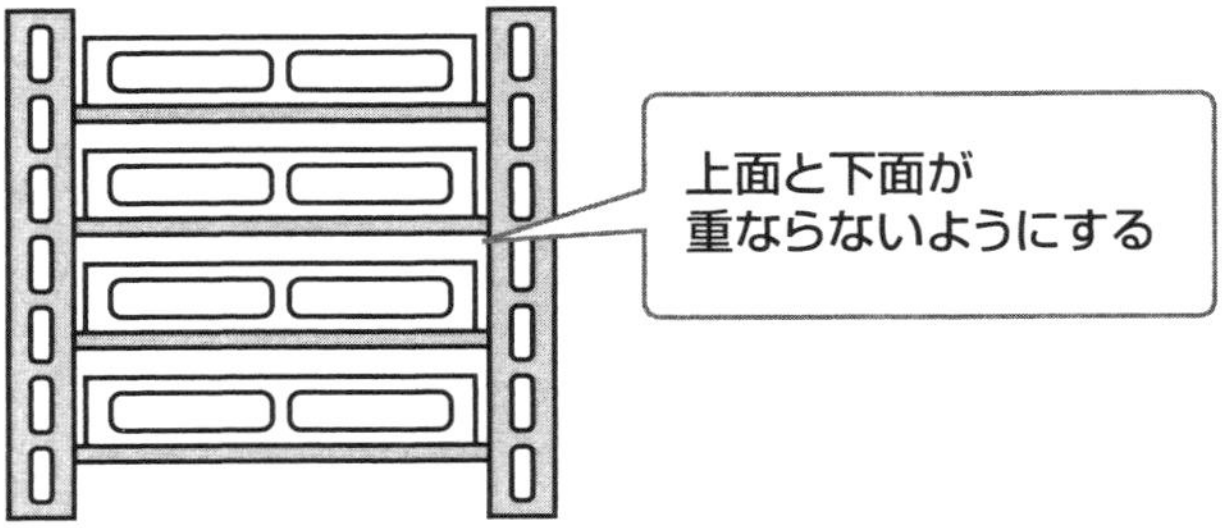

30 異物混入を防ぐために——測定方法

■異物チェックの測定器械は年々進歩している

異物が入っているかどうかを測定する機器についてお話しします。

たとえば納豆は、大豆をそのままゆでて商品にします。大豆には石のように固い物もあるし、石そのものが混入している場合もあります。そこで納豆工場では、この大豆を一つひとつ選別しています。小さな工場では手作業になりますが、茨城県のある大きな工場では、大豆一つひとつについて、センサーで色や形などを読み取って、石や固い物をはじいています。

液状の物であれば、フィルターを使用することで、簡単な異物混入防止策になります。そのフィルターのメッシュの大きさを変化させて、フィルターの異物を測定すれば、原料の異物量を測定することができます。

■液体は強力磁石が力を発揮する

また、磁石も有効です。強力な磁石（1万ガウス程度）を液体が流れるところにつけておくと、いろいろな物がくっついてきます。工場で使用する水はフィルターを通す必要がありますが、フィルターを通り抜けた砂鉄のような物が磁石につきます。いままで、この砂鉄を製品に混ぜていたのかと思うと、ぞっとするほどです。

■最終段階のハードル——金属探知器

金属異物は、金属探知器が最終ハードルになります。固体や流体状の物ならなるべく薄くして、金属探知器を通過させます。鉄とステンレスでは反応感度は異なりますが、ステンレスでも、長さ1㎜程度は必要です。

金属探知器より、さらに確実な異物測定機械として、エックス線探知機があります。金属探知器が磁場を利用しているのに対して、エックス線探知機は、その名称通り、エックス線を使用しています。金属探知器では反応しない骨、陶器、石なども選別できるため、これからの食品の異物対策はエックス線探知機が主力になっていくものと思われます。ただし、エックス線の当たる角度によって、反応が異なる場合があるので、2軸以上からエックス線を当てて測定する必要があります。

異物混入を防ぐために──測定方法

◎工場の特質に合った選別機をつくる

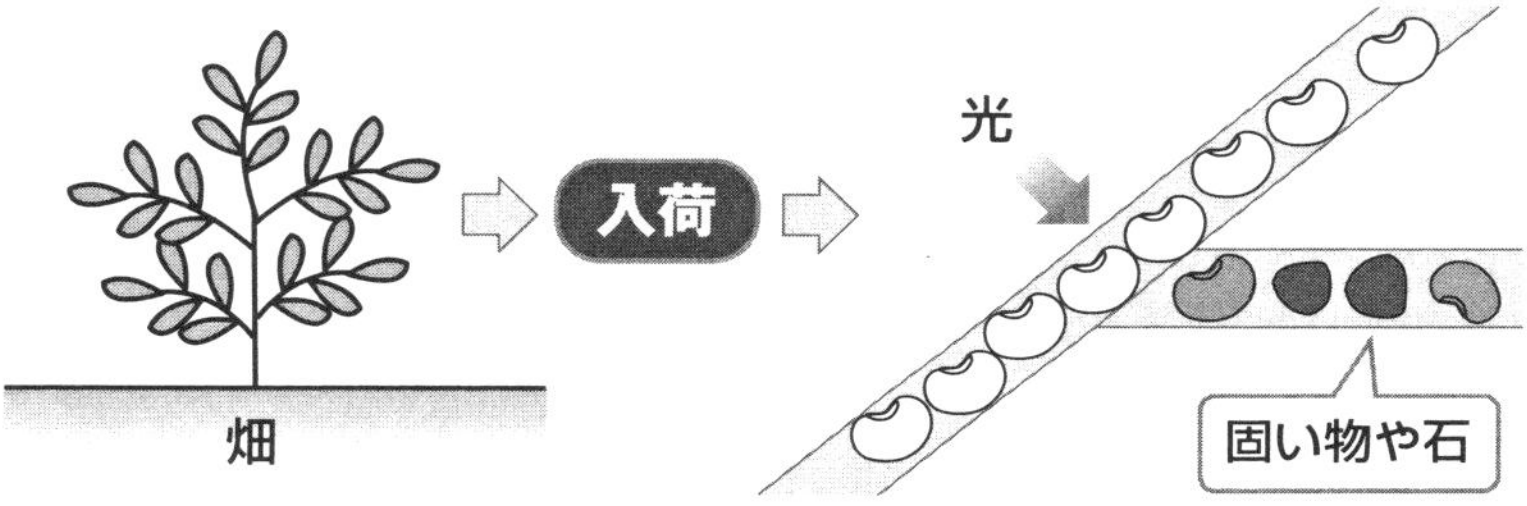

大豆は1粒ずつ選別する

◎液体の場合

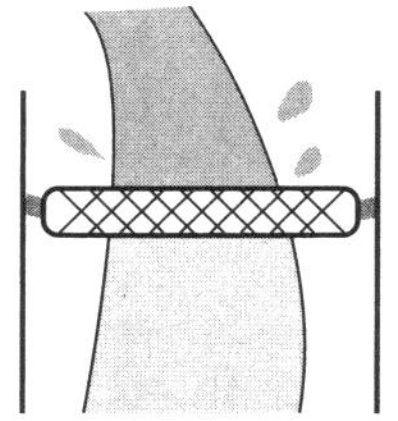

フィルターを通す

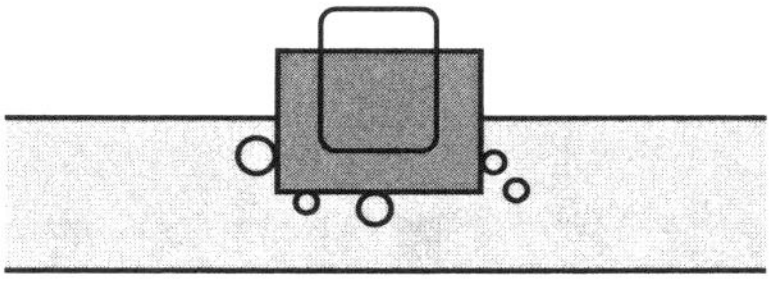

パイプの中に磁石をつける

◎金属探知器、エックス線探知機を使う

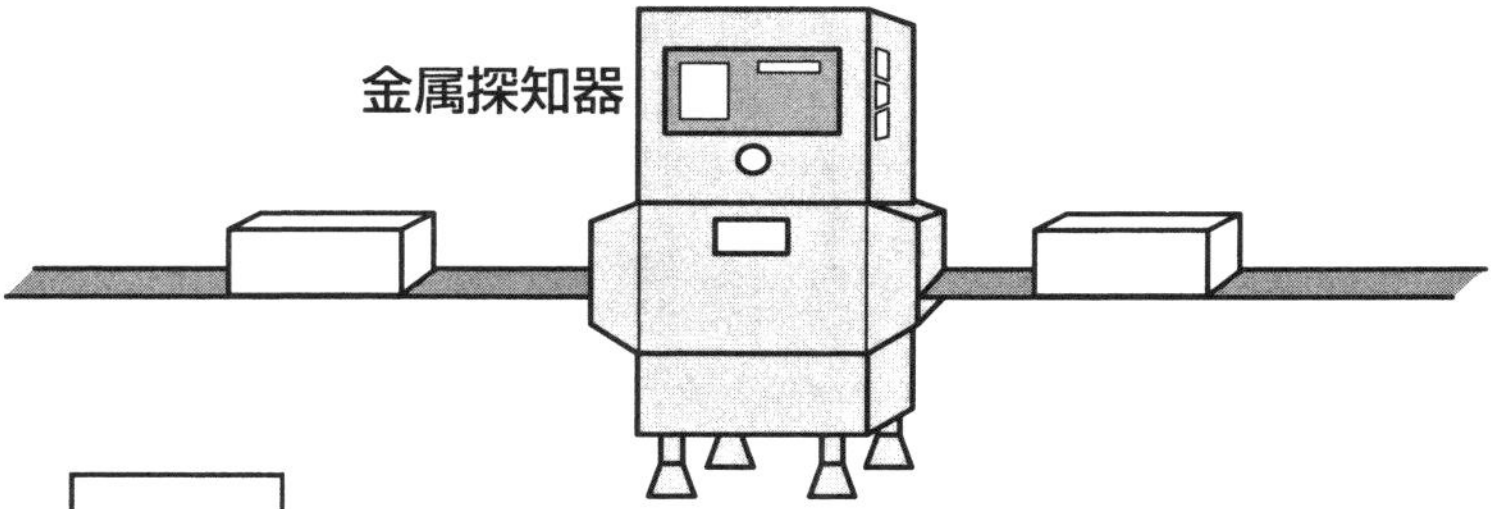

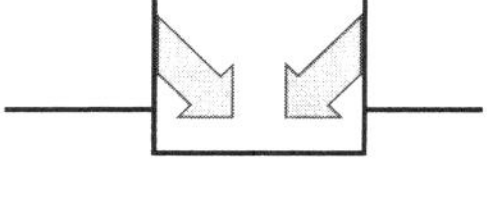

ポイント　エックス線探知機は2軸以上から当てる

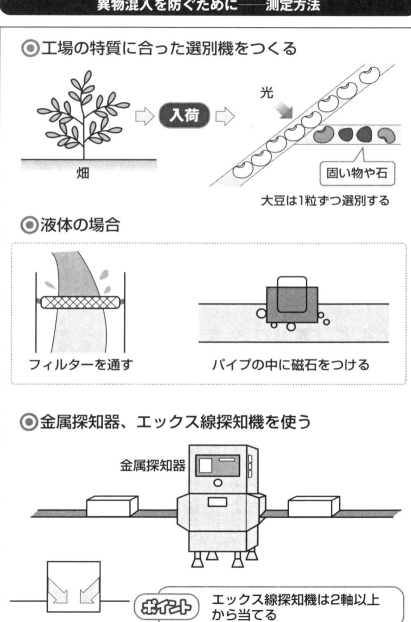

31 化学薬品の混入を防ぐために

■混入すると被害が大きい

「化学薬品が製品に混入するはずなどない」と思っている工場が多いのですが、一度混入してしまうと、非常に大きな事故になってしまいます。

化学的危害は、危険な順に次のようなものが考えられます。

1 殺虫剤、洗剤等の食品でない物が混入してしまう
2 添加物、特に保存料等が多く混入してしまう
3 機械油、グリス等が混入してしまう
4 ペンキ、ワックス等の臭いが製品についてしまう

■専用ボトルを使用すること

工場内で飛翔昆虫が一定数以上捕獲された場合、ゴキブリ等の歩行昆虫がモニタリングで確認された場合などは、作業場内に殺虫剤を噴霧している工場もあります。

食品を取り扱う作業場内で虫類が確認された場合でも、私は殺虫剤を使用せず、清掃などの対応で行うべきと考えています。

ネズミ類が捕獲された場合の対応も、殺鼠剤などを使用すると、殺鼠剤を食べたネズミが、天井裏などで死んでしまい、死体が虫の巣になってしまう場合があります。殺鼠剤などを使用せずに、ネズミの侵入口を防ぐといった物理的対策が必要です。

洗剤等、アルコール、塩素等を醤油などの入っていたペットボトルを使用して小分け保管しないことです。

化学薬品の原液については、専用の鍵のかかる場所に保管する必要があります。基本的には詰め替えは行わない。もし詰め替えるときには、元と同じラベルの貼ってある、専用の小分け容器を使用する必要があります。何でも使用できる、小分け容器を使用する場合は必ずラベルを使用して、字が読めない人でも間違えないようにしておくことが必要です。

添加物の中には、一定量以上摂取すると健康被害が出るものもあります。注意の必要な添加物は、毎日使用量と実在庫量を計測し、差違がないことを確認する必要があります。食品製造機械に使用する、グリス、機械油については、飲食可のものを使用します。

化学薬品の混入を防ぐために

◎専用の保管庫が必要

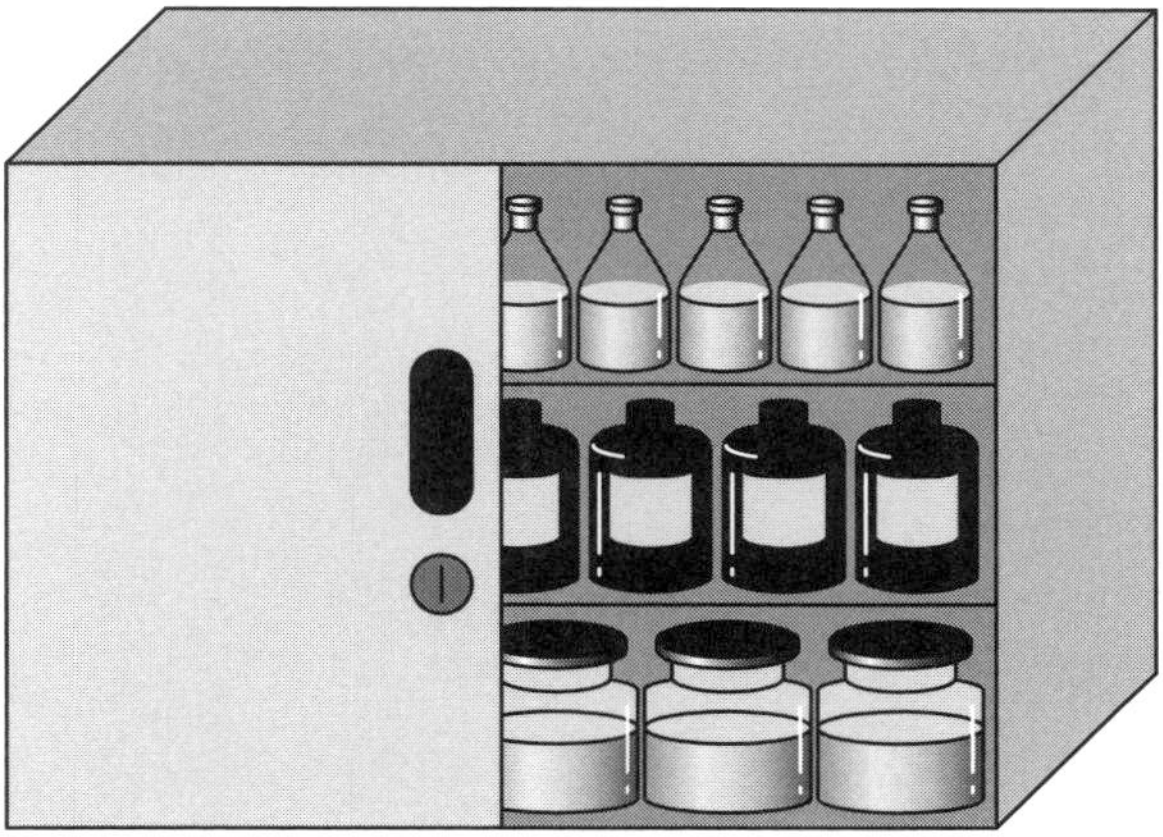

化学薬品は鍵のかかる棚に入れる

◎ペストコントロール

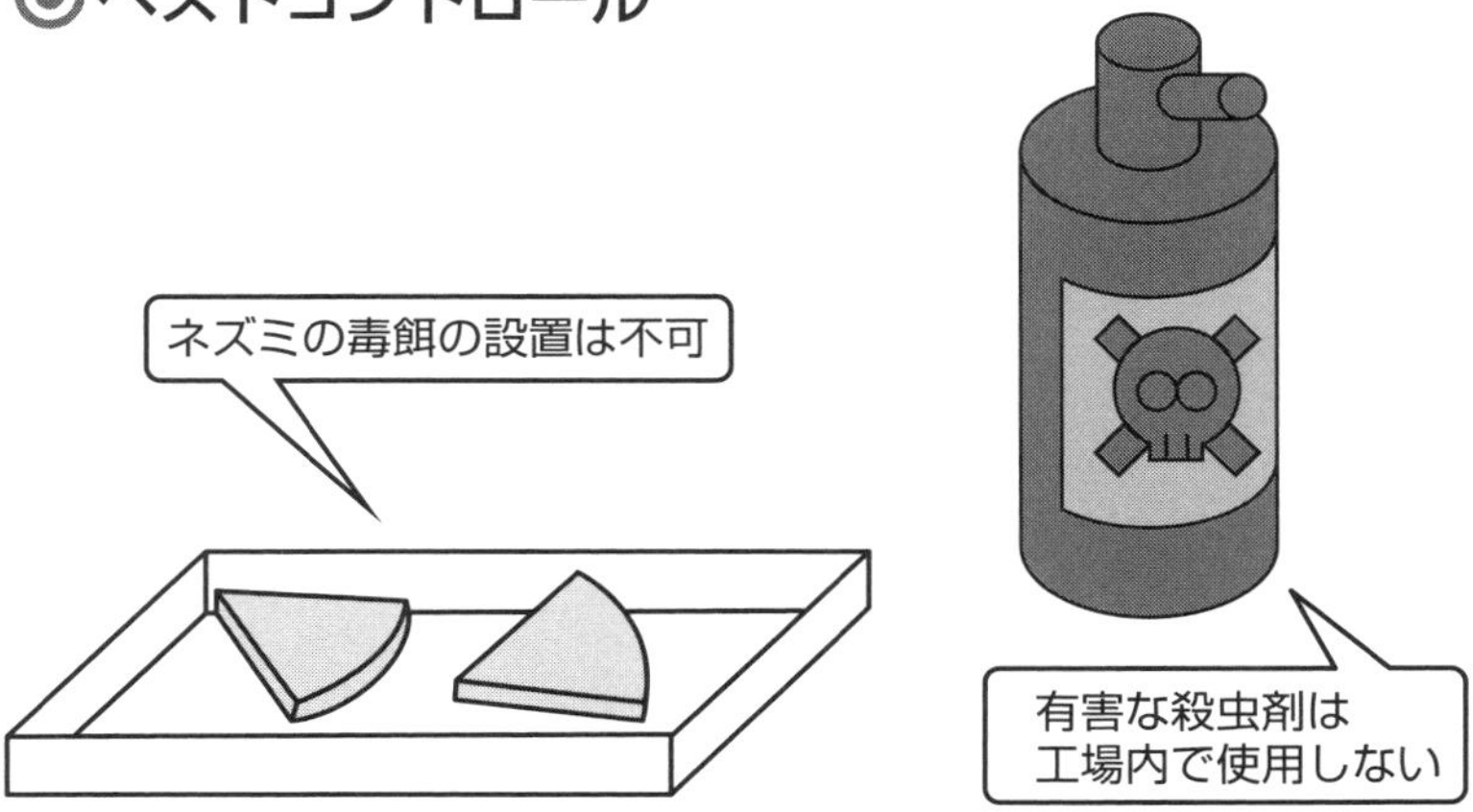
ネズミの毒餌の設置は不可
有害な殺虫剤は
工場内で使用しない

32

SDS制度について

■工場内のすべての化学薬剤にSDSが必要

SDS制度とは、平成13年1月から実施され、事業者による化学物質の適切な管理の改善を促進するため、対象化学物質を含有する製品を、他の事業者に譲渡又は提供する際、その化学物質の性状及び取扱いに関する情報（SDS＝Safety Data Sheet）を事前に提供することを義務づける制度です。納入先の事業者からSDSの提供を受けることにより、事業者は自らが使用する化学物質についての正しい情報を入手し、適切な管理に役立てることができます。現状では、揮発性炭化水素、有機塩素系化合物、農薬、金属化合物、オゾン層破壊物質、石綿などがこの制度の対象となります。

食品工場でも、SDSの対象になっていない薬剤についても、同じような様式でデータを集めておく必要があります。ペストコントロールに使用する薬剤や浄化槽の薬剤も含めたほうがいいでしょう。

■制度にないものもSDSを準備する必要がある

SDS及びSDSに準じる書式については、次の項目が網羅されている必要があります。また、最新情報であることが重要なので、できれば供給先のホームページ等で、常に更新されている状態が望まれます。

（1）製品及び会社情報、（2）組成、成分情報、（3）危険有害性の要約、（4）応急措置、（5）火災時の措置、（6）漏出時の措置、（7）取扱い及び保管上の注意、（8）暴露防止及び保護措置、（9）物理的及び化学的性質、（10）安定性及び反応性、（11）有害性情報、（12）環境影響情報、（13）廃棄上の注意、（14）輸送上の注意、（15）適用法令、（16）その他の情報（情報に疑問があった場合の問い合わせ先など）、最低、以上の情報が必要になります。食品工場で扱う薬剤等はSDSの不要なものがほとんどですが、含有率に関係なく、工場で使用する洗剤、防虫防鼠に使用する薬剤は、SDSの提出を受けたほうがいいでしょう。設備機械に使用するオイル、グリスなどについても念のため、「SDSの必要なものはありませんか」と質問して、SDSの必要なものを使用していない証明を受ける必要があります。

SDS制度について

◎SDSは、製品の製造・加工・流通のすべてにおいて必要

揮発性炭化水素	ベンゼン・トルエン等
有機塩素系化合物	ダイオキシン類・トリクロロエチレン等
農薬	臭化メチル等
金属化合物	鉛及びその化合物・有機スズ化合物等
オゾン層破壊物質	CFC、HCFC等
その他	石綿等

◎SDSの提供の不要なもの

- 含有率が少ない物‥‥ 1%以下
- 固形物（金属板、管等）
- 密封された状態のもの（乾電池等）

→ **対象とならない薬剤もSDSを用意する必要がある**

一般消費者用の製品（洗剤、殺虫剤等）

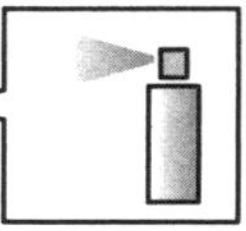

再生資源（金属くず、空き缶等）

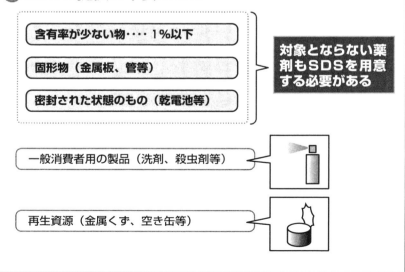

33 食中毒を防ぐために

■どうすれば防げるか、毎日が勝負

年間に約3万人が食中毒で保健所に届け出ています。ハインリッヒの法則から、これを氷山の頂点と考えるとその300倍、すなわち年間900万人が、食品を食べることによって体調を壊していることになります。

最近では、食品アレルギーの発症で死亡する例も聞きます。アレルギーが発症した場合は、死に至ることも考えられます。特に、発症数、重篤度から勘案して表示する必要性の高い小麦、そば、卵、乳、落花生、エビ、カニの7品目（以下、「特定原材料」）については、工場の中で洗浄が不充分だと、配合していない商品にまで混入して、お客様が発症してしまう場合が考えられます。特定原材料を使用しない専用ラインが、工場で設定できない場合は、「当製品は卵を使ったラインで製造しています」といった危険表示が必要となります。

■農場からお客様の食卓まで、温度管理が大切

食中毒を起こす菌の増殖を防ぐための決め手はありません。レトルト殺菌であれば、本来は細菌は死滅しますが、肝心なレトルト殺菌を忘れて出荷してしまうというミスが発生することもあります。毎日毎日、食品の安全についての教育を続け、原材料、機械設備、働く人、作業方法、測定方法という、胴板からできた〃食品の安全を溜める樽〃から、安全という水が漏れ出さないように、各部門で管理する必要があります。安全という水を多く溜められるように、各部門の胴板が高くなれば、工場の管理は一段と向上することになるからです。

また、原材料の管理からお客様の口に入るまでの温度管理も大切になります。常温保管できる商品でも、倉庫で真夏の直射日光に当ててしまっては、食品の安全を確保することはできません。細菌の繁殖は、10℃～60℃の間で頻繁に起こります。原料を仕入れた段階から、各工程において、10℃～60℃の危険な温度帯をいかに短くするかが、最終商品の品質を左右します。

最終工程でレトルト殺菌するため、中間品の保管は室温放置しますが、食品の安全を確保するためには、すべての工程で危険な温度帯を避けることが大切です。

食中毒を防ぐために

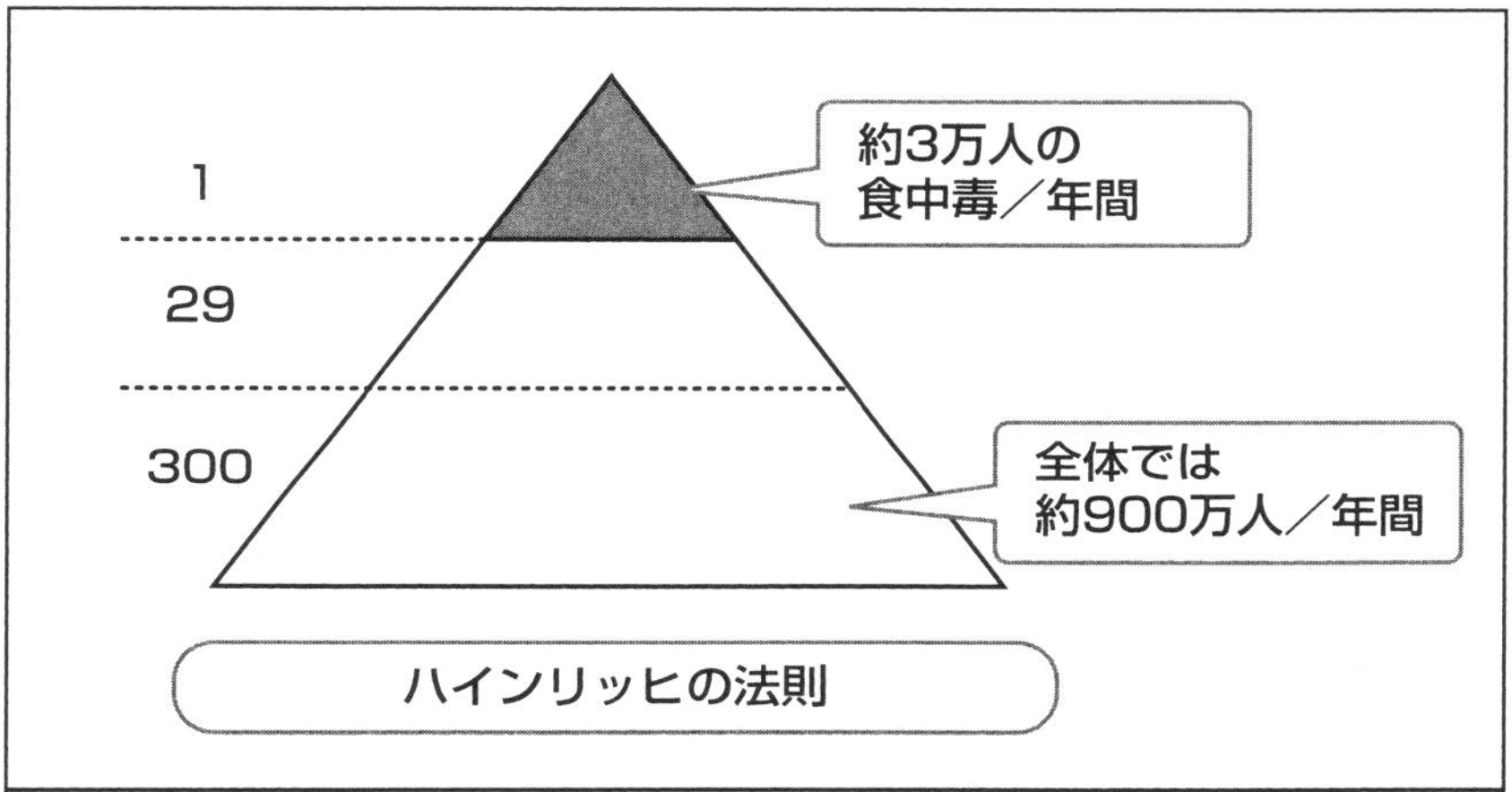
1
29
300
約3万人の
食中毒／年間
全体では
約900万人／年間
ハインリッヒの法則

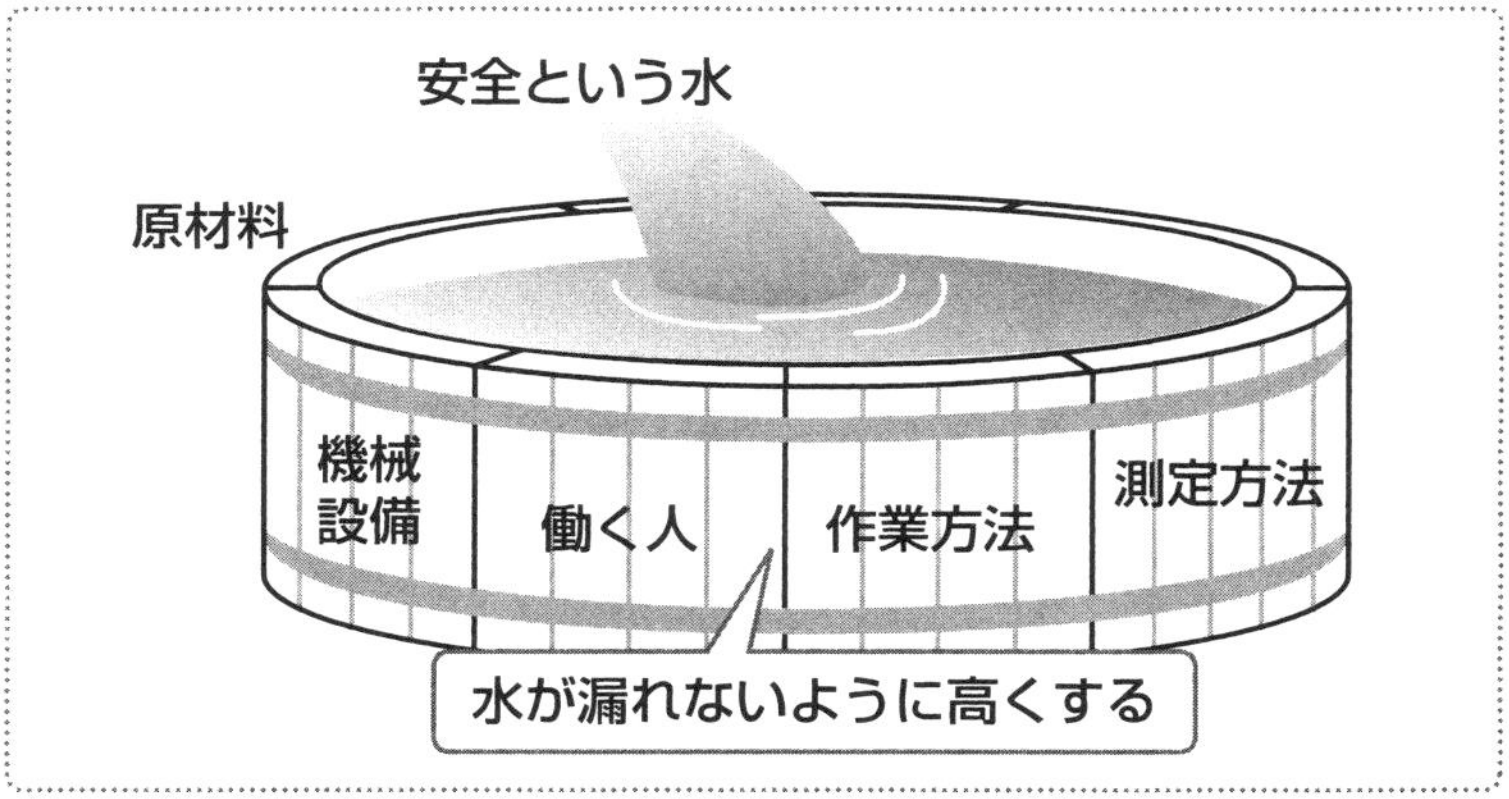
安全という水
原材料
機械
設備
働く人
作業方法
測定方法
水が漏れないように高くする

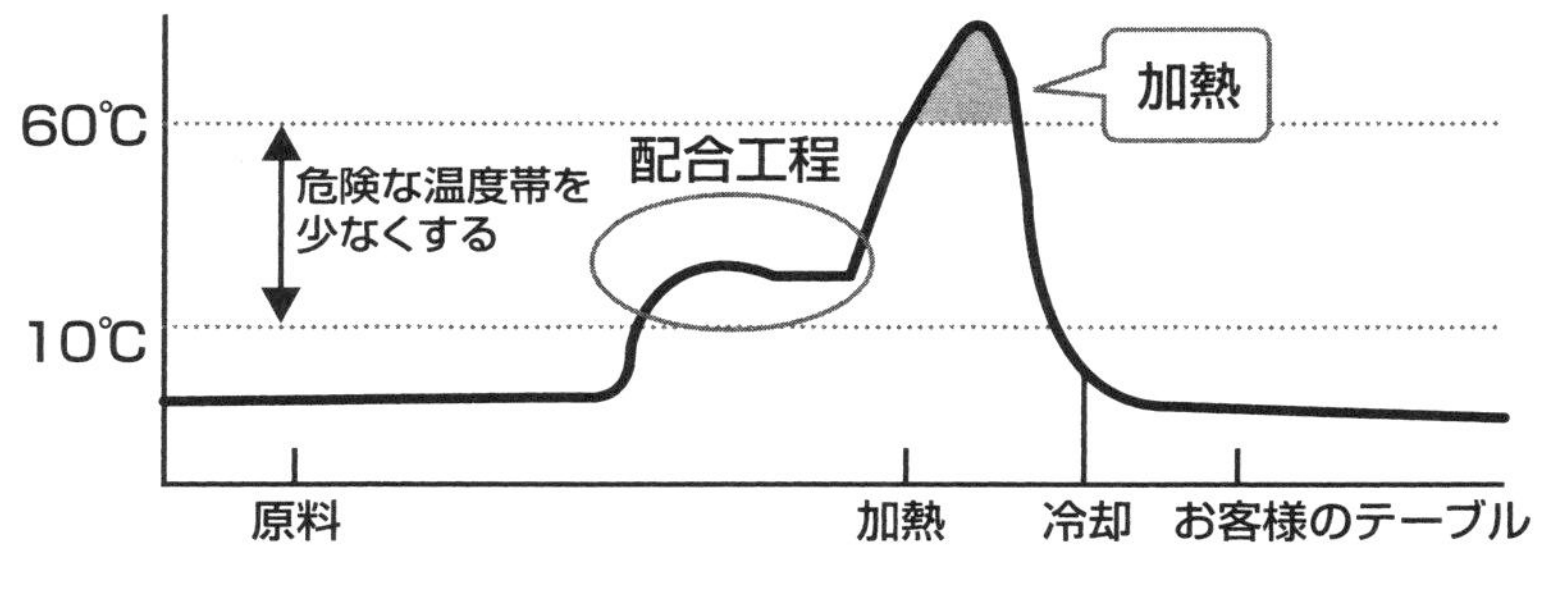
60℃
10℃
危険な温度帯を
少なくする
配合工程
加熱
原料
加熱
冷却
お客様のテーブル

34 食中毒を防ぐために――原料から考える

■安心安全な原料が、安心安全な製品をつくり上げる

おいしい寿司は、「ネタの鮮度と仕入れ」で決まると言われます。食品工場の管理もまた、原料で決まります。

日本中で1万数千人もの患者を出した、雪印の食中毒事件も、原因は使用していた原料にありました。

原料をどこから仕入れるかは、非常に重要な問題です。工場で使用する原料は、農畜産原料、一次加工原料ともに、仕入れ先との約束を取り決める必要があります。「原料規格書」を作成して、原料規格を数値で明確にします。これは、鮮度に関する規格、製造工程に関する規格などですが、特に重要なのが、数値化した基準です。

原料規格では、人間の五感に関する規格をすべて数値化して、供給先の出荷基準と工場の受け入れ基準を、事前に明確にしておく必要があります。もっともわかりづらい、色や外観などの情報は、お互いに入荷限度見本を作成して数値の代わりとします。

■効率よく受け入れ検査を行う

食品工場は、原料をロット別に管理して、受け入れ検査に合格した後、原料として使用します。受け入れ検査では、官能検査、理化学検査、細菌検査などを実施します。

検査はすべて破壊検査になりますから、すべての原料を検査してしまったのでは、使用する原料がなくなってしまいます。

そこで、ロット区分して抜き取り検査を実施します。検体数を増やすことなく、いかに精度を上げるかが大切です。

また、原料供給先のレベルに応じて検査頻度を変更する、という考え方があります。原料供給先の農場や工場実査を行ってランクづけします。良好な順に、ＡＢＣとランクづけをします。

Aランクは月に1回の受け入れ検査、Bランクは週に1回の受け入れ検査、Cランクは毎回の受け入れ検査を実施します。たとえAランクやBランクでも、受け入れ検査で不合格の場合は、毎回検査に切り替えることになります。

食中毒を防ぐために――原料から

◎受け入れ検査の頻度

<table>
<tr><th>仕入れ先</th><th colspan="2">受け入れ検査</th></tr>
<tr><td>Aランク</td><td>月に1回</td><td rowspan="2">一度でも
不合格だと
Cランクで
実施する</td></tr>
<tr><td>Bランク</td><td>週に1回</td></tr>
<tr><td>Cランク</td><td colspan="2">ロットごと</td></tr>
</table>

◎受け入れ検査の項目

五感に基づいて、入荷限度見本で判断する

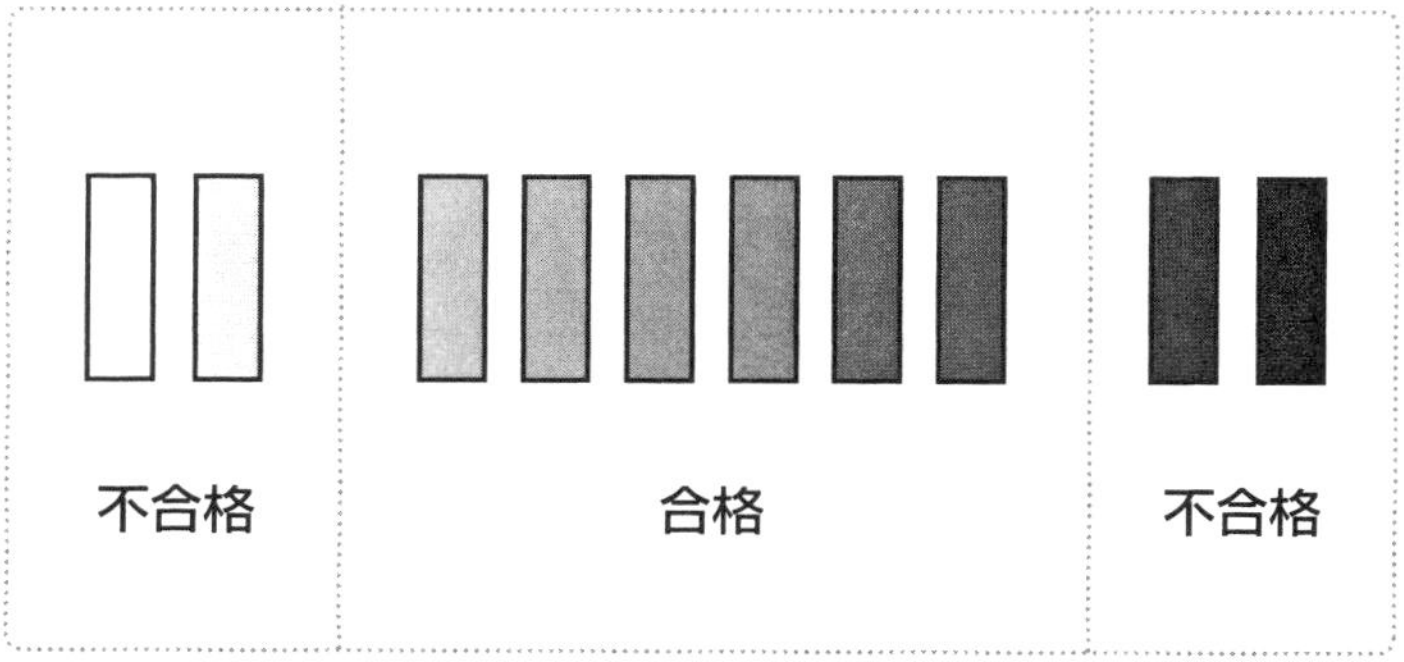

35 食中毒を防ぐために——機械から考える

■分解、洗浄、殺菌して使用できる設備が必要

食品工場では、製造機械を使用しています。そこで、製造機械の使用後の洗浄が重要になります。組み立てたまま蒸気殺菌できるのが理想ですが、電気設備があるため、蒸気殺菌ができません。そのため、分解できる所はすべて分解して洗浄殺菌することになります。分解した部品は、洗剤できれいに洗って加熱殺菌します。そして、組み立てるまで汚染されない場所で保管します。重要な点は洗浄、殺菌工程が記録に残っていることです。使用した洗剤の濃度、量、加熱殺菌の温度時間等です。

■中間品の検査で設備の状況が確認できる

洗浄後の設備が、安全に使用できるかどうか確認する必要があります。ＡＴＰ（アデノシン三リン酸）を使用してタンパク質が残っているかどうかを見る方法があります。一般的には機械の洗浄後、あるいは使用前に拭き取り検査を行い、一般生菌数を測定します。気をつけることは、可動するところは可動させてから測定することです。回転を始めると、回転部分の洗浄が不充分なため、菌が出てくる場合があります。また、包装工程の設備は、その設備を通過した前後の製品検査が有効です。ハムのスライサーであれば、スライス前とスライス後のハムの細菌検査を行って菌数の比較をすると、スライサーの汚染が明確になります。この方法で問題のあるラインを検査する場合は、時間変動、日間変動、月間変動の差がわかるように検体を取る必要があります。

■充分に洗浄を行っても改善しないとき

洗浄や熱殺菌を行っても菌数が改善しないときは、可動部分を疑ってみてください。機械はシリンダーで動いています。シリンダーは、エアーもしくはオイルで可動しています。シリンダーの可動部分はパッキンが入っていて、本来は菌は中に侵入しないものなのですが、長時間使っているうちにパッキンが摩耗して菌が侵入することがあります。この対策としては、定期的にシリンダーを交換します。また、食品に直接触れるところは毎日熱殺菌して、その可動部分は定期的に新品（衛生的に新品）と交換することが必要です。

食中毒を防ぐために――機械から

ミートチョッパーの場合

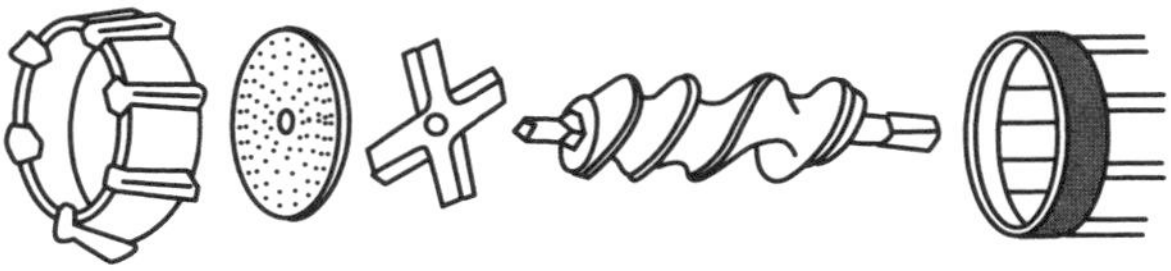

分解できる部品は、すべて分解してから加熱殺菌を行う

分解 → 洗浄 → 殺菌 → 組み立て → チェック → 使用

ATP（アデノシン3リン酸）等

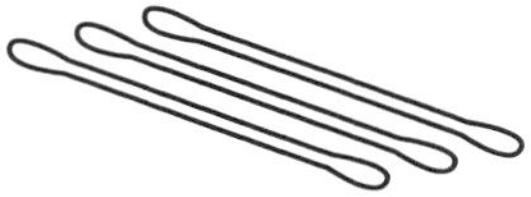

拭き取り検査

36 食中毒を防ぐために——働く人から考える

■働く人の衛生が最終製品の衛生状態に影響する

ここでお話する働く人とは、工場の中で直接、製品を製造することに従事している人だけでなく、原料を配送してくる人、製品を集荷するドライバー、本部の人、営業を含めて工場に出入りする人等、すべての人の健康状態を言います。

必要なことは、第一に怪我などがなく、健康であること、検便検査がすべて陰性であること。第二に、物理的に清潔であること。毎日風呂に入る、毎日洋服を着替える等です。新入社員教育の際、個人衛生がすべての商品の品質に影響することを徹底して教育しなければなりません。個人衛生では、清潔な状態にすることと、工場内では決してしてはならないことも教育する必要があります。工場の作業場でしてはならないこととは、痰《たん》やつばを吐かない、鼻を飛ばさない、作業場で座り込まない、作業台に腰掛けない、作業場で物を食べない、ガムをかまない、飴をなめないなど、いくらでも注意事項は出てきます。

■働く人の健康状態はこうしてチェックする

最低、月に1回は、車が駐車場に入ってくるときに、車内の衛生状況、改造車ではないか、シートベルトをしているか、などをチェックします。車の中がゴミだめのようになっていたり、農家の人が、車に牛の糞を載せたまま工場に出勤してきたりすることもあるからです。

また、工場に入るときには作業着に着替えます。ロッカーは、家から着てきた服と作業着が交差汚染しないように別々にしておきます。ＳＡＲＳが流行したときは毎日、従業員の体温を測定していました。耳で簡単に測れるため、体温や下痢をしていないか、毎日確認します。そして、手指のキズのチェックです。アルコールをスプレーして、しみると不可とします。さらに衛生チェック者が毎日、従業員の入室前確認ができるようにします。Ｏ‐１５７、サルモネラ、鶏インフルエンザ、ＳＡＲＳなど、話題になったときだけ、チェックを厳しくする傾向がありますが、食品工場の入口チェックは毎日しつこく行うことが大切です。

食中毒を防ぐために——働く人から

健康であること

- 手荒れがない
- 下痢をしていない

清潔であること

- 家の中、車の中、着ているものなどの個人衛生

不衛生なことはしないこと

- 痰を吐かない
- つばを吐かない
- 座り込まない
- 物を食べない
- ガムをかまない
- タバコを吸わない

◎通勤の車から、工場の中に入るまでのチェック

牛の糞が載っていない

熱がない
下痢をしていない

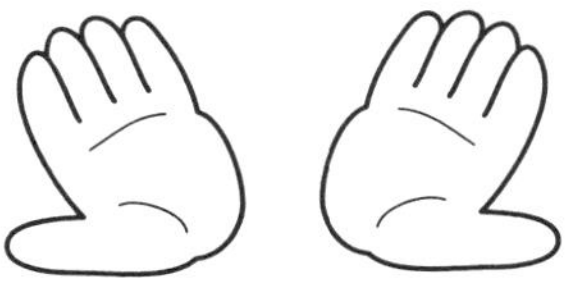

手指にケガをしていない

作業着と通勤着を
同じロッカーに入れない

37 食中毒を防ぐために――作業方法から考える

■同じ工場内でも衛生レベルのハードルの高さが違う

工場の衛生レベルを、大きく3段階で考えます。無菌室、作業室、下処理室、あるいはA・B・Cゾーン、もしくはグリーンゾーン、イエローゾーン、レッドゾーンなどと呼びます。どのゾーンでも、基本的な考え方は変わりませんが、手の洗い方、服装などは、3段階の作業場上で大きく変わってきます。たとえば、手の洗い方は、無菌室では作業が変わるたびに手を洗い、使い捨て手袋を着用します。他の作業場では、作業場に入室した段階で手を洗えばOKです。作業着についても、無菌室では、無菌室に入る直前に再度無菌室用の作業着に着替えます。前掛けなどは毎日使い捨てになります。

■無菌室では空気中の埃も管理する

米国の原子力爆弾開発で、放射能の被曝防止のためにHEPAフィルター（High Efficiency Particulate Air Filter）が開発されて以来、クリーンルームの技術が発達してきました。食品業界でも無菌室と呼ばれ、スライスハムを包装した後などに、再度殺菌工程がない商品を製造するときに使われています。家庭用の掃除機のフィルターの厚いもので、空気の中のゴミや細菌を取り除いている、と考えてください。作業環境の温度、湿度のコントロールに合わせて、室内圧力とともに粒状微粒子とそれに付着した微生物を制御することによって、食品を汚染から防ぎます。

IC工場で完全防護された服装で作業している光景を見ますが、このクラスは100クラスです。食品工場は、この100倍の埃が空気中にあり、1万クラス～10万クラスです。空気の流れも、部屋の外に向かって空気が流れるように、作業室が陽圧になるように考えます。

■交差汚染を防止する

下処理室の人が無菌室で働いたり、無菌室の作業着を着て下処理室で作業することによって起こる交差汚染を防止しなければなりません。そこで、一目で作業者の識別ができるように、作業着や靴の色を区別します。作業場によって、衛生教育の内容も異なるため、どこの教育を受けたかがわかる名札の色分けも必要です。

食中毒を防ぐために――作業方法から

呼び方			空気の洗浄度
下処理室	C	レッド	特に必要なし
作業室	B	イエロー	特に必要なし
無菌室	A	グリーン	10,000 ～ 100,000 クラス

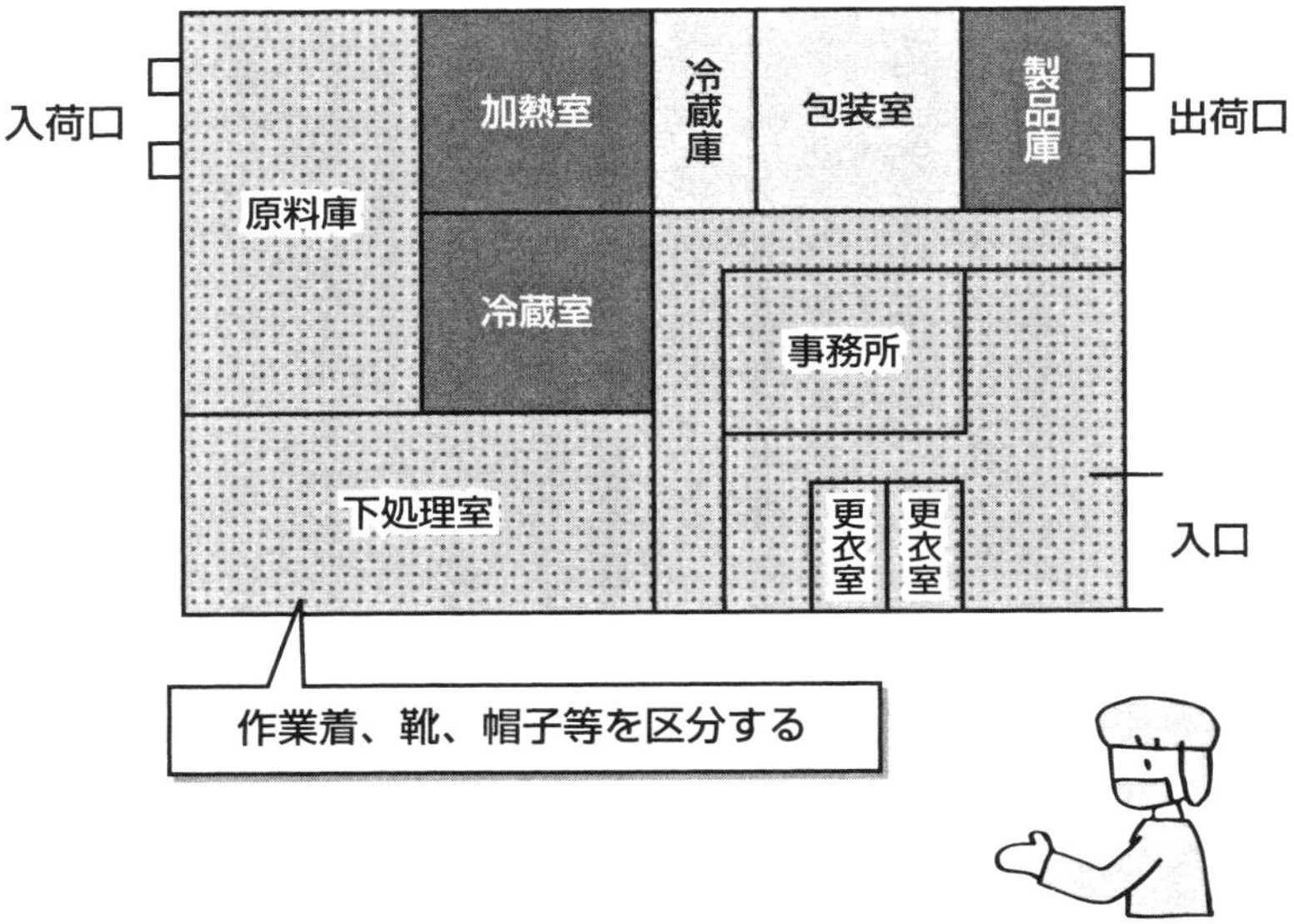

38 食中毒を防ぐために――測定方法から考える

■製品の安全を保証する検査と現場の改善を促す検査

製品の細菌検査には、最終商品の安全性を保証する細菌検査と、工程管理上の問題点を見つけるための検査があります。最終商品の細菌検査は、出荷判定のための検査と、賞味期限を保証する検査の二種類になります。

消費期限の短い商品は、出荷判定を待って出荷することはできませんから、後追いの細菌検査になります。後追いの製品検査でも結果が悪かった場合は、製品の回収が必要になります。いつ製造したもので、どこのお客様に届けたものかがわかるように、検査とお客様をトレース（ヒモづけ）できるようにしておく必要があります。

■工程の改善がわかるようにする検査

工程管理のための検査は、検査結果が過去と比較して、よくなったか悪くなったかがわかるようにしておく必要があります。下処理室のまな板の菌数が「ゼロ」ということはありませんが、昨日10、000／gのレベルが、本日は1、000、000／gであれば、洗浄が不充分ということになります。その変動が日内変動、日間変動、月間変動、年間変動としてつかまえられることが必要です。また、年末のギフト用ハムなどは、賞味期間が2ヵ月と非常に長くなっているため、普通の検査をしていたのでは、結果が出たときには商品の製造は終わっています。

そこで、できた製品をいきなり細菌の増殖スピードが高い15℃、25℃、35℃などの温度帯で3日間保管してから細菌検査を行うと、日々の製造状況の変動を見ることができます。

■衛生レベルのMAPをつくる

まず、工場の図面を用意します。その図面に落下菌検査の結果を記入します。落下菌検査はなるべくデータが出るように、強制的に空気を集める方法がお勧めです。その図面で、作業場の衛生レベルが設計値通りになっているか確認します。同様に、床にある水の細菌レベル、作業者の手の衛生レベル、作業者の靴の衛生レベル、作業着が直接製品に触れる面の衛生レベルを工場の図面に落とすと、工程改善の際、非常に役立ちます。

食中毒を防ぐために——測定方法から

◎安全性を保証する検査

出荷判定の検査

賞味期間保証のための検査

$$\frac{\text{賞味期間}}{0.7} = \text{検査期間が必要}$$

$$\frac{7\text{日}}{0.7} = 10\text{日}$$

賞味期間が7日なら、10日間の検査が必要

◎工程の改善がわかる検査

拭き取り検査

中間品の検査

落下菌の検査

検査結果をMAPに落とす

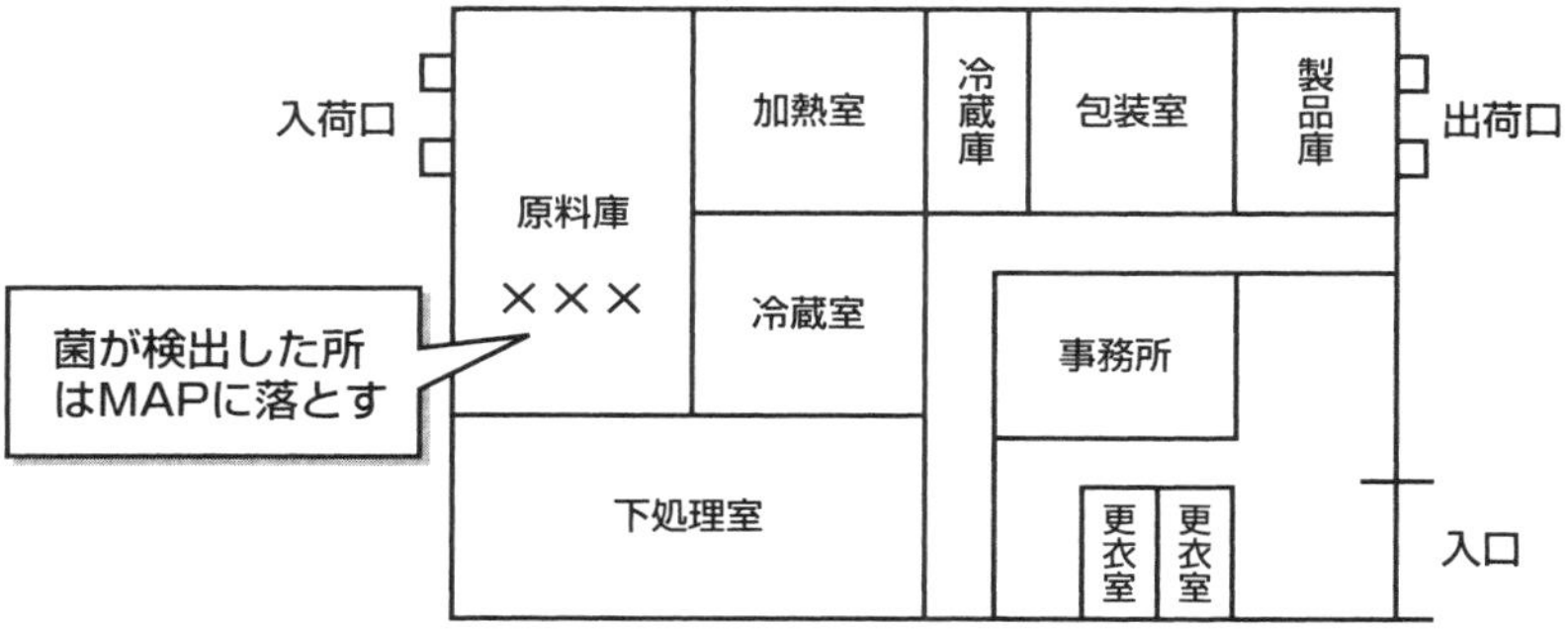

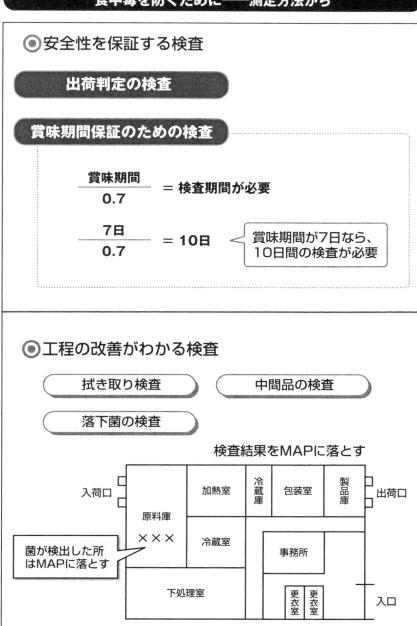

ペストコントロールについて

■ペストコントロールが工場管理の指標となる

工場の中にハエが飛んでいる、作業場の隅にネズミがかじった跡がある――昔の食品工場では、このような話をよく聞きました。

細菌検査では大腸菌群の検査を行います。大腸菌群の検査を行う理由は、ひとつは、検査が非常に簡単なことです。簡易法を使えば、ガス発生の確認するだけで陽性と判断することができます。二つめは、人糞を検査すると、必ず陽性になるため、大腸菌群が検出されると、糞尿に近いところに作業場があると判断することができるからです。

ペストが飛んでいることも、工場管理の指標としては充分使えます。無菌室の包装室と称していても、作業室内にハエが飛んでいたり、クモの巣が張っているような作業場では、環境を整える前に、作業を続けてはならないという衛生教育を、再度行う必要があります。

■工場内に侵入させないために

ペストが、工場内に侵入しようと思っても入り込めない構造が必要です。ネズミは、6㎜の隙間があれば、中に侵入することができます。また、排水管の水の中を泳いで入ってくることも可能です。配水管は、6㎜以下のフィルターを途中にかませないと、普通のトラップでは侵入が可能になります。また、無窓工場が理想ですが、火災の場合の排煙窓はどうしても必要です。その窓の隙間から、小さなペストが侵入してくることがあります。隙間は見つけしだい、シリコンパテなどでふさぐ必要があります。

■工場内で増殖させないために

侵入したペストが、工場内で増殖できない環境も必要です。食品工場ですから、ペストの餌となる物は豊富にあります。

また、温度コントロールもできているため、一度侵入してしまうと増殖する可能性は非常に高くなります。侵入したペストは必ず捕まえる、餌になる食品残滓は一切残さない、シンクの中の水分は拭き取って残さないなど、餌と水を与えない環境が必要です。

ペストコントロールについて

◉工場の中のペスト（害虫、工場内にいては困るもの）とは？

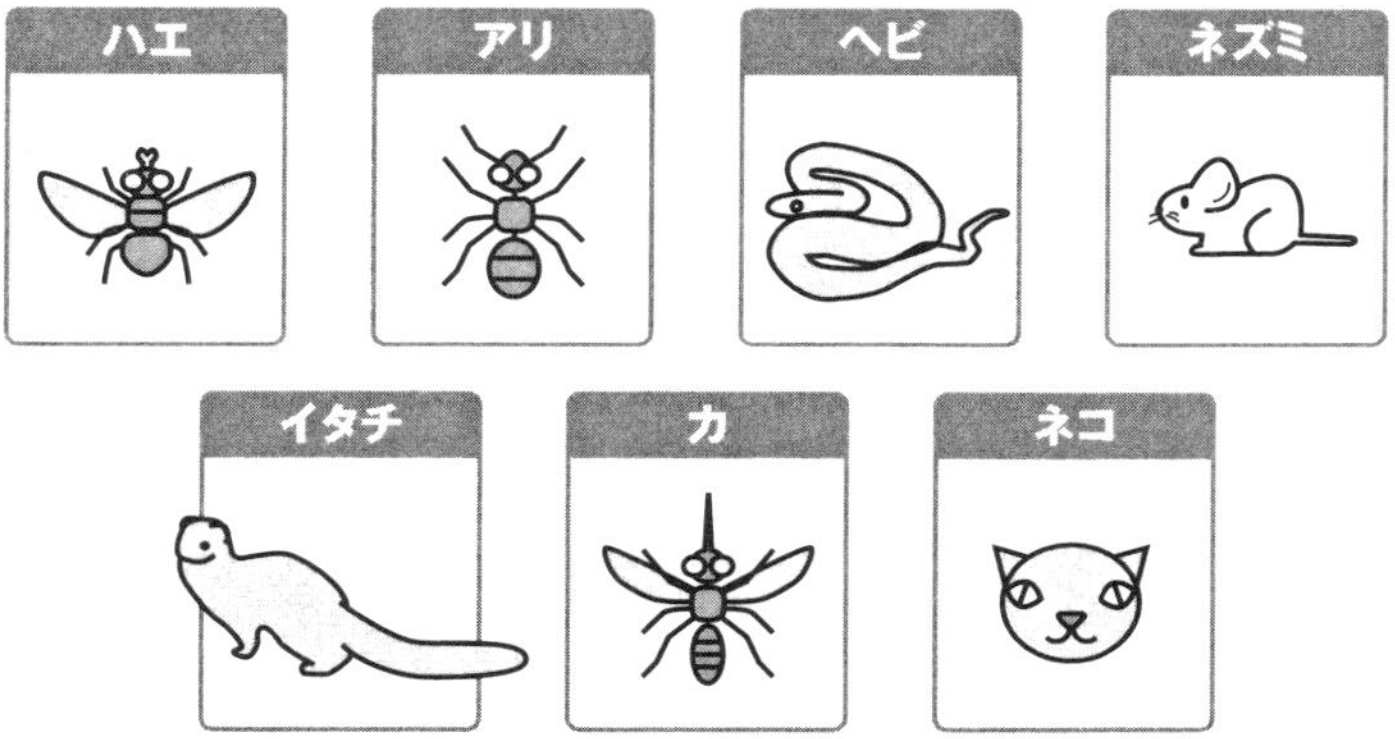
ハエ
アリ
ヘビ
ネズミ
イタチ
カ
ネコ

◉工場の中に侵入させない

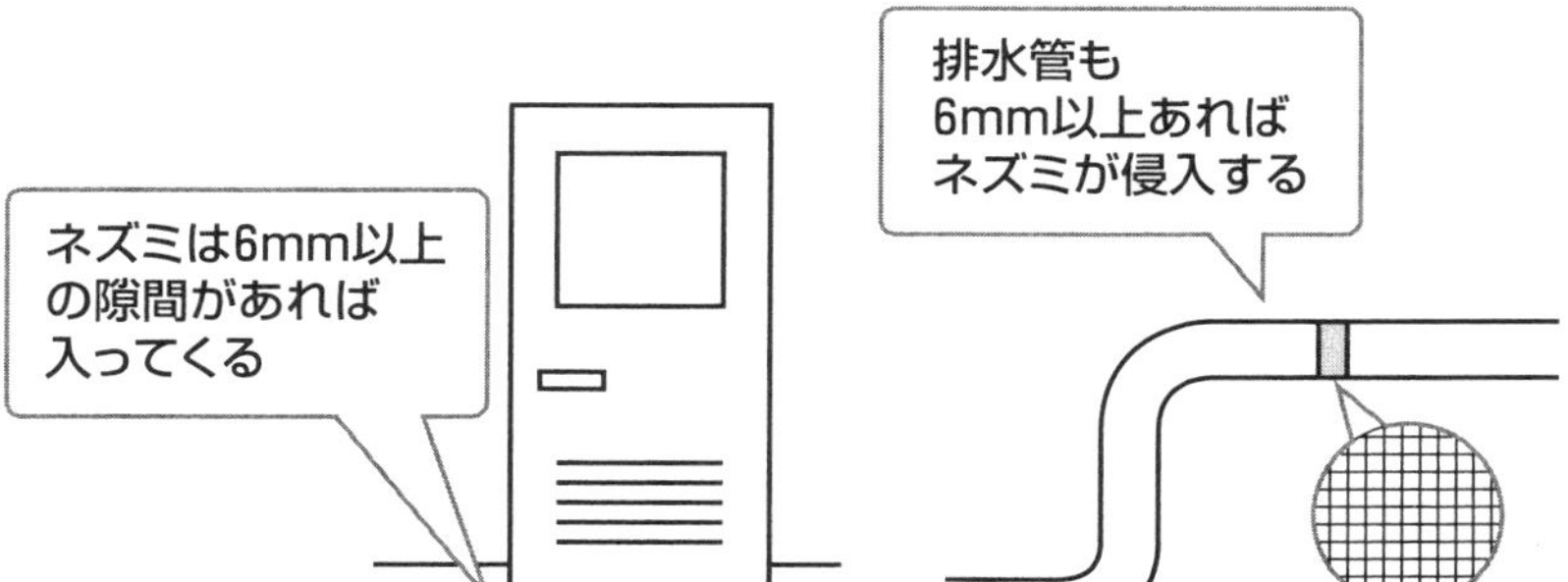
ネズミは6mm以上の隙間があれば入ってくる
排水管も6mm以上あればネズミが侵入する
フィルターが必要

◉工場の中で増殖させない

餌になるものを残さない

水分を残さない

40 原料についてくるペストコントロールについて

■ペストはベンダーの衛生レベルの指標となる

ペストは、原料と一緒についてくると考えていいでしょう。特に、農場から直接搬入される原材料にはペストが数多くついています。鶏舎から運ばれてくる生卵は鶏糞がついているため、ハエもついてきます。ベンダーが、そのハエを配送車に入れないような工夫をどのくらいしているかが、そのベンダーの衛生レベルの高さになります。「生卵にハエがついているのは仕方がない」と言っていたのでは、高い衛生レベルは期待できません。

また、虫を捕獲するには光を利用することが有効です。卵なら、真っ暗な部屋の中に捕虫器（青い電気がついて虫を捕まえる設備）を設置して風を吹きかけます。虫は青い光を好むため、集まってきます。工場に入荷した野菜、果物、卵などは、真っ暗な冷蔵庫で保管して、その中に捕虫器を設置することで、ほとんど捕まえることができます。

■ペストの侵入を防ぐには

レタスの青虫、魚の表面についてくる虫、卵のハエなどは、原料自体についてきます。しかし、それ以上に気をつけなければならないのが、マテハン（マテリアルハンドリング）についてくるペストです。木製のパレット、段ボール箱には、必ずと言っていいほどゴキブリがついてきます。

段ボール箱を、直接レタス畑に持ち込んで箱詰め作業をしている農家と、畑からの収穫は専用の容器を使用して、集荷場で改めて段ボール詰めをしている農家では、前者のレタスのほうがペストが段ボールについてくる可能性は高くなります。配送車には、原料の産地で使用したマテハンは使用しないことが大切です。

ティッシュペーパーは、大きな段ボールで運ばれてきて、5個パック入りの包装形態に変わり、最終的に1個ずつの包装形態になります。タケノコの皮をはぐように、原料庫には段ボールのまま搬入し、作業場までは5個入りの状況で持ち込み、最終的な包装室は1個ずつの包装形態で持ち込むようにすることで、マテハンからのペストの侵入を防ぐことができます。

原料についてくるペストコントロール

◎ベンダー教育

生卵にハエがついていてはならないと教育する

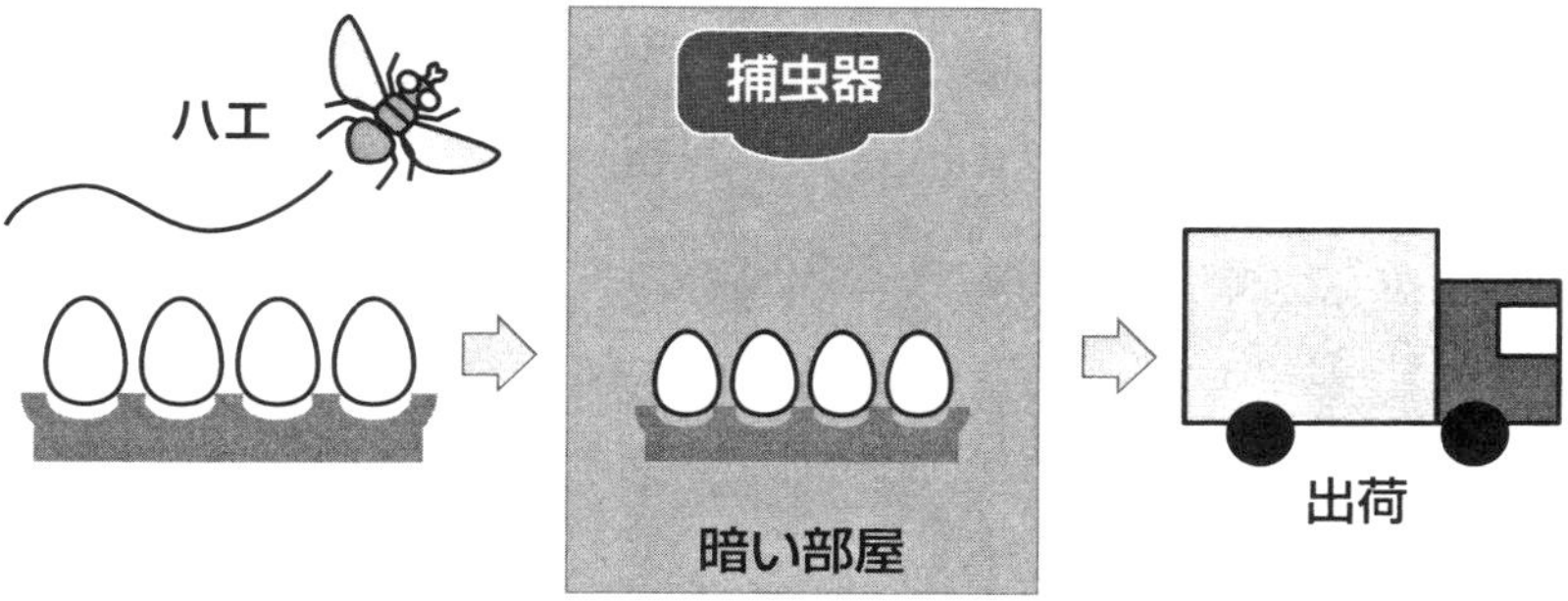

◎タケノコの皮をはぐように入荷する

土がついたパレットや段ボールは工場に入れない

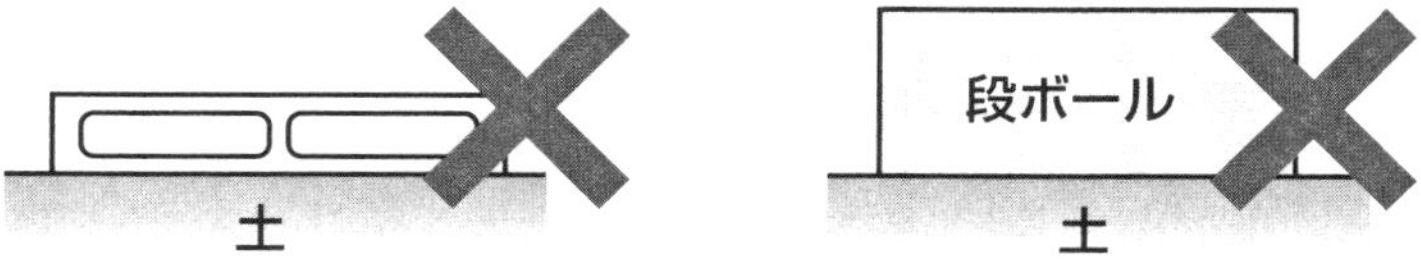

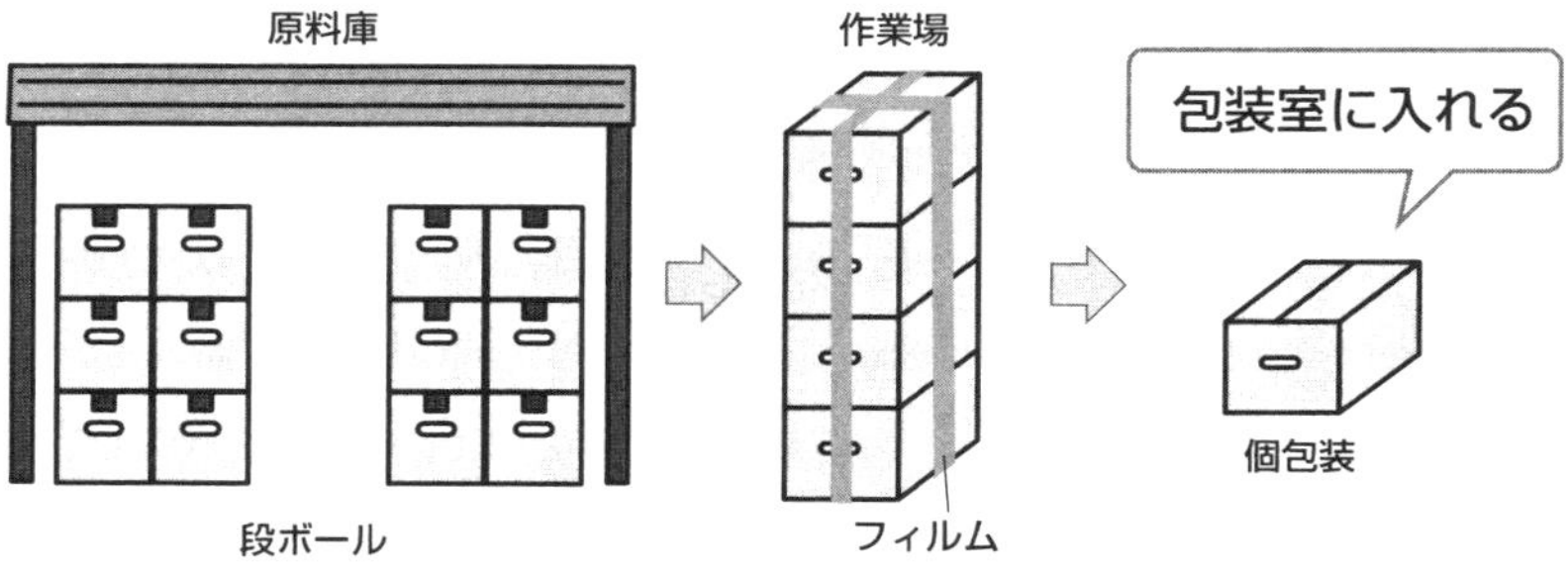

41

ペストの侵入を防ぐために

■虫を誘因しないようにする

食品工場は、ペストの侵入を防ぐ構造でなければなりません。ペストは、飛んで入ってくる場合、歩いて入ってくる場合、排水口から入ってくる場合、人や搬入資材について入ってくる場合などが考えられます。

一度虫が工場に侵入してしまうと、工場内で内部発生するようになります。内部発生とは、外部から侵入したペストが工場内部で卵を産んで、繁殖していくことを言います。

外部侵入の代表的な例は、光に集まってくる虫です。虫は、光の紫外線に反応します。特に蚊は、３５０㎚の光を好みます。蛍光灯や捕虫器の光が外に漏れると、虫を工場に誘因してしまうことになります。

虫の誘因を防止するためには、臭いの管理も大切です。臭いについては、ゴミ置き場などから臭いが漏れないように、確実にゴミを袋に詰めて、ドアを閉めておく必要があります。生ゴミ置き場は臭気防止のためにも、冷蔵庫化が必要です。

■私物の持ち込みは禁止する

ペストの侵入を防ぐためには、窓はめ殺しか32メッシュ以上の防虫網が必要になります。工場の入荷場、出荷場、ゴミ置き場など、虫が侵入する可能性のある場所は、虫を誘因しない設備を取りつける必要があります。

また、工場の空気の流れの調査も必要です。外気を入荷場の中に吸い込むような流れになっている場合、工場の中に虫を吸い込んでしまいます。工場の中から外に空気が流れるよう、吸排気のバランスを取る必要があります。

工場に虫が侵入する可能性でもっとも高いのは、従業員について工場内に入ってくる場合です。通勤のときに着ていた服についてきたり、鞄について入ってくる場合もあります。特にゴキブリなどは、鞄にゴキブリの卵がついていて、その鞄を工場の作業場に持ち込んでしまい、繁殖してしまうケースがあります。ゴキブリの侵入を防ぐためにも、工場内への私物の持ち込みは禁止することが必要です。

ペストの侵入を防ぐために

・外部から飛来して侵入するペスト
ユリスカ、タマバエ、ハアリ、イエバエ、ニクバエ、ハト、鳥類

・外部から歩行侵入するペスト
アリ、ヤスデ、クモ、ワラジムシ、ネズミ

・排水から侵入してくるペスト
チョウバエ、ノミバエ、ネズミ

・人や搬入資材についてくるペスト
チャタテムシ、キクイムシ、シバンムシ

・工場内で繁殖するペスト
ゴキブリ、チャタテムシ、コナダニ

◎外部発生と内部発生のペスト

侵入経路	侵入方法	好む物	ペストの種類
外部侵入	飛翔性ペスト	光（350nmの紫外線）	ユスリカ、ハアリ、カゲロウ、コガネムシ、ウンカ、ヨコバイ、コバエ
		植物性の臭い	イエバエ、ショウジョウバエ
		動物性の臭い	キンバエ、ニクバエ、クロバエ
		有機溶媒の臭い	ハマベバエ
		暖かさ	カメムシ、テントウムシ
		温度差	イエバエ
		気流	ユスリカ、カ
	歩行性ペスト		ダンゴムシ、ヤスデ、クモ、ムカデ、ワラジムシ、ゴミムシ、イタチ、ネズミ、猫
内部発生	飛翔性ペスト		コバエ、チャタテムシ
	歩行性ペスト		ゴキブリ、コクゾウ、チャタテムシ、ダニ、アリ

42 ペストコントロール――環境調査

■地域のペストの状況を毎月確認する

工場の敷地内でペストを繁殖させないために、地域にゴミの集積場、養豚場、牛の牧場、ため池など、虫の発生源がないかを確認してください。工場の周りにこのような施設がある場合は、ペストの対策レベルをかなり上げないと、侵入を防ぐことは困難になってきます。また、該当施設の協力も必要になってきます。

次に、工場の敷地の確認になります。左図のように、確認すべきポイントはたくさんあります。雨水の排水溝に死に水（水が動かず流れていない水）はないでしょうか。死に水は虫の発生源になります。また、雑草が生えていないか、駐車場を含めて水たまりがないか、を確認します。空き缶が1個でも落ちていると、そこに水がたまって蚊が発生します。同様に、マテハン機材が外に放置されていれば、蚊の発生源になります。

そして、工場建物の周囲を確認します。雑草が生えていないか、工場の建物の周囲から最低50㎝は、草が生えない環境が必要です。コンクリートやアスファルトで周囲を舗装することがベストですが、地域の条例によっては舗装できない場合があります。その場合は、石を5㎝以上の厚さで敷き詰めると、雑草が生えるのを防ぐことができます。

■"ペストの気持ち"で、侵入ができないか確認する

工場の建物も細かくチェックします。ネズミは、6㎜以上の隙間があると建物に侵入することができます。ドアやドックシェルターの隙間、窓、機械室のパイプなどに破損がないかを確認します。

夜間、工場内のすべての明かりをつけます。そして、外から光が漏れていないかを確認します。ドアのパッキンなどが摩耗してくると、光が隙間から漏れてきます。虫は、その光に集まってきます。入荷場のシャッター下のパッキンが摩耗していると、虫が侵入します。また、入荷場や事務所の光が外から見えると、虫が集まってきます。このような場合は、虫が好む波長が出ない蛍光管に交換するだけでペストの侵入を防ぐことができます。

こうした調査は、最低、月に1回は必要です。

ペストコントロール――環境調査

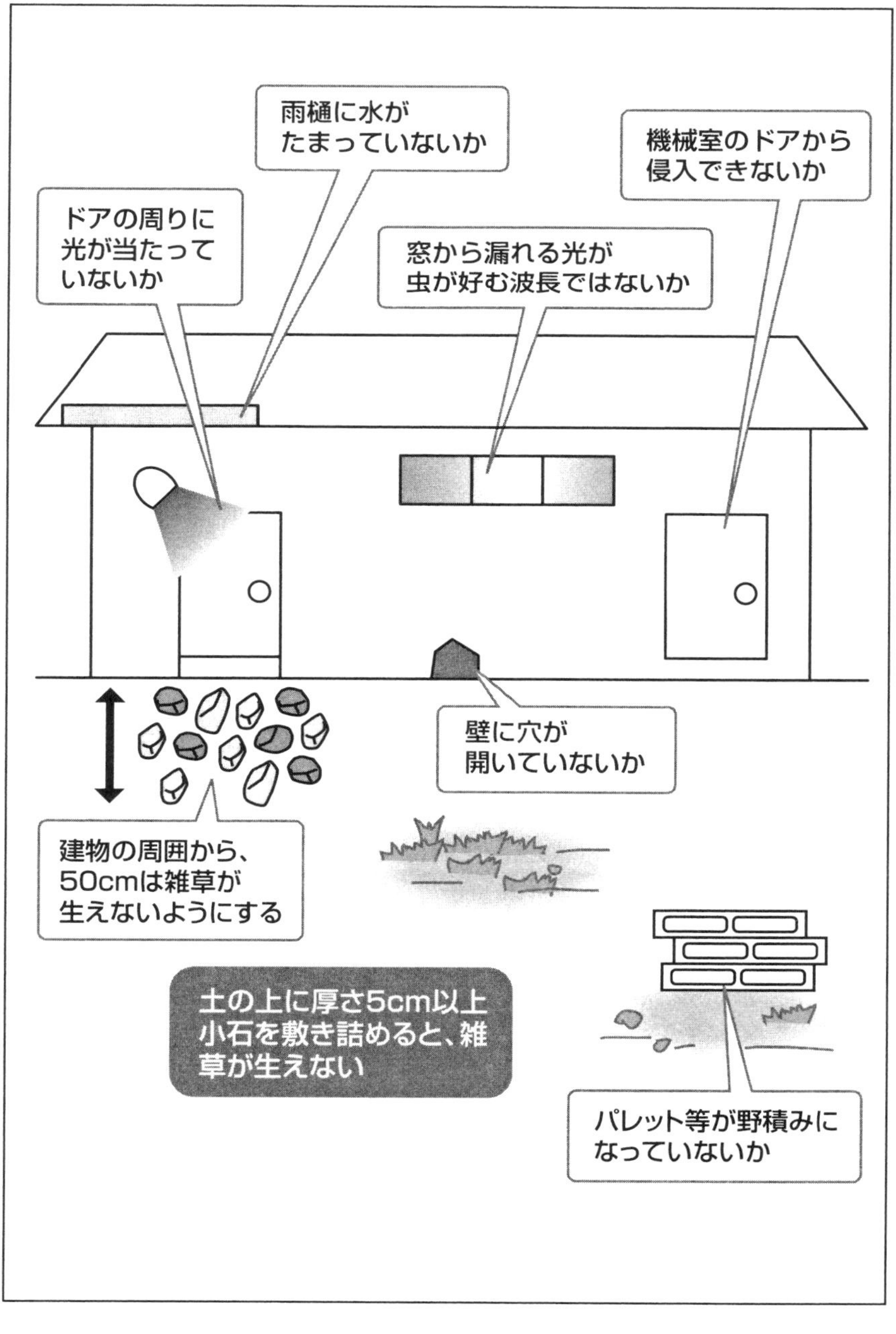

雨樋に水が
たまっていないか
機械室のドアから
侵入できないか
ドアの周りに
光が当たって
いないか
窓から漏れる光が
虫が好む波長ではないか
壁に穴が
開いていないか
建物の周囲から、
50cmは雑草が
生えないようにする
土の上に厚さ5cm以上
小石を敷き詰めると、雑
草が生えない
パレット等が野積みに
なっていないか

43

ペストコントロール——モニタリングについて

■内部発生か外部から侵入してくるかを確認する

ペストコントロールは、数値で確認することも大切です。そこで、工場の内外でモニタリングを行います。

工場の外では、ネズミの罠による調査をします。ネズミの通り道はラットサインと言って、黒くサインがつくため、そのサインのあるところに罠を仕掛けます。モニタリング調査は月間変動、年間変動がわかるように、長期間続ける必要があります。

また工場内は、飛翔ペストとゴキブリやネズミのような地面を這いまわるペストに分けてモニタリングします。飛翔ペストの場合は、捕虫器に捕獲された虫の数を数えます。捕虫器は、工場内に侵入する可能性のある場所すべてと包装室に設置することが必要です。捕虫器についている虫の種類と数を数えて、その種類から、外部から侵入しているペストか、内部発生しているペストかを分類します。

工場内でも、機械室のように暖かくて、ふだん人がいない場所、包装室でも包装機のモーター部分など、ペストが生息する可能性のある場所は数多くあります。

■毒餌を撒くだけでなく、壊滅することが大切

ゴキブリやネズミを見かけた場合は、まず生息調査をします。粘着テープを床に、貼れるだけ貼ります。包装室で見かけた場合は、包装室の床面すべてに敷き詰めるつもりで粘着テープを設置します。1日だけでなく、最低3日間は設置します。そうすると、捕まる場所が特定されます。たとえば、包装機のそばでゴキブリが捕獲されたとします。次に包装機を徹底的に分解してみます。すると、暖かいモーターの近くなどに巣を見つけることができます。

従来の害虫駆除業者は、ゴキブリを見つけると、ベイト剤を塗りつけるだけの業者がほとんどでしたが、食品製造工場の中に化学的危害につながるものを安易に撒き散らす駆除方法は問題です。ネズミを見かけた場合も、同じように粘着テープを設置します。ネズミの場合は、天井裏に可能なかぎり粘着テープを設置することで、かなりの成果を上げることができます。

ペストコントロール――モニタリングについて

◎モニタリングで月間変動、年間変動がつかめるようにする

工場の外 → ネズミの罠

工場の内 → 飛翔ペスト → 捕虫器
工場の内 → 歩行ペスト → 粘着テープ

―対策―

飛翔ペスト

内部発生	発生源を掃除する
外部侵入	侵入経路をなくす

歩行ペスト ― 駆除剤を使用することなく、巣を取り除くようにする

◎捕虫器の例

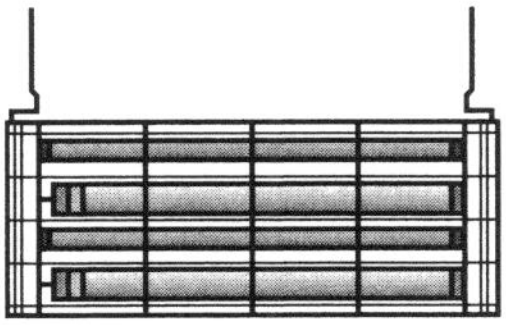

◎ペストの生息調査

先月

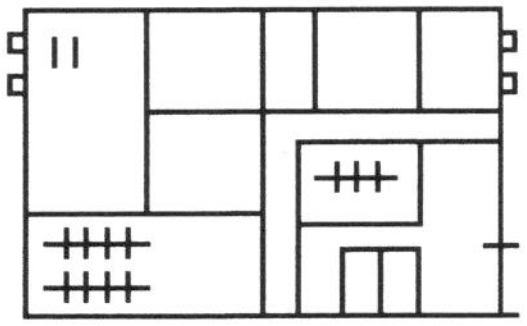

今月

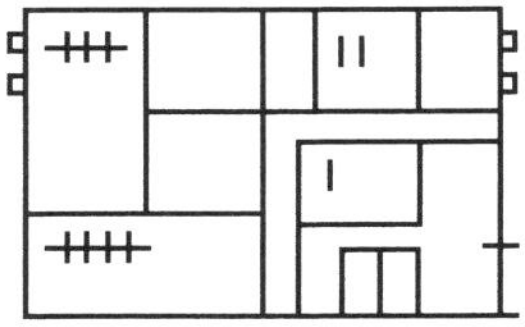

先月と今月が比較できるように、捕虫器で捕まえた虫の数を工場図面に落とし込んで比較できるようにする

44

信頼される食品表示について　アレルギー表示はミスが許されない

■人の命に関わることも

細菌、ウイルスによる食中毒よりも、私は、表示されていないアレルゲンを配合してしまった方が、お客様の命に直接関わる大問題だと考えています。

「同じ生産設備で卵を使用しています」という注意喚起をしても、卵アレルギーの方が食べてしまうと症状が出てしまう製品を出荷している場合があります。

軽く清掃すれば大丈夫と、アレルゲンの管理をまったくと言っていいほど気に留めていない工場を見かけます。

アレルゲンの症状が出る方にとっては、本当に微量なアレルゲンでも生死の問題になってしまいます。

考えられるすべてのアレルギー物質を必ずお弁当に入れている所もありますが、アレルギー症状を持つ方にとって食べることのできる物を少なくしてしまいますので、必要のないものを加える考え方は止めた方がいいと思います。

■アレルゲンの表示ミスは影響が大

表示義務のあるアレルゲンを含めて、発症の可能性のあるアレルゲン28種類の取扱いには注意が必要であることを従業員に徹底し、教育を行います。

「特定原材料」は、えび、かに、小麦、そば、卵、乳、落花生の7品目であり「特定原材料に準ずるもの」は、あわび、いか、いくら、オレンジ、カシューナッツ、キウイフルーツ、牛肉、くるみ、ごま、さけ、さば、大豆、鶏肉、バナナ、豚肉、まつたけ、もも、やまいも、りんご、ゼラチン、アーモンドの21品目になります。この合計27品目は常に諳んじられるくらいの従業員教育が必要です。

アレルゲン物質は加熱してもアレルギー症状が出ないことにはなりません。

アレルゲン教育では、材料の保管場所の区分、製造時に表示のない商品と混ざらないようにすること、掃除道具の区分を教育します。

信頼される食品表示について　アレルギー表示はミスが許されない

特定原材料　7品目	
表示が推奨されている21品目	あわび、いか、いくら、オレンジ、カシューナッツ、キウイフルーツ、牛肉、くるみ、ごま、さけ、さば、大豆、鶏肉、バナナ、豚肉、まつたけ、もも、やまいも、りんご、ゼラチン、アーモンド

（令和元年9月19日現在）

注意勧告の表示

「本品製造工場では○○を使用した設備で製造しています」

45

信頼される食品表示について——食品表示法の改定

■表示は誰のものか

食品表示法は2013年6月28日に公布され、2015年4月1日に施行されました。今回の改正は「わかりやすい食品表示」を求めてさまざまな法律が一元化され、加工食品と生鮮食品の区分の統一、製造所固有記号の使用に係わるルールの改善、アレルギー表示に係わるルールの改善、栄養成分表示の義務化、栄養強調表示に係わるルールの改善、栄養機能食品に係わるルールの変更、原材料名表示等に係わるルールの変更、表示レイアウトの改善などが変更されます。

しかし、2015年4月1日からすべての表示を新しい基準の表示にするというのは難しいので、加工食品等は経過措置期間として5年（生鮮食品は1年6か月）が設けられています。

表示レイアウトの変更、アレルゲン表記など具体的な変更については、各社で検討されていると思います。

食品表示法に具体的な対応に関する疑問等は、直接消費者庁に問い合わせされることをお勧めします。

■一括表示の変更

一括表示の原材料名の欄には、原材料が多い順に表示され、続いて食品添加物が多い順に表示していますが、食品表示法では、原材料と食品添加物の間に明確に区分をして表示することが義務づけられました。例としては、原材料と食品添加物の間に「／（スラッシュ）」を入れる、改行する、ラインを入れて区別するなどが示されています。

食品表示法の変更により、固有記号の変更などに興味がいきがちですが、食品の表示は、お客様目線で本当にお客様の知りたい情報が表示されているかを再度考えるべきです。お客様に専門知識がなくても、アレルゲン、添加物、原材料が理解でき、お客様が知りたい情報がわかりやすく伝わる表示を作成すべきです。

現状の商品の表面の品名、デザインを含んだ表示、裏面の一括表示の経過措置期間を待つことなく見直しをされることが必要です。

信頼される食品表示について　食品表示法の改定

◉わかりやすい添加物表示

① 原材料と添加物を記号で区分して表示する。

原材料名	いちご、砂糖　／　ゲル化剤（ペクチン）、酸化防止剤（ビタミンC）

② 原材料と添加物を改行して表示する。

原材料名	豚ばら肉、砂糖、食塩、卵たん白、植物性たん白、香辛料 リン酸塩（Na）、調味料（アミノ酸）、酸化防止剤（ビタミンC）、発色剤（亜硝酸Na）、コチニール色素

③ 原材料と添加物を別欄に表示する。

原材料名	豚ばら肉、砂糖、食塩、卵たん白、植物性たん白、香辛料
	リン酸塩（Na）、調味料（アミノ酸）、酸化防止剤（ビタミンC）、発色剤（亜硝酸Na）、コチニール色素

食品表示基準Q&A
平成27年3月
消費者庁 食品表示企画課　参照

◉わかりやすいアレルゲン表示

【表示例】

○○○(△△△△、ごま油)、ゴマ、□□、×××、醤油、マヨネーズ、たん白加水分解物、卵黄、食塩、◇◇◇、酵母エキス、
調味料（アミノ酸等）、増粘剤（キサンタンガム）、甘味料（ステビア）、◎◎◎◎、
(一部に小麦・卵・ごま・大豆を含む)

※下線は特定原材料等を含む食品
※二重下線は代替表記及び代替表記の拡大表記であるが、一括表示にも表示
※実際の表示には下線も文字囲みも必要ありません。

食品表示基準Q&A
平成27年3月
消費者庁 食品表示企画課　参照

◉お客様の立場からの表示

コールセンターの電話番号・受付時間
コールセンターのメールアドレス
商品情報を見ることができるホームページアドレス
ゴミ分別のためのプラスチックマーク

◉差別化のための表示

JASマーク
特定JASマーク
原料のこだわりの表示

字の大きさは8ポイント以上であることが必要

46

製造ロットの識別について

■ロット区分の必要性

生産した商品のロットは区分されていますか。

「ロットは一日単位です」と答える工場が多いと思います。

もし、ミキサー等の回転部分が摩耗し、細かい金属片が製品に混入したとします。混入した金属片は、金属検出器、X線では反応しない大きさだったとします。

もしくは、金属検出器だけだったとすると、ステンレス製の破片であれば、直径2㎜φ程度の物は出荷されてしまうことになります。

金属以外でも作業で使用しているウエス、布巾などが混入してしまうと、金属検出器などでは排除できないことになってしまいます。

お客様から、「異物が入っていたけど」とクレームがあった時に混合バッチごとに明確にロットを区分することができますか。

一日単位でも明確にロットが区分できますか。

包装時に記載する消費期限、賞味期限の他に、製造ロットを区分する記号を最終商品に記載しておく必要があります。「2020年11月25日　AB　」等といった記号をつけるか、包装順番を明記するか、最終商品から使用した原材料まで明確にひもつけできることが大切です。

■再生を使用していないか

ロット区分を明確にする時に忘れてはならないものがあります。

「一日単位」をロットとしている工場を考えてみます。

充填機を使用している製品であれば、充填残が必ず出ます。

包装工程では、軽量品、良品の残が必ず出ます。

良品残は30個入りの商品であれば最大29個は残る可能性があります。この残った良品残はどうしていますか。

毎日毎日残った中間品、良品残を翌日のロットに混ぜていませんか。

毎日毎日、翌日に少しずつ前日残を混ぜていると、明確なロット区分ができていないことになります。

製造ロットの識別について

◎履歴の問い合わせについて

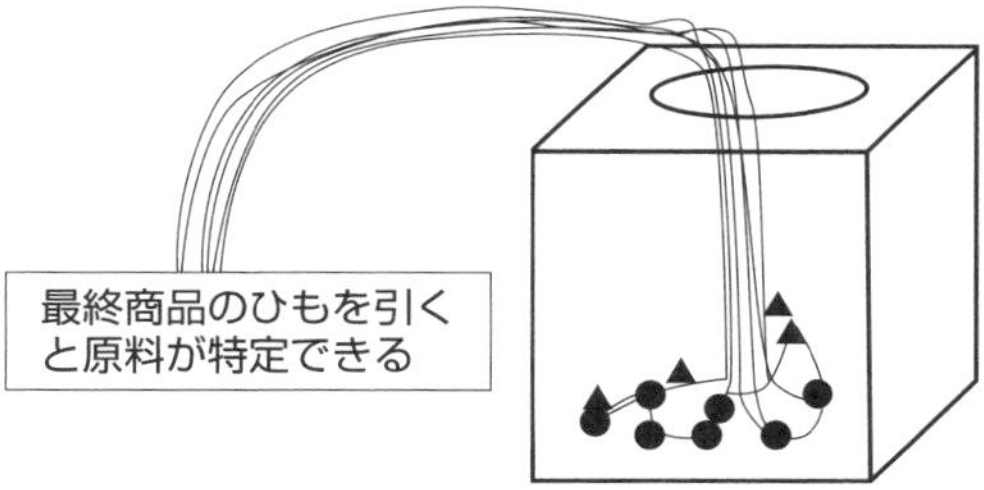
最終商品のひもを引くと原料が特定できる

30分以内に答えられる体制

・使用原料
・検査結果
・製造記録
・食品期限表示の根拠
等

◎再生品の使用について

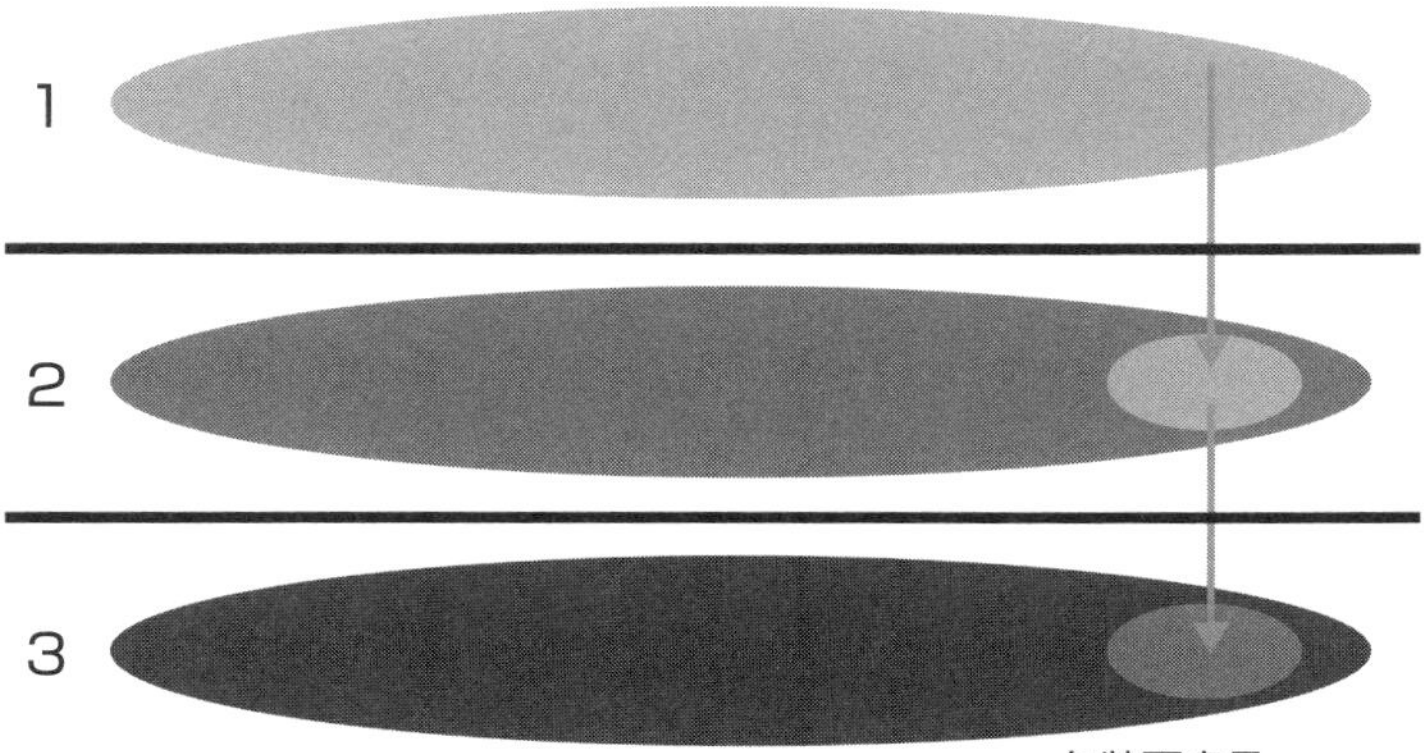
1
2
3

・包装不良品
・軽量品
・半製品の繰り越し
・返品商品

47 表示の確認について

■表示の信頼性を上げるためにやりすぎはない

新聞を読んでいると、三面記事の下に毎日のようにお詫びの社告を見ることができます。その内容は、表示に関する社告では、アレルギー物質の表示が抜けていたというものから、賞味期限表示が間違っていたという、信じられないものまであります。

アレルギー物質は、設計段階では確認できなかったものが入ってしまった場合が多いようです。このような事故を防ぐためには、書類上の審査を強化することはもちろんですが、原材料の中で一次加工されているものについては、定期的に外部検査機関による検査結果を、ベンダーに添付させる必要があります。また、原材料の規格書だけに頼らず、最終商品でのアレルギー検査を、細菌検査と同じように定期的に実施する必要があります。

■事件は現場で起きている

「工場は人で動いている」――表示ミスの社告を見るたびに、痛切にそう感じます。表示ミスを起こすと始末書や報告書で解決しますが、その報告書通りに行われていれば、新聞の社告はなくなるはずです。

では、このような社告をなくすためには、どうしたらいいのでしょうか。表示ミスのほとんどは日付ミスです。フィルムに日付を打つ設備は、作業員が活字を拾ってセットするものが少なくありません。したがって機械を、自動印字のインクジェット印字機、レーザータイプの印字機に変更することによって、印字ミスはなくなります。印字機の日付は自動更新で、作業者が操作できなくすることが必要です。日付の確認も、ＣＣＤカメラで日付を撮り、認識ソフトで間違いがないかをチェックすると、間違いは確実に減ります。

そしてもっとも重要なことは、出荷前の検品と誰の許可で出荷するかを決めることです。箱詰めまで終了した製品を、出荷前の確認を行ってから出荷するのです。最終チェック者は、その商品のチェック表を持ち、ひとつずつ項目にチェックを入れながら出荷判定を行います。

お客様の信頼を得るためには、近道はありません。毎日毎日の積み重ねが必要です。

表示の確認について

◉アレルギー表示

書類上の確認だけでなく

↓

細菌検査のように、最終商品でのアレルギー検査が必要

◉毎日毎日、チェックが必要

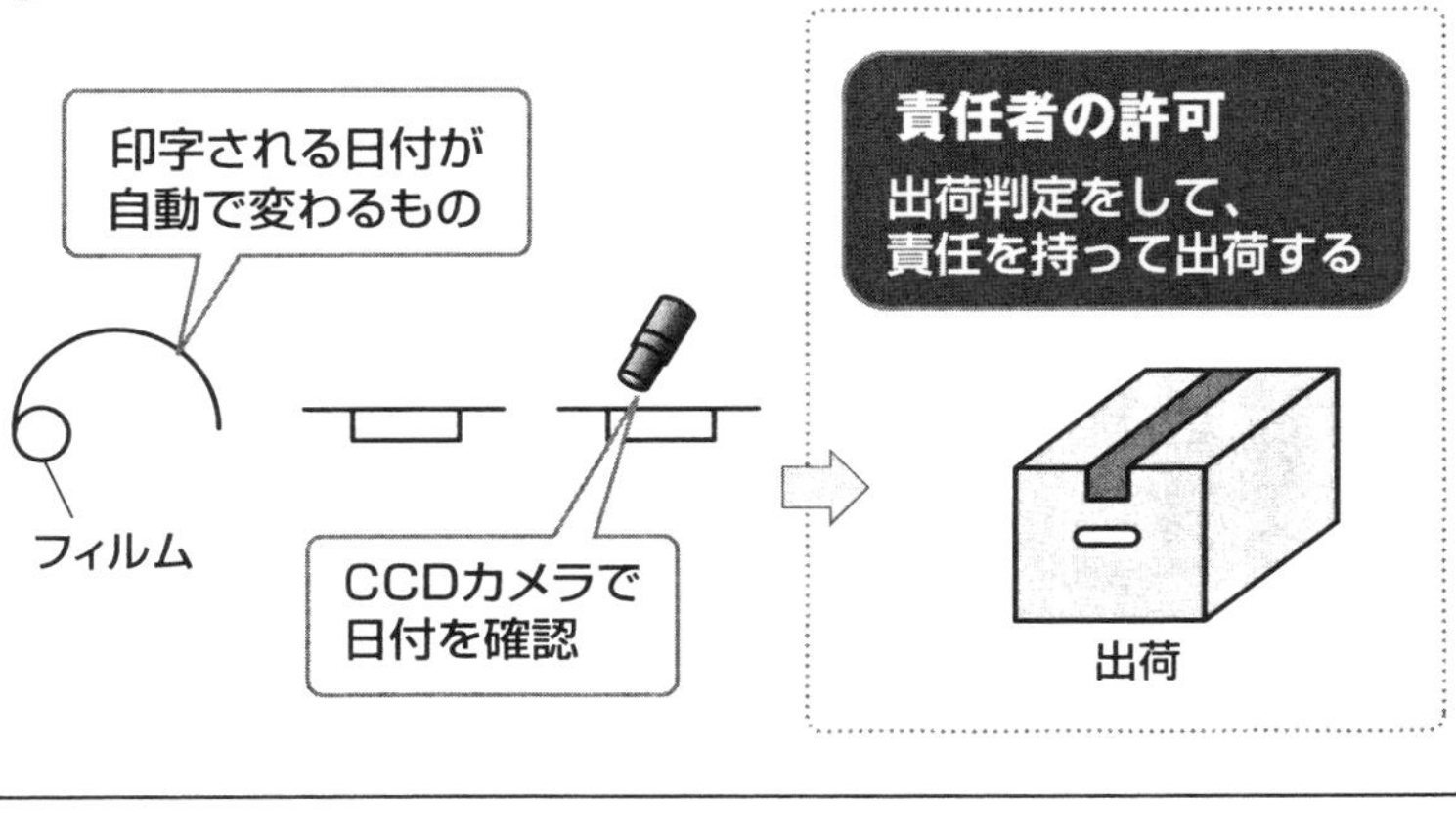

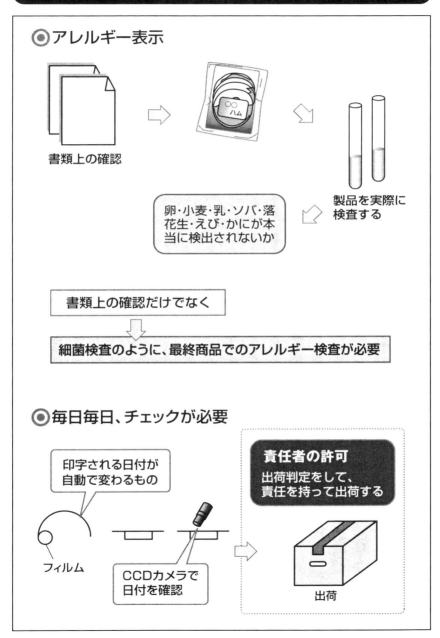

48

コンプライアンスについて

■いつでも情報が公開できるようにしておく

最近、新聞等でよく目にする言葉ですが、コンプライアンス（compliance）とは、日本語では「法令遵守」と言います。

ただし日本では、見つからなければいいということで、アメリカの牛肉がBSE（狂牛病）と報道されれば、スーパーのバックヤードでアメリカ産を日本産と表示するなど、特に食品産業においては、法令遵守違反が今でも多く見られます。

雪印食品の偽装事件のように、同じグループで事故が発生して、さらにお客様を欺くようなことがあると、上場企業といえども、数ヵ月で会社の存在自体がなくなってしまう場合もあります。

そこまでわかっていても、温泉に水道水を使ったり、入浴剤を入れてしまうというようなことが起きてしまいます。法令を守る以前に、お客様に嘘をつかないという、この単純なことが守られないのは、なぜなのかを考える必要があるでしょう。

■工場に関係する人すべてに責任がある

食品工場は、誰に対して責任を負っているのでしょうか。ステイクホルダー、つまり利害関係がある人に対して責任が発生してきます。

利害関係がある人とは、①株主、②商品を購入していただくお客様、③工場で働く従業員、④原材料等の取引先、⑤社会、大きくこの五つが考えられます。

工場がなくなってしまうと困る人はたくさんいます。工場がなくなって、その跡に有害物質に汚染された土地だけが残ってしまったのでは、社会に非常に大きな損失を与えてしまうことにもなりかねません。

■監査できる人材が必要

コンプライアンスを会社全体で推進するためには、左図のようなことが必要です。ただ、内部監査や外部監査にしても、現状の日本では、完全に内部に入り込んで調査できる人は、非常に少ないと思います。これからの監査については、内部・外部を完全に知り尽くした人材が要求されてくるでしょう。

コンプライアンスについて

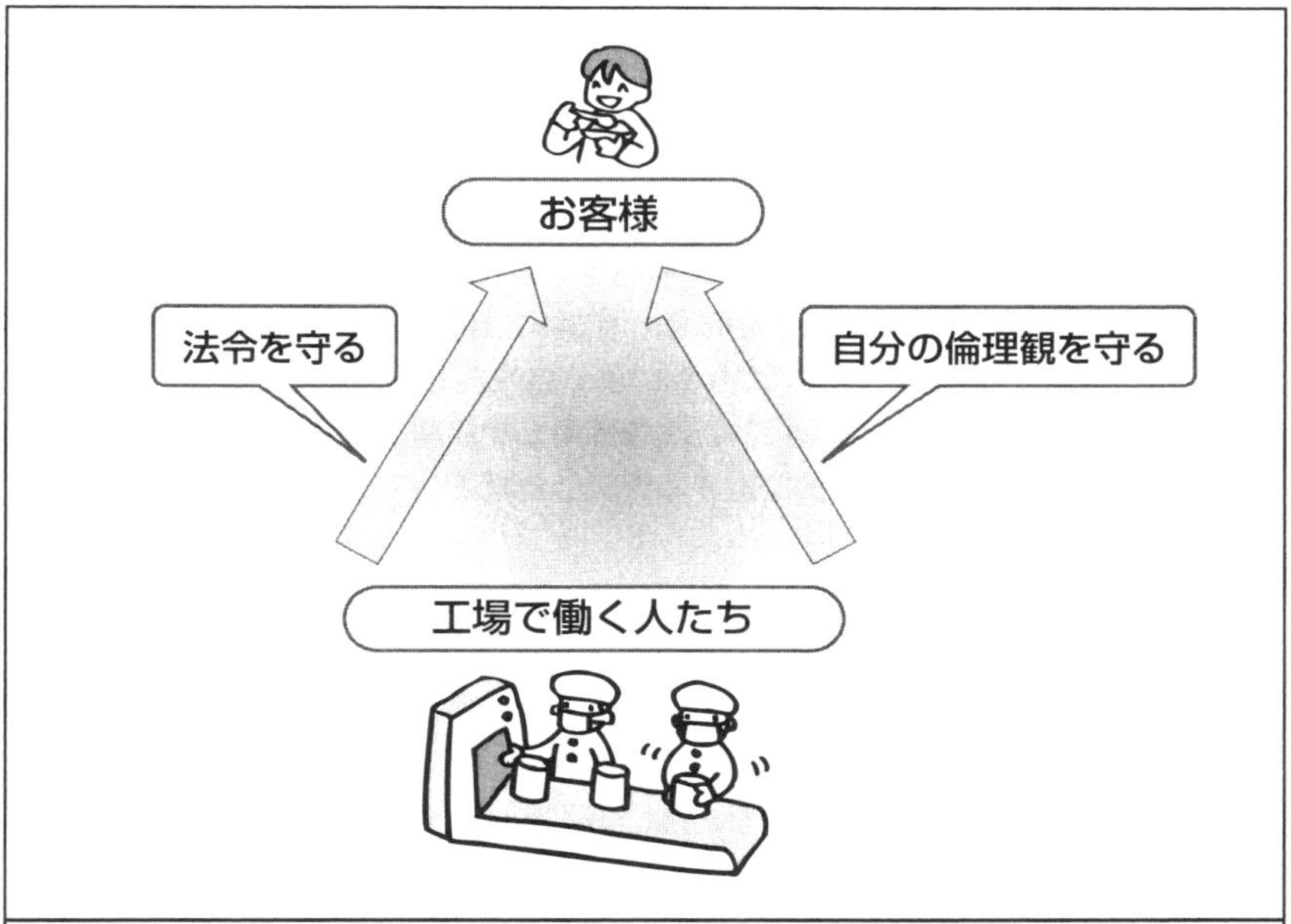

- 株主
- お客様
- 従業員
- 取引先
- 社会

⇒ すべてに対して責任がある

- 賄賂の提供や要求は行わない
- 接待・贈答は行わない
- 反社会的な団体とは関係しない
- 法令違反の行為は拒否する

⇒
- 情報はすべて公開
- 情報は保管・管理する
- 定期的に監査が入る

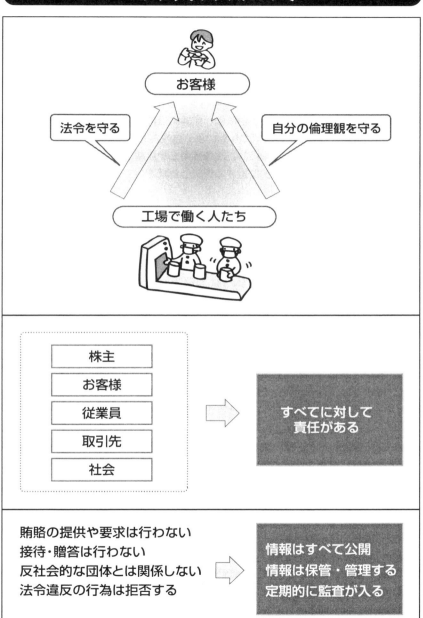

Column 4

ホイッスルブロアーを褒めたたえる工場づくり

新聞の三面記事の下に、毎日のように企業からの「お詫びとお知らせ」が掲載されます。特に、ＰＬ法が施行され、消費者契約法などの消費者を保護する法律が整備され始めてから、お詫びの数が増えてきたような気がします。国民生活センターのホームページを見ると、毎月20件以上のお詫びとお知らせが掲載されています。その中には、単純に日付を間違えたというものから、内部告発でもないかぎり気づかないような内容も含まれています。

内部告発が増えてきた背景には、終身雇用制が崩壊し、賃金の高い中高年者のリストラが始まり、企業に対する忠誠心が低下してきていることなどが挙げられます。

インターネットの「2ちゃんねる」には、各企業の裏事情の掲示板があり、簡単に内部告発ができる環境が整備されています。マスコミ報道を見ても、特に夕方のニュース特集などは、スーパーの裏事情と称して、内部告発まがいの話を報道しています。

私たちは、もはや隠すことができない時代になっていることを自覚する必要があります。最近でも、北朝鮮のあさりが、産地不明朗なまま流通しているという事実があります。北海道警察の裏金づくりも、内部告発が発端になっています。

内部告発者は、欧米ではホイッスルブロアーと呼ばれています。直訳すると、危険を察知して警笛を鳴らす人のことで、サッカーなどの審判を指します。欧米では、自分が働いている企業や役所の違法な行為などを内部告発した人（ホイッスルブロアー）を保護する法律が制定されています。

サッカーやラクビーなどのスポーツは、一定のルールの下で勝負をします。ルールに違反したときは、審判が笛を吹き、競技を止めて、ルール違反をした人を処分します。そして各競技は、ルールブックを毎年アップデートします。

私たちの工場でも、法律や社会環境をもとに毎年ルールブックが改訂され、働く人たちにそれを周知することが必要となります。また、笛を吹く人は、品質管理部門などの特定の人ではなく、働いている人たち誰もが、ルール違反が行われたときに笛を吹ける環境を整備しておく必要があります。初めのうちは、笛を吹くタイミング、内容に誤りがあるかもしれません。それでも、笛を吹いた勇気を褒めたたえることができるかどうか、がこれからの企業に問われることとなるでしょう。

5章 働く人の安全を考える

49 働く人の安全管理のポイント

■労働災害は、従業員の人生を変えることもある

食中毒事故は被害者の人生を左右しますが、労災事故は従業員の人生を左右します。ある日突然、指がなくなったり、歩けなくなることもあるわけですから、法律で定められているかどうかではなく、考えられる最大限の配慮が必要です。

機械による切断事故、大きな音を聞くことによる難聴、目に薬剤が入ったり薬剤を吸い込んでしまう事故、熱湯やアルカリ薬剤によるやけど、さらに過労による病気などがあります。最近は、過労による事故にも労災が認められるようになってきました。労災が発生すると、過去2ヵ月間の出勤記録を提出する必要がありますから、日頃から勤怠管理はきちんとしておきましょう。

■労災は防具で防げる

労災は防具で防ぐことができます。包丁でも切れない軍手があるし、その素材の前掛けもあります。肉をさばいていると、勢いが余って包丁で腹を刺してしまうことがありますが、防具をつけることで防ぐことができます。職人の中には、作業効率が下がると言って嫌がる人もいますが、きちんと教育して、率先してつけてもらうように説得することが必要です。

同じように、大きな音には耳栓、目の保護にはゴーグルなどの防具を準備することで、ほとんどの労災は防げます。転倒事故については、作業靴の底を毎日の朝礼で確認して、すり減っているときは交換させます。

■日常の生活が労災を防止する

毎朝、工場からラジオ体操の声が聞こえてきます。毎日きちんと体操をして、休みの日はスポーツをするなど、労災の防止には日常の鍛錬が大切です。

事務職の人が現場の応援に行ってぎっくり腰になり、かえって現場に迷惑をかけてしまった、という話をよく聞きます。物を持つときは、声を出して自分の体に言い聞かせてから持つようにします。下に置いてある荷物を持ち上げるときは、膝を曲げてしっかりと体を使って持ち上げ、決して腕だけで持ち上げない、といった注意も必要です。

働く人の安全管理のポイント

◎防具をつける

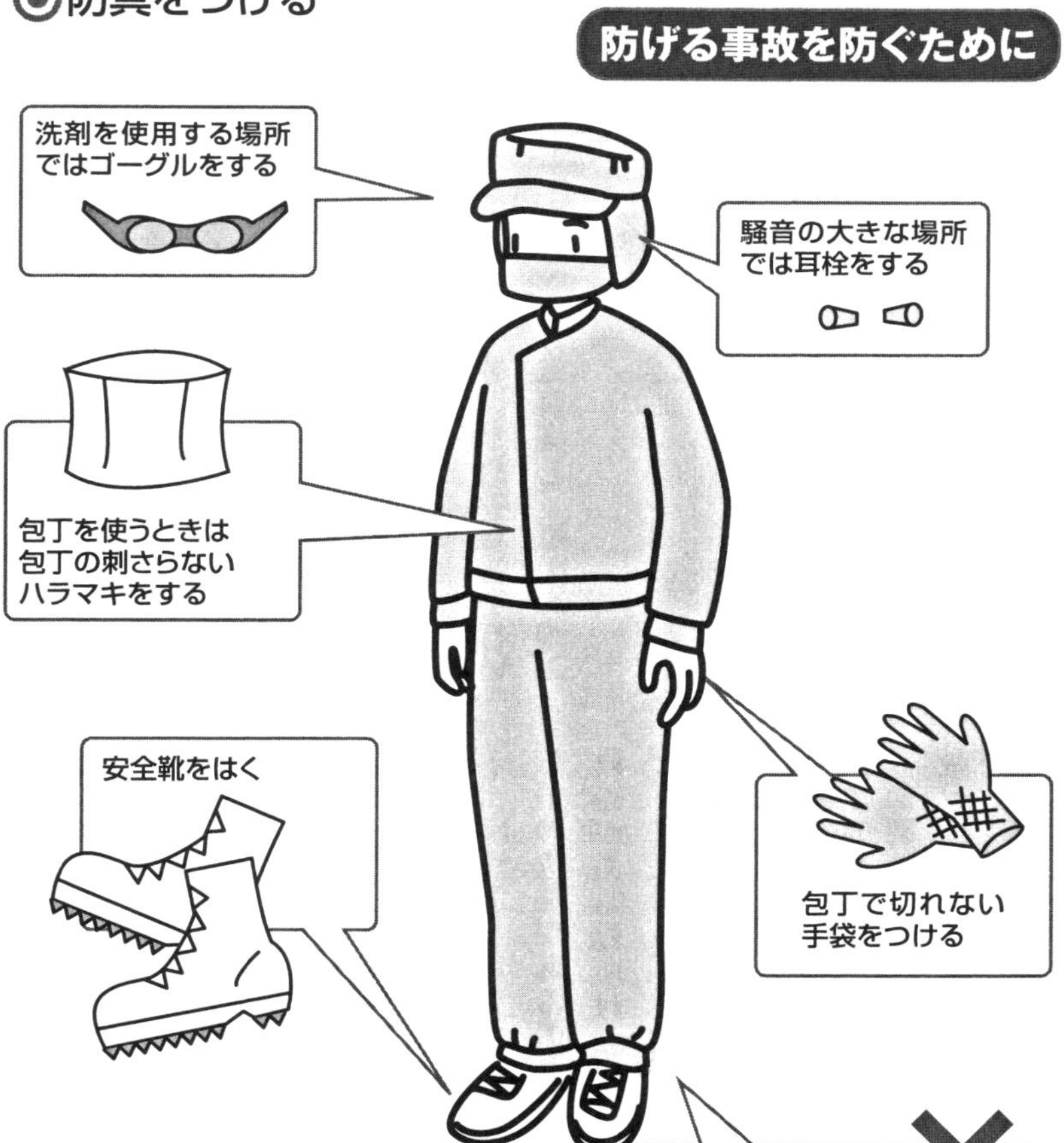

防げる事故を防ぐために
洗剤を使用する場所ではゴーグルをする
騒音の大きな場所では耳栓をする
包丁を使うときは包丁の刺さらないハラマキをする
安全靴をはく
包丁で切れない手袋をつける

◎日常生活から防ぐ

- ▶毎日の体操を行う
- ▶スポーツをする
- ▶健康診断を受診する

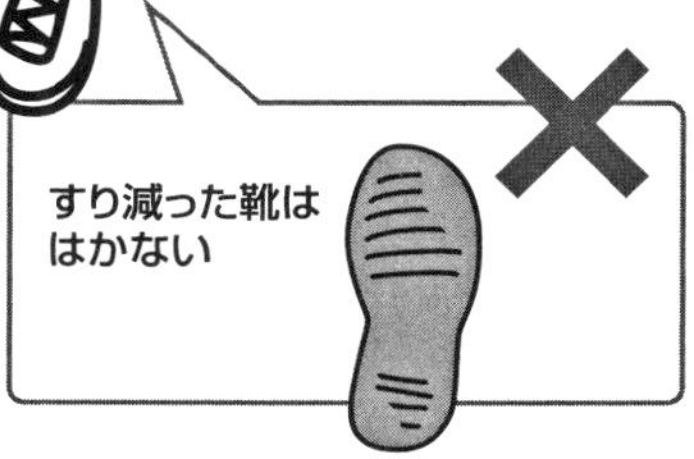

すり減った靴ははかない

体を壊してしまった場合、会社は補償をするが、それ以上のことはできない

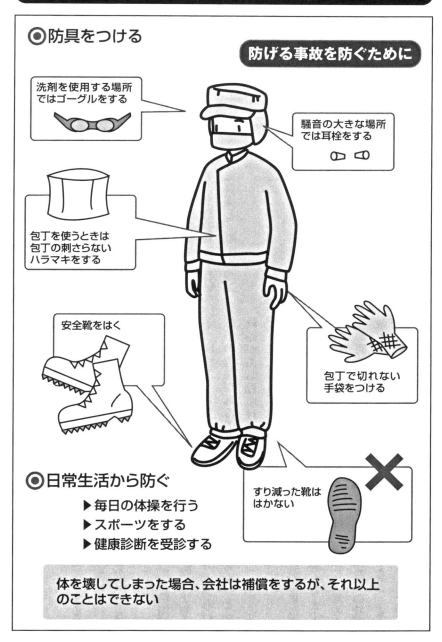

50 働く人の安全管理について――安全衛生委員会

■安全衛生委員会を実施する

常時50名以上の労働者を使用する事業所には、労働安全衛生法で安全衛生委員会の設置が定められています。安全衛生委員会を運営するには、まず組織を決めます。委員長は工場長が務めます。そして、各職場から会社側と労働者側の委員をそれぞれ選出し、さまざまな立場から工場の安全をチェックします。委員会は毎月行い、その月のヒヤリハットの事例報告、労災事故の報告を行います。ヒヤリハットの事例を充分に討議し、原因をつぶして大きな事故を防ぎます。

また重要なのが、安全衛生委員による職場の安全パトロールです。こうした活動は、形から入るのが一番なため、安全パトロールの腕章やゼッケンをつけてパトロールに回ります。滑りやすい所はないか、危険行為はしていないか、防具はきちんとつけているかなどをチェックします。

そして、パトロールの結果を討議して、次月の委員会までに行うことを決めて委員会を終了します。

■KYTを通じて安全に対する教育が必要

安全衛生委員会の活動で重要なのが、安全に対する教育です。大きな工場だと、安全衛生管理者の資格を持った安全担当が必要になります。安全担当と安全衛生委員は、KYTなどの安全教育活動を行います。

KYTは「危険予知トレーニング」と言って、職場ごとに危険行為や労災事故の発生しそうな危険を予知する、実践的な教育です。工場の中に水たまりがあれば、転倒の危険があるので必ず拭かなければならないとか、段差がある場所は白い線を引いて目立つようにするなど、日常から危険を予知する訓練です。

安全衛生管理者、危険物取扱責任者、毒物劇物取扱責任者、防火責任者など、関連する資格は多数あります。こうした資格を持つ従業員が増えれば、自然に工場の安全に対するレベルは上がっていきます。通信教育の補助金を出したり、資格を取ると資格手当を出すなど、安全衛生委員会で討議して制度を設定していくと、委員会の活動が活発になっていきます。

働く人の安全管理について――安全衛生委員会

◉安全衛生委員会

▶先月の労災事故の報告
▶先月のヒヤリハット事例の報告
▶安全パトロール結果の報告

問題点があった場合は、改善方法と期限を明確にする必要がある

◉安全パトロールの実施

▶転倒する可能性
▶危険行為
▶整理、整頓できていない所
をチェックする

安全衛生委員会のメンバーで、月1回以上安全パトロールを行う

チェックリストを作成する

◉KYT（危険予知トレーニング）

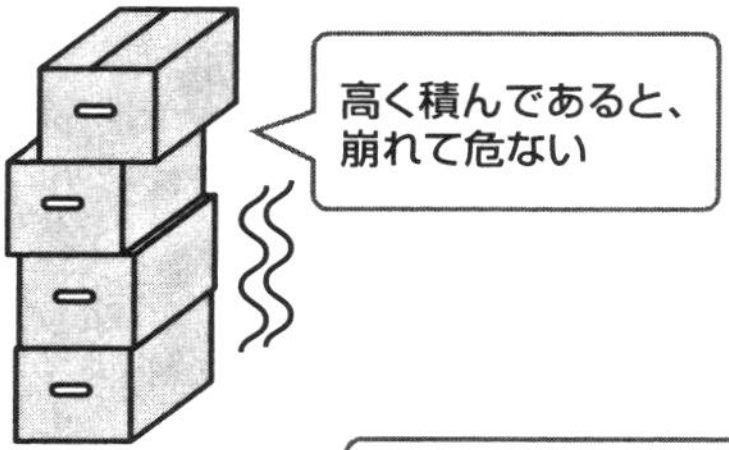

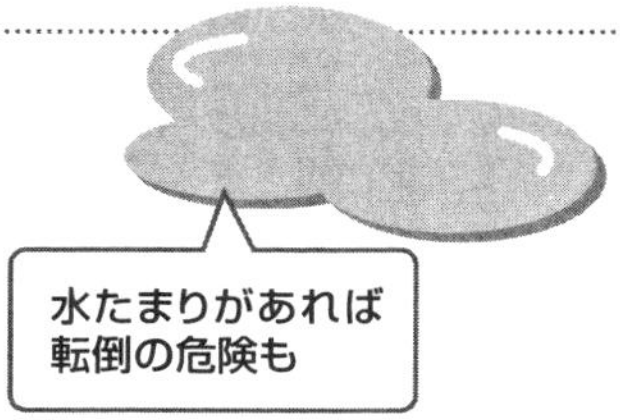

高く積んであると、崩れて危ない

フォークリフトの下に潜ると危ない

工場内の危険を予知して、危険を回避する能力を身につける

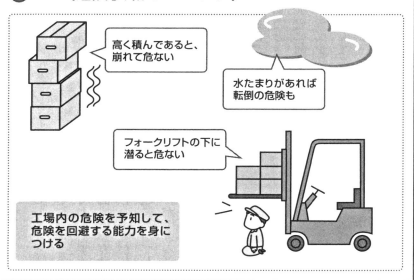

51

働く人の安全管理について――設備機械から考える

■SDSを、すべての薬剤・洗剤で押さえておく

化学薬品、特に洗剤による事故に備えて、事前に化学物質等安全データシート（SDS＝Safety Data Sheet）を準備しておく必要があります。SDSとは、事業者が化学物質や製品を他の事業者に出荷する際、相手方に対して、その化学物質に関する情報を提供するための資料です（32項参照）。化学物質を安全に取り扱うために、物質名、供給者名、分類、危険有害性、安全対策及び緊急事態での対応など、詳細な情報が記載してあります。

また、PRTR法（化学物質排出把握管理促進法）では、政令で定める第一種指定化学物質、第二種指定化学物質及びこれらを含む一定の製品について、このSDSを提供することが義務化されました。

食品工場では、洗剤などがこのSDSの対象になることがあります。SDSの対象にならない洗剤等についても、同じような様式で安全対策と緊急事態での対応を押さえておく必要があります。

■事故が起きてしまった場合の設備が必要

万一、化学薬品を浴びてしまった場合の対応を考えてみます。日常から、どの洗剤は浴びたときにどのような対応をしたらいいか、KYT訓練で考えておく必要があります。一般的には、服を脱がせて洗い流すのが有効なため、シャワーの設備、着替え、担架などの準備が必要です。そこまで大げさでなくても、目や喉に入ってしまった場合などを考えて、目が洗え、うがいができるような設備が必要です。

初期対応をしっかりしておくと、怪我の回復状況も違ってきます。指を切断した事故でも、切断された指を氷で包んで病院に運べば、つながる可能性があります。足をくじいたときでも、すぐに氷で冷やすと、完治までの期間が非常に短くなります。また、労災が発生した場合、一次処置を行ってくれる病院を確認しておきます。工場が稼働している時間に病院が稼働しているかどうかの確認も必要です。その病院の先生に産業医をお願いできれば、日常からよい関係が結べます。

働く人の安全管理について——設備機械から

◎SDS対象化学物質

SDS制度の対象となる化学物質は、法律上「第一種指定化学物質」及び「第二種指定化学物質」として定義されています

「第一種指定化学物質」	515物質
「第二種指定化学物質」	134物質
合計	649物質

◎SDS記載項目

1	化学品及び会社情報	9	物理的及び化学的性質
2	危険・有害性の要約	10	安定性及び反応性
3	組成・成分情報	11	有害性情報
4	応急処置	12	環境影響情報
5	火災時の措置	13	廃棄上の注意
6	漏出時の措置	14	輸送上の注意
7	取扱い及び保管上の注意	15	適用法令
8	ばく露防止及び保護措置	16	その他の情報

52

防火管理について

■防火管理は日常的な管理が必要

工場の防火設備は、日常的に防火意識を高めるために必要な設備、火災を知らせる設備、消火のために必要な設備、避難に必要な設備、怪我をした場合に必要な設備の、大きく五つに分けることができます。どの設備も、その設備の持つ意味をよく理解する必要があります。

日常的に防火意識を高める設備としては、消防組織の掲示板やポスターなどがあります。これは、常に最新の情報になっているか確認が必要です。また、火災を知らせる設備は定期点検が必要です。食品工場の場合、設備の蒸気で誤作動が発生する場合があります。放送設備も、事務所のメンバーはマニュアルを見ないでも操作できるようにしておきます。

■停電になっても稼働する設備の確認が必要

地震で停電になり、その後火事が発生した場合は、停電でも稼働する設備と停電では動かない設備を、日頃からわかるように区分しておきます。消防署に通報する電話も、停電でも通報できる電話がわかるようにしておきます。消火用のホースのついた設備は、水が電気ポンプで動く場合が多いため、停電の場合は使用することができません。消火器は停電でも使用可能ですが、火事を消すには充分な数が必要になります。発生が予想される火事に適した消火器かどうかの再確認も必要です。また、いざというときに消火器の使い方がわからない場合があるので、消火訓練では実際に使ってみる必要があります。

避難する経路は、日常的に通路を確保しておきます。避難口に材料が置いてあったり、避難口の外に物が置いてあるために避難できないこともあります。また、工場に盗難が多くて避難口を塞いでいることもあります。日常点検で避難経路、避難表示の点検が必要です。

特に包装室などは、虫の侵入を防ぐために無窓になっているため、火事になった場合の避難経路を日頃から確認しておく必要があります。停電で真っ暗になっても、しばらくは光を蓄積している蛍光灯、地震で落ちても割れない蛍光灯を使うなど、真っ暗な中でも避難できるような工夫が必要です。

防火管理について

防火意識を高める設備

- ▶防火ポスター
- ▶防火管理の組織図

火災を知らせる設備

- ▶放送設備
- ▶パトライト
- ▶非常ベル

避難するための設備

- ▶非常口の確認
- ▶2階からの避難ばしご

消火のための設備

- ▶スプリンクラー
- ▶消火器
- ▶消火用の給水タンク

怪我をした場合の準備

- ▶タンカ
- ▶救急箱
- ▶労災病院への連絡

停電しても稼働するか確認

停電してもつながる電話はどれか

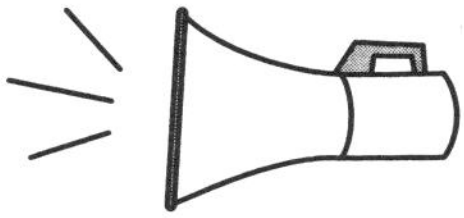

停電しても使用できるハンドマイク

停電しても使用できるランタン、
懐中電灯

停電してもしばらくは明るい蛍光灯

53

廃棄物管理について

■工場の廃棄物にはマニフェスト管理が必要

食中毒事故と同じように、産業廃棄物の不法投棄は、報道されると工場の命取りになる場合があります。映画『エリン・ブロコビッチ』では、六価クロムの汚染問題を扱った実話を題材にしています。その中では、賠償額は3億ドルという高額になっています。日本でも、東北の山中に不法投棄がなされて、非常に大きな問題になりました。

工場から出されるゴミは、ほとんどが産業廃棄物になります。産業廃棄物には、マニフェスト管理が必要です。

マニフェスト制度とは、排出事業者が産業廃棄物の処理を委託する際、マニフェストに産業廃棄物の種類、数量、運搬業者名、処分業者名などを記入し、業者から業者へ、産業廃棄物とともにマニフェストを渡しながら処理の流れを確認するしくみです。

それぞれの処理後に、排出事業者が各業者から処理終了を記載したマニフェストを受け取ることで、委託内容通りに廃棄物が処理されたことを確認することができるようになっています。

■平成18年までに20%の廃棄物の減量が必要

平成13年5月、すべての食品関連事業者を対象として食品リサイクル法が施行されました。食品リサイクル法では、再生利用等の実施率を、平成18年度までに20%に向上させることを目標にしています。

食品廃棄物の発生そのものを抑える「発生の抑制」、食品廃棄物の中で役に立つものを再資源化する「再生利用」、食品廃棄物の量を減少させる「減量」、これらを適切に選択し、単独あるいは組み合せて目標の達成を図ることとされています。

この法律の罰則としては、食品廃棄物の年間排出量100トン以上の事業者が、平成18年度までに実施率20%の目標が達成されないなど、再生利用等への取り組みが不充分な場合は、勧告→公表→命令→罰則となります。罰則金は50万円以下と軽いものですが、公表された時点で企業のイメージダウンは避けられません。

廃棄物管理

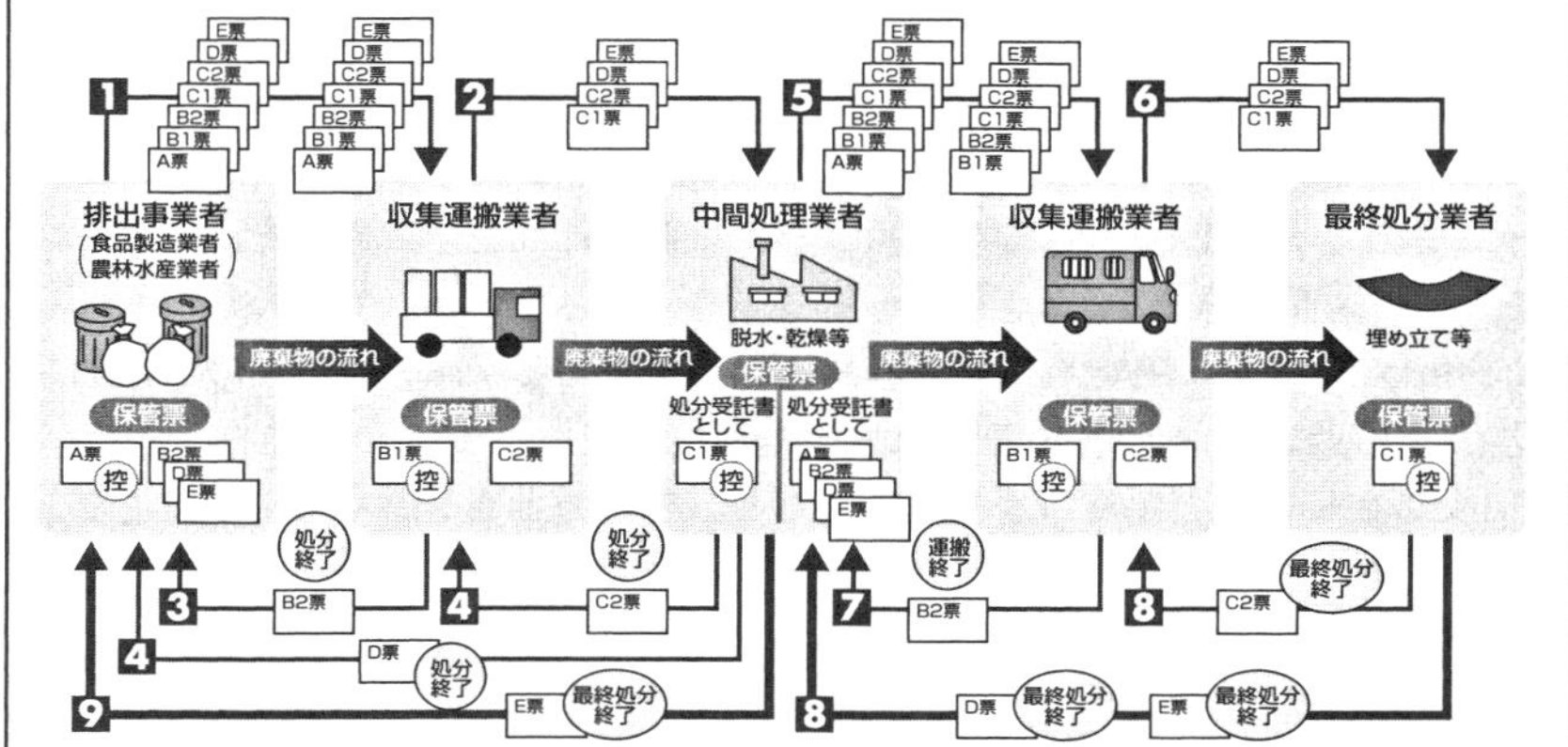

1 排出事業者がマニフェストに必要事項を記入します。産業廃棄物を収集運搬業者に引き渡すとき、A～E票も渡して記載事項をお互いに確認します。運搬担当者から署名、捺印をもらい、A票は控えとして保管します。

2 収集運搬業者は、産業廃棄物を中間処理業者に引き渡すとき、B1～E票も渡し、処理担当者から署名、捺印をもらいます。B1票とB2票を受取り、B1票は控えとして保管します。

3 収集運搬業者は運搬終了後10日以内に署名、捺印されたB2票を排出事業者に返送しなければなりません。

4 中間処理業者は処理終了後10日以内にD票を排出事業者に、C2票を収集運搬業者に返送しなければなりません。

5 ここからは中間処理業者が新たに排出事業者となってマニフェストを交付します。

6 収集運搬業者は、産業廃棄物を最終処分業者に引き渡すとき、B1～E票も渡し、処分担当者から署名、捺印をもらいます。B1票とB2票を受取り、B1票は控えとして保管します。

7 収集運搬業者は運搬終了後10日以内に署名、捺印されたB2票を排出事業者に返送しなければなりません。

8 最終処分業者は処分終了後10日以内に最終処分終了の記載（最終処分の場所の所在地および最終処分年月日を記載）したD票とE票を中間処理事業者に、C2票を収集運搬業者に返送しなければなりません。

9 中間処理業者は最終処分終了の記載されたE票を受取った場合、排出事業者が交付したE票に、最終処分終了の記載を転記して10日以内に排出事業者に返送しなければなりません。

ポイント

マニフェストの保存義務

排出事業者はB2票、D票、E票を5年間保存する義務があります。収集運搬業者、処分業者も同様です。

マニフェストの確認義務

排出事業者は、委託業者からB2票、D票、E票が返送されてきたら、保管していたA票と照合し、委託契約書通り処理が行われたか確認します。

▶

マニフェスト交付日から90日以内にB2票、D票が、180日以内にE票が返送されない場合は、委託した廃棄物の状況を把握し、適切な措置を講じ、都道府県知事等に報告する義務があります。

再生利用等の実施率20%の達成例

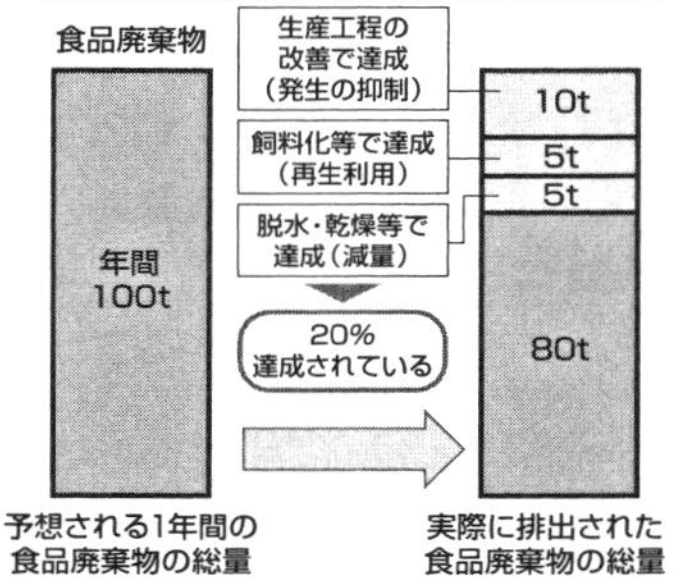

参考：財団法人食品産業センターのホームページより

Column 5

「他山の石」と「対岸の火事」と「身から出た錆」

新聞のお詫びの社告を読んだとき、それを「他山の石」として読むか、「対岸の火事」として読むかによって、大きな違いがあります。また、クレームを出してしまったときは、「身から出た錆」と、自分自身をさらに磨くことに傾注するべきです。

「他山の石」（他山の石以《もっ》て玉を攻《おさ》むべし）は、もともとは中国最古の詩集である「詩経」の中の「他山之石、可以攻玉」という言葉からきています。

「他の山にあるどんなつまらない石でも、自分の宝石を磨くのには役に立つ」ということから、「他人のどんな行いや言葉でも、自分を向上させるのに役に立つ」という意味です。「人の振り見てわが振り直せ」と同じような意味になります。

この「他山の石」ですが、「他人のよいところをお手本にして、自分の向上に役立てる」と、勘違いしている人も少なくないようです。

しかし、「人の振り見てわが振り直せ」と同じように、あくまでも「あの人のようにはならないようにしよう」と、他人の悪い例を見て自分を正すという戒めの言葉です。尊敬する人などに、「あなたを他山の石として、自分も精いっぱいがんばります」などと言ってしまうと、具合いが悪いことになってしまいます。

「対岸の火事」は、「川の向こう岸の火事はこちらまで燃え移らないから、安心していられる。自分に関係がないことは、痛くもかゆくもない」ことのたとえです。「高見の見物」と同じ意味になります。

「牛肉偽装事件で捕まるなんてとんでもないことだ。今回は、対岸の火事だからゆっくり見学させていただこう」というように使います。

「身から出た錆」は、自分の犯した悪行の結果として自分が苦しむこと、自分の行為の報いとして災いに遭うことです。

「今回のクレーム処理のまずさは、身から出た錆です。今回のことを糧として、さらに、がんばらせていただきます」というように使います。

クレームが連発する企業は、「身から出た錆」と考えて、工場を磨き直す必要があります。

6章

食品工場の商品開発のポイント

54

食品の商品開発ポイント

■商品開発とはどんなことか

食品工場で働いていて、毎日売上げが下がってきて、製造するものが少なくなってくるようであれば、その工場で製造している商品は、時代の流れに合っていないことになります。そうした場合の対処法としては、新商品を開発することになります。

では、どうしたら新商品は開発できるのでしょうか？　開発要員を採用すればいいのでしょうか？　新商品開発プロジェクトを行えばいいのでしょうか？　本社や本部に新商品を作ってくれと頼めばいいのでしょうか？

会社によってさまざまな組織があるので一概には言えませんが、大切なことは、該当する組織のトップが売上げを増やすことを常に考えて、市場での商品の鮮度を上げるために、真剣に新商品開発を考えて行動することが大切です。

■具体的に、どのように開発すればいいのか

商品の進化の背景には、市場の変化とお客様が考えていなかった問題点、すなわち顕在化していないが、こんなものがあったらいいな、という「暗黙知」を顕在化することによる商品開発があります。アイロンやカメラのように、商品は時代とともに変化していきます。

お客様が、常にあるといいなと考えているものの、そんなことは夢物語で、とてもできるはずがないと考えている「暗黙知」を顕在化することによって、新商品ができてくるのです。

できてしまえば、「そんなもの」と思われるかもしれませんが、消費者が不便に思っていることや困っていることを考えてあげる、世の中にこんなことがあればいいなということを考え、今ある商品を進化させるのには、たいへんな開発力が必要になります。

この進化のアイデアを生かし、製品化、具現化する力を、どの組織でどのように高めるか、がその会社や工場の力になります。

商品に対してお客様が望んでいる価格を含めて、「お客様が求める市場」を常に考え続け、時代の変化に対応することが商品開発のポイントになります。

食品の商品開発のポイント

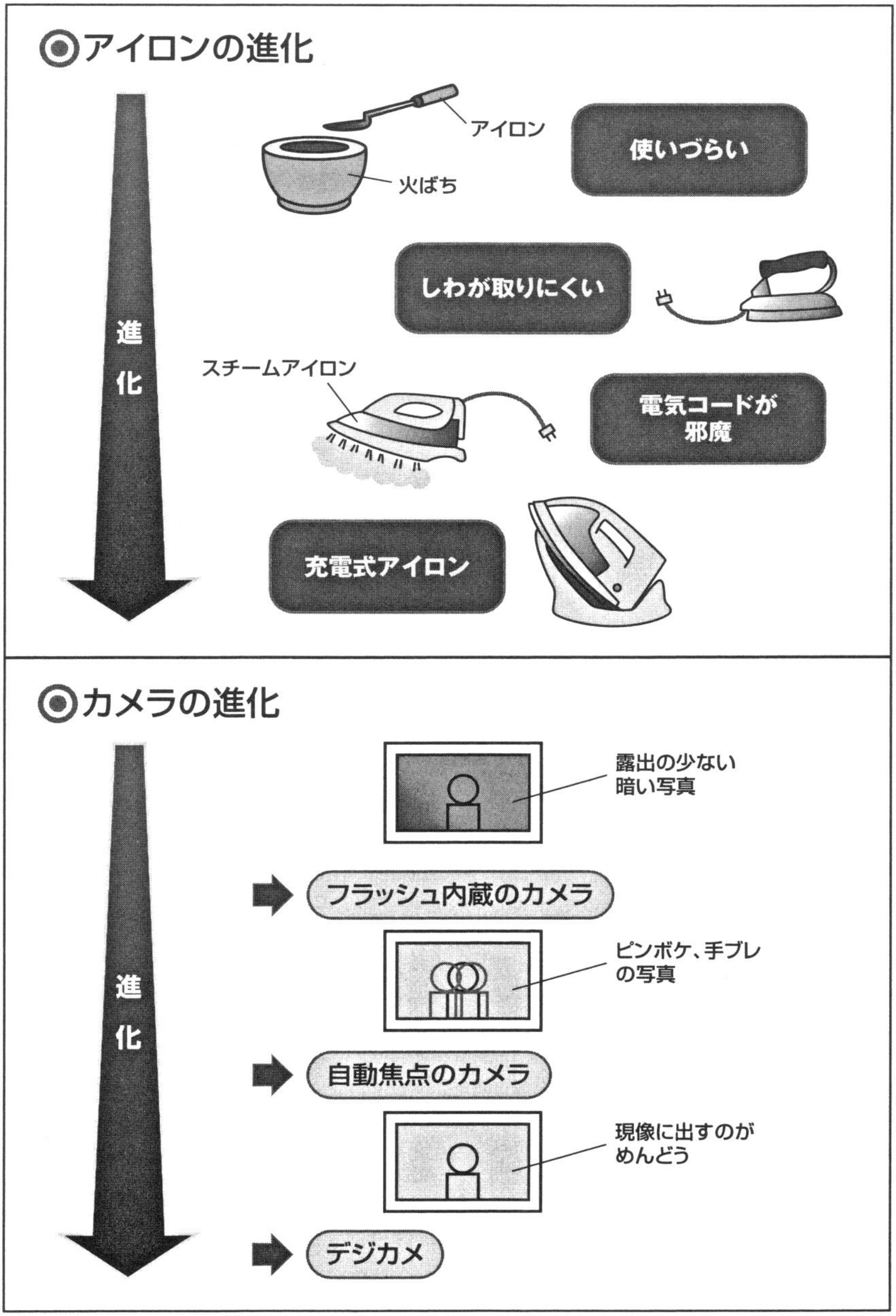
◎アイロンの進化
進化
アイロン
火ばち
使いづらい
しわが取りにくい
スチームアイロン
電気コードが
邪魔
充電式アイロン
◎カメラの進化
進化
露出の少ない
暗い写真
フラッシュ内蔵のカメラ
ピンボケ、手ブレ
の写真
自動焦点のカメラ
現像に出すのが
めんどう
デジカメ

55

マーケティングの4Pと4Cについて

■4Pのうち、どれが欠けても商品は売れない

アメリカのマーケティング研究者ジェロム・マッカーシーは、マーケティングの要素を、左図のように四つのPに分類しました。また、ロバート・ラウターボーンはこれを、お客様の視点から四つのCで整理しています。

「製品」が必要なことは、言うまでもありません。現状の商品の改良を行い、ブランド力を上げるために新商品を出し続けます。新商品は、市場での「価格」を考えなければなりません。価格は、お客様にこの機能でこの価格なら買い得と思わせなければなりません。「売場」は、商品をスーパーで売るのかコンビニで売るのか。スーパーで売るとしたらどの売場のどの場所で、隣には何が並ぶのかまで考える必要があります。小売業では季節ごとに売場に何を並べるのか棚割を決めます。その棚割に入らなければ売場に並ばず、お客様の目に止まることもありません。そのためには「宣伝」が必要です。このような宣伝をいつから行いますから棚に入れてくださいい、と売場に働きかけることになります。

このように4Pは、それぞれが複雑に絡み合って、どのPが欠けても、商品はお客様に届かなくなります。

■最高のお客様とは?

マーケティングを行うに当たって、お客様を、左図下の最高のお客様である「信奉者」にまで育成する必要があります。この食品を食べると体調がよくなると信じると、率先して商品を購入してくれるだけでなく、あらゆる所で宣伝してくれるようになります。

信奉者の一歩手前は「クライアント」で、企業とお客様がお互いに理解し合って、特別な存在になるお客様です。通常は、新商品を出すときに「見込み客」を想定します。そして、「初めてのお客様」に商品を購入していただき、商品が気に入ればリピートしてもらうことができます。この流れの中で、リピートのお客様を、さまざまな方法を使って信奉者にしていきます。現在では、インターネットを利用したメールマガジンや掲示板で、お客様との双方向の情報伝達によって、育成を行うことができます。

4Pと4C

マーケティングにおける4Pと4Cの関係

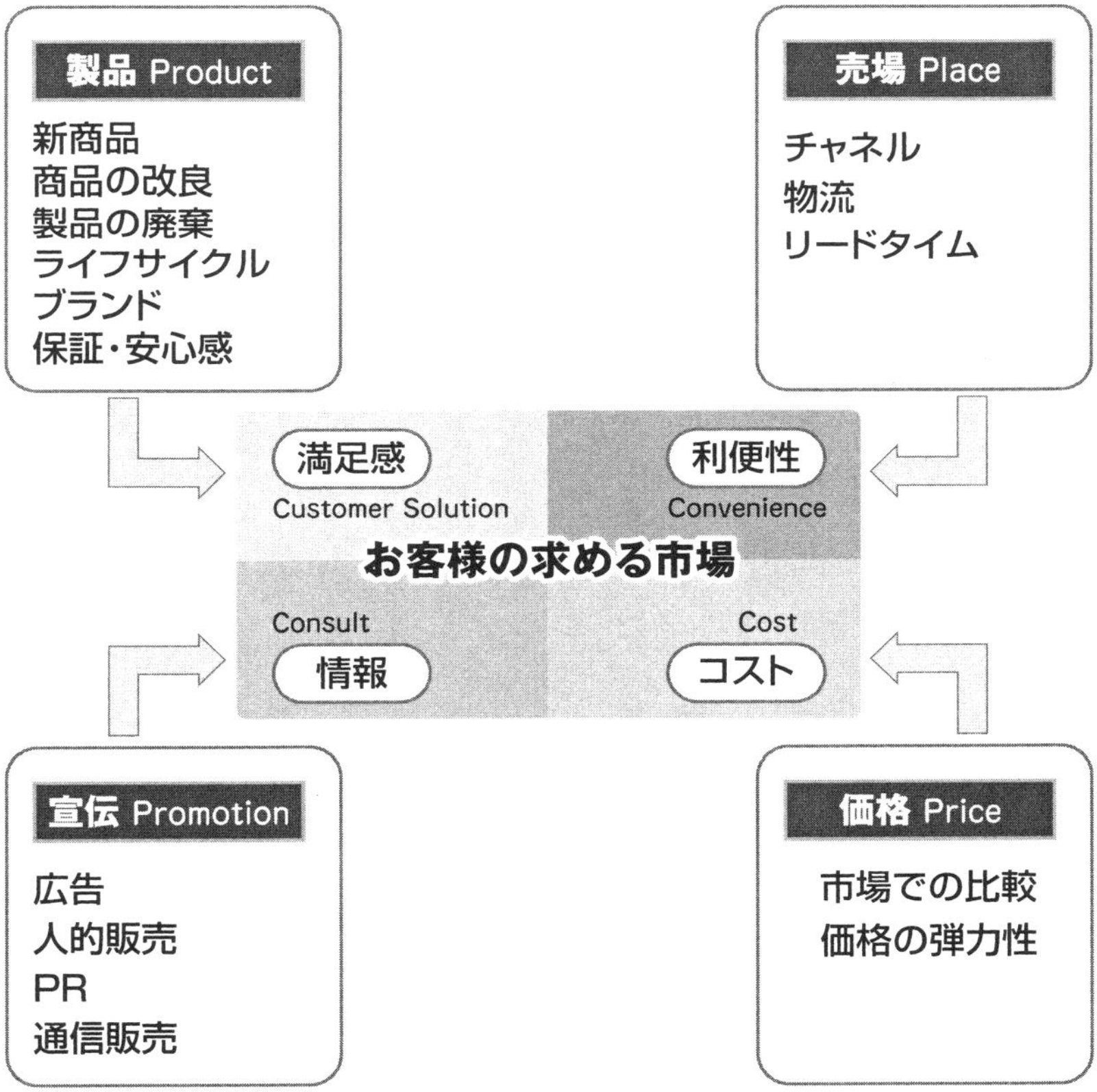

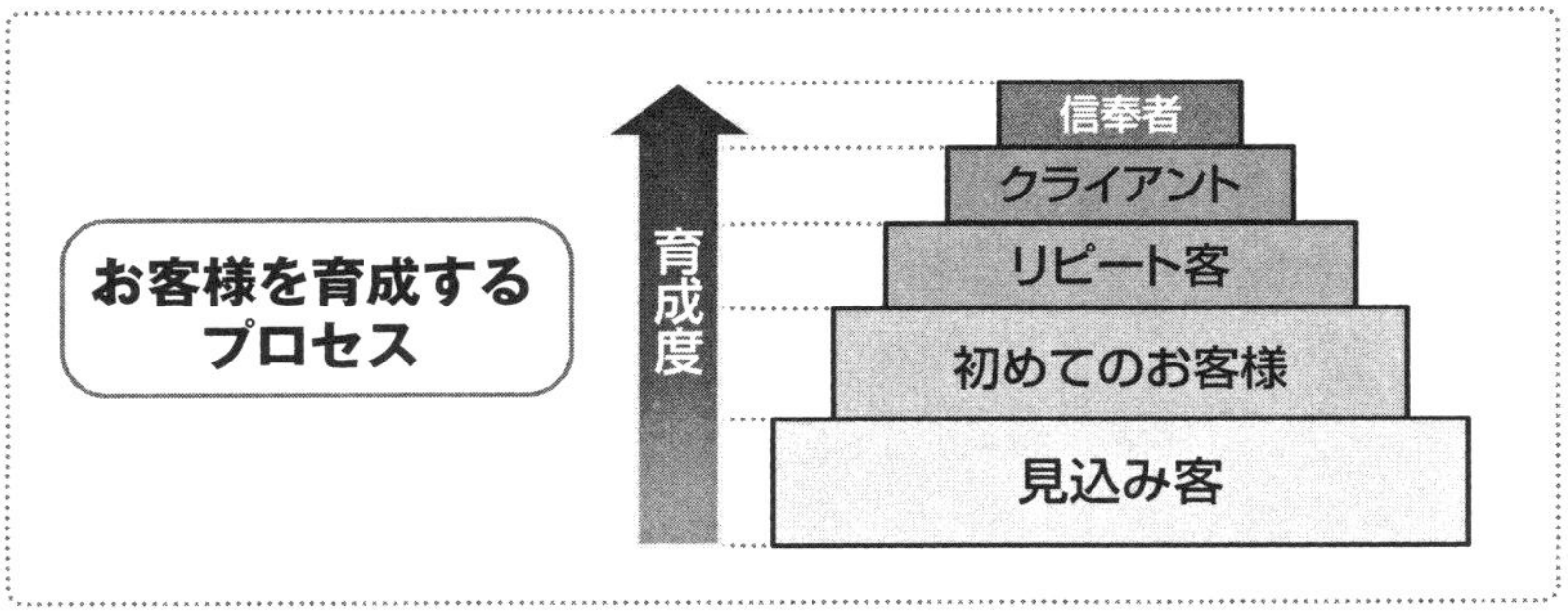

56

開発の手順について

■開発は3段階のハードル

開発の手順は大きく3段階になります。

第1段階は、開発チームに、開発するかどうかを検討させる段階です。一度開発チームにテーマをぶつけるとチームが動いてしまうため、そのテーマをどのように選定するかが大事です。この産みの苦しみを味わうことが、後の成功につながります。テーマを絞って、検討会を何度も繰り返します。開発すべきものの市場規模の変化はどうなっているか、ベンチマーク（競合する商品）は明確になっているか、発売時期はいつか、技術力はあるか、差別化の原料の供給はできるか、といったハードルが越えられるかどうかを検討します。この際、データを持って分析することが大切です。

■常にお客様の声を聞く

第2段階は、思いつきの段階を目に見えるようにして、量産化ができるか、お客様の評判はどうかを検討します。新規設備を導入する場合は、設備の問題点や能力を押さえる必要があります。この第2段階で大切な点は、常にお客様に問いかけることです。声の大きな人の意見だけで判断してしまうと、市場のニーズと違った方向に進んでしまいます。そこで有効なのが、お客様代表のグループディスカッションです。ターゲットとしている年齢層、家族構成のグループを選定して、企業名を出さずにディスカッションしてもらいます。開発担当者としては、耳の痛い話を聞くことができるでしょう。

■初期不良をどう抑えるか

第3段階は、発売から初期流動管理を終わらせるまでです。新商品を発売すると必ず初期不良が発生します。この発生率を表わすものをバスタブ曲線と呼びますが、発売当初のバスタブの縁をいかに低くするか、が工場管理の力になります。新商品の立ち上げでの不良品発生は思いのほか多いものです。売れすぎて、生産が間に合わなくなることも初期不良です。市場規模の設定を間違えてしまったからです。特に、専用の差別化原料を使用している場合は、その原料が手配できないと発売できないため、非常に大きな問題になります。

商品の手順について

第1段階　開発チームにテーマを出す

市場ニーズが顕在化しているか
ベンチマークが明確か
発売時期はいつか
技術力はあるか
差別化の原料の確保はできているか

第2段階　お客様の確認をもらう

市場の代表による確認をもらう
素直に市場の声を聞くことが大切

第3段階　初期流動管理

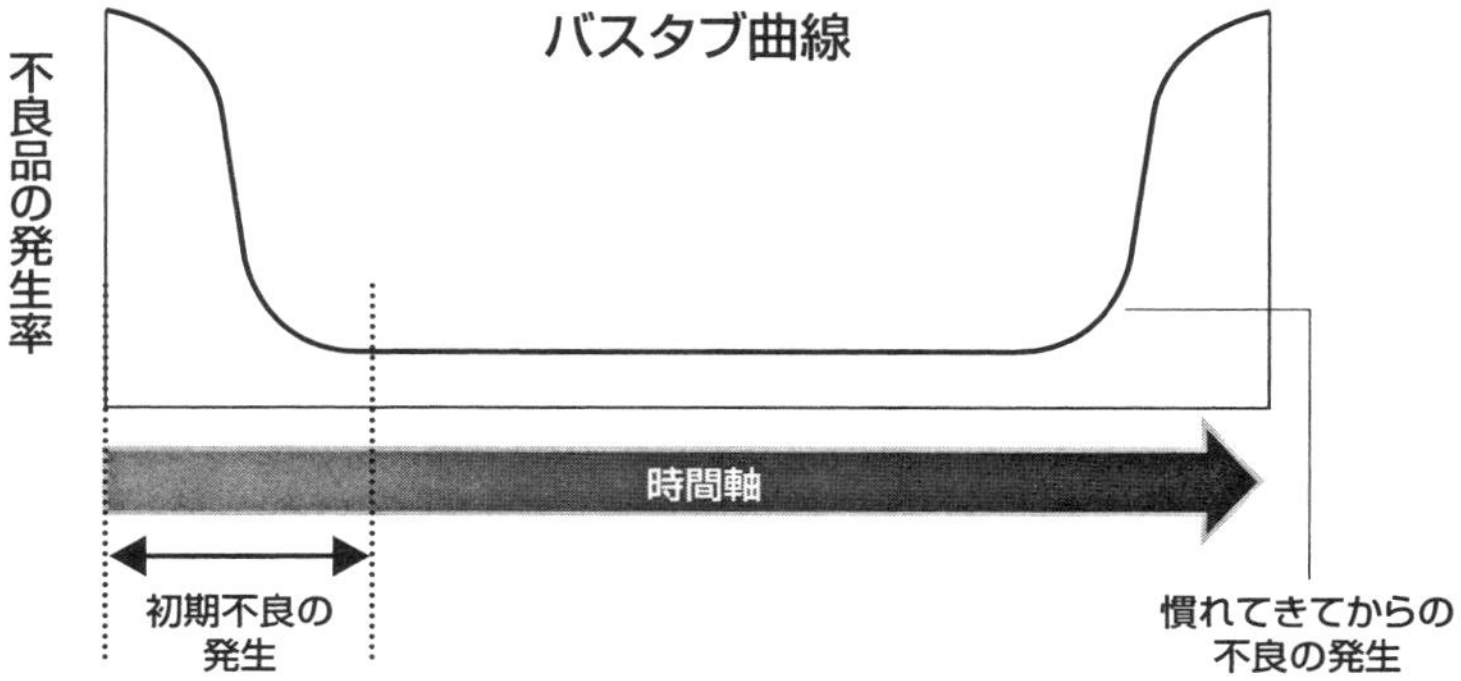

$$y = ax_1 + bx_2 + cx_3 + \cdots\cdots +$$

不良率（y）　不良率の要因（a、b、c）

不良率を下げるには、a、b、cなどの不良率の要因をつかんでコントロールすることが大切

57 開発案の作成について

■コンセプトを明確にして要求品質表で数値化する

コンセプトとは何でしょうか。

たとえば、子供が欲しい夫婦は、待ち望んでいた子供ができたと聞いたときから、子供のことを考え続けるでしょう。そして、夫婦2人で子供が大きくなったときのことなどを話し合います。男の子かな、女の子かな、どんな顔かな、将来は野球選手かサッカー選手がいいな、目は大きいかな、健康かな……と、まだ世の中に現われていないものを思い浮かべて、こんな子供が欲しいと願い、想像してひとつの形を作り上げることを「コンセプト」と言います。

コンセプトが明確になったら、絵に描いてみます。ラフスケッチでもいいので絵に描いてみると、少しは具体的に考えることができます。

■簡単な絵を描いてみる

「冬の朝、前日降った雨が上がって、すっきりした空気の中で昇ってくる朝日の色のセーター」の絵を、より具現化します。この朝日の色のセーターを第一次要求品質と言います。そして、そのセーターを五感によって分けることを第二次要求品質と言います。見た感じ、デザインはどんな形か、触った感じ、材質は何を使用するか、色はどんな色か、食品であればここに、匂い、味、食べたときの音などが加わります。ここまでくると、より具体的に絵を描くことができます。

■要求品質を数値化する

こうしてふるいに残ったものは、さらに要求品質を明確にしていきます。そこで、すべての項目を数値化します。この数値化が非常に大切です。

数字には説得力があります。声の大きな人がどんなに声を大きくしても、5より8は大きな数字です。数字を使用していれば、声の小さな人でも、売れる商品をつくることができます。ただし、この数字がお客様の数字になっていることが条件です。色であれば色差計、触感であればレオメーターの数字、数値化できていないものであれば、数値化の方法までをこの段階で考えることが、ロットテストの回数を減らすことにつながります。

開発案の作成について

◎コンセプトとは

産まれてくる子供について思い浮かべること

どんな顔?
どんな目?
男の子かな
女の子かな
大きくなったら何になるかな
まだ世の中にないものを具体的に思い浮かべて、ひとつの形につくり上げること
=
コンセプト

どんな抽象的なことでも書いてみる

◎要求品質を明確にする

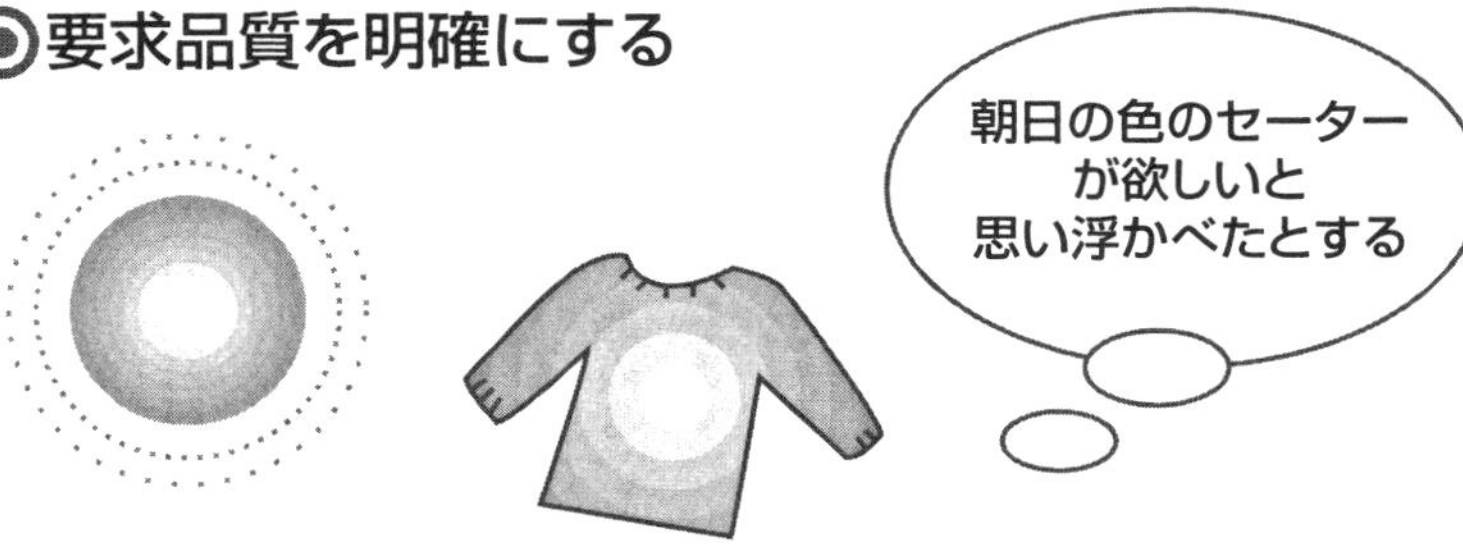

朝日の色のセーターが欲しいと思い浮かべたとする

第1次要求品質	第2次要求品質	第3次要求品質	測定値
朝日の色の セーター	色は朝日の色 細い糸で軽い	マンセルの色は? ちょうどよい糸は?	色差計の値は #9の糸

抽象的なことをより具体的にして、工業的に製造できるようにする

58

試作開発について

■パッケージの試作で必要となるもの

試作開発部門は、「朝日の色のセーター」の段階で、イメージに合うまで何度も試作します。その試作は、パッケージの段階と食品そのものの段階に分かれます。

最近ではパッケージは、CGソフトを使えばコンピュータで、簡単に何種類もつくることができます。また、パッケージの試作段階では、ひとつのアイデアに対して、コストを無視して、高級レストランのイメージでつくったもの、ベンチマークの通りにつくったもの、コストの試算通りにつくったものなどが必要です。

■試作は何度も繰り返す

次に、食品そのものの試作です。パッケージ同様、高級レストラン仕様、ベンチマーク通り、コスト通りで試作を行います。この段階のテーブルテストのつくり込みで、いきなりロットテストができるように検討が必要です。実際の製造工程では、蒸気で蒸す工程なのにテーブルテストで煮たのでは、最終商品が異なってしまいます。試作室はまな板、包丁、ガスコンロがあればできますが、レトルト食品や加圧蒸気で調理する機械で製造する場合は、その小型版の設備が必要です。

そして、要求品質で作成した数字に近づいた試作品を3種類作成します。コストを無視したもの、コスト通りのもの、要求品質通りのものです。その3種類をモニターにかけます。営業部隊とお客様のモニターです。グループディスカッションで進めることができれば、忌憚《きたん》のない意見を聞くことができます。

■最終商品の形での評価が大切

モニター調査で大切な点は、包装材を含めた最終商品の形で評価をしてもらうことです。電子レンジで簡単に食べることのできるスープなどは、実際に包装材を破って水を入れて食べてみます。すると、お湯で溶くだけのスープと比べてみると、包装材のゴミ、食べるまでにかかる時間、さらに最終売価や満足度を考えると、家庭にあるマグカップを利用して食べることができるスープのほうが有利になってしまいます。あくまで、最終商品の形で評価することが大切です。

試作開発について

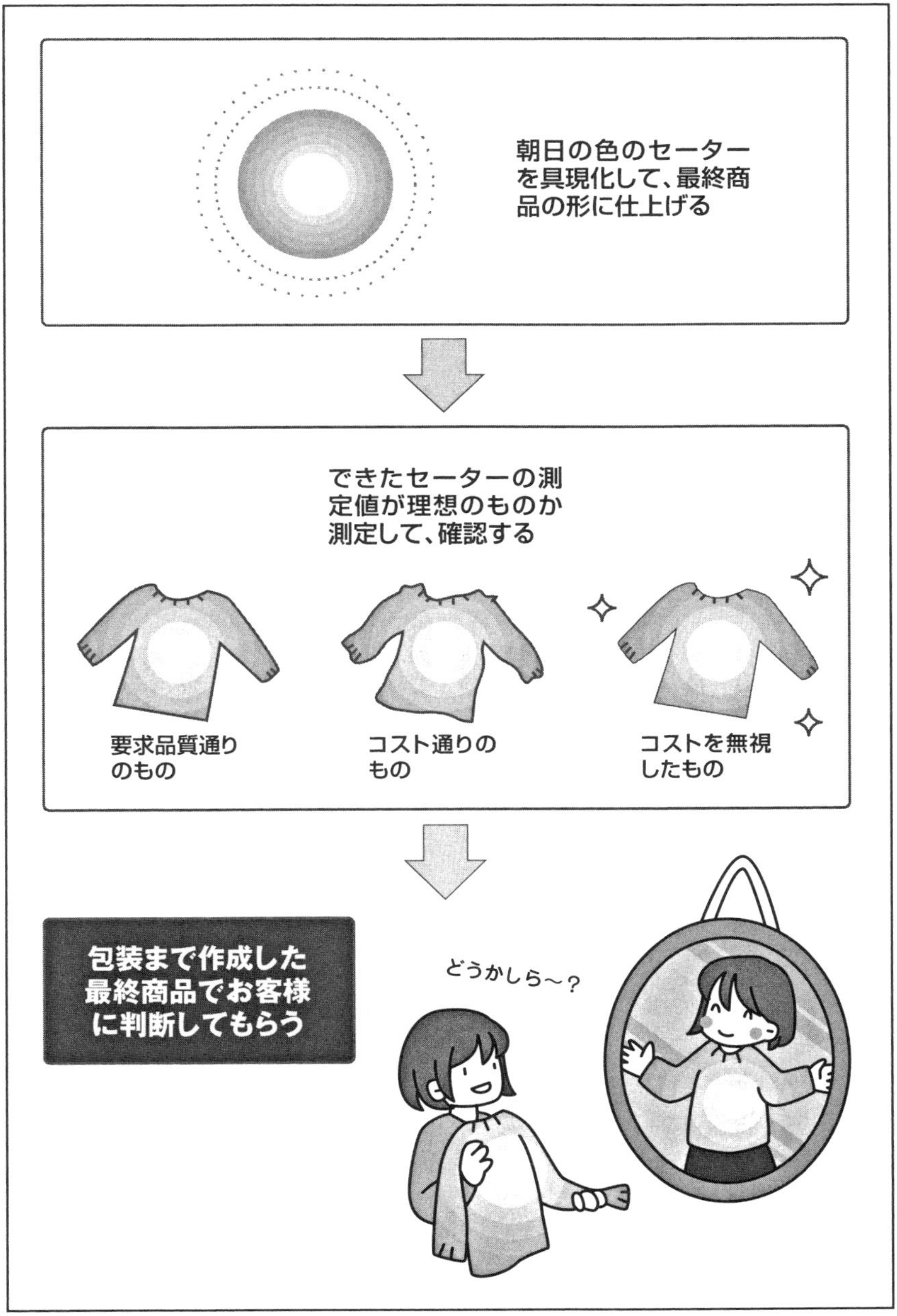
朝日の色のセーターを具現化して、最終商品の形に仕上げる
できたセーターの測定値が理想のものか測定して、確認する
要求品質通りのもの
コスト通りのもの
コストを無視したもの
包装まで作成した最終商品でお客様に判断してもらう
どうかしら〜？

59 原価計算について

■工場全体の経営も考えて原価計算をする

工場は利益を出すことが基本です。慈善事業だから利益は要らないと聞くこともありますが、その事業が存続しないと、従業員やその事業に頼っている人が路頭に迷ってしまうことになります。そのため、新商品を出すことによって、売上げや利益を増やすことが大切です。

開発チームでは、よく配合原価と包材原価で開発を進めますが、新商品をつくることによって、工場自体の収益体制が変化する場合があります。そのため、工場全体の売上げの変化を常に考える必要があります。その一番いい例が開発費用です。一般的には、開発費用は売上げの2％程度で考えますが、新商品によって工場の売上げが2倍になれば、開発経費は1％になります。また、営業を使わずに売ることができれば、固定経費のうちの営業経費がそのまま利益になります。

■損益分岐点を越えた段階で計算する

製造経費を考える際は、新商品をつくる工場が、損益分岐点を越えていることが条件となります。損益分岐点を越えていなければ、どんな新商品を出しても工場は赤字になります。その場合は、該当工場の設計時の想定製造数量で計算します。300ｔ／月の想定製造数量の工場で、現在200ｔ／月の製造量で新商品の原価計算をすると、市場になじまない価格になってしまいます。

また食品の場合は、人件費や包材費にかかる割合より、原材料にかかる割合が多いものです。お客様も正直なもので、原材料の比率が売上げに対して高い商品ほど、売上げがよくなるようです。

■製品歩留を上げることが原価を下げる

原材料原価を計算するうえで忘れてならないのが、歩《ぶ》留《どまり》です。原材料仕込みから考えて、良品が何％できたか、という考え方です。本来1000個できる配合で、実際の良品が950個であれば95％の歩留になります。1000個すべてが良品であれば、コストは自然に下がります。工場の利益が売上げの2％も出れば優秀な工場になりますから、開発の段階から、どうすれば良品歩留が上がるか、を考えることが大切です。

原価計算について

	円	%	
売上げ	200.0	100.0%	
仕入	150.0	75.0%	
粗利	50.0	25.0%	
経費合計	40.0	20.0%	
営業経費	10.0	5.0%	その営業マンの予算の数字で経費を割る
物流費	16.0	8.0%	理論上の経費を計算して入れる
固定費	10.0	5.0%	営業にかかる固定経費
開発費	4.0	2.0%	通常2%
利益	10.0	5.0%	

仕入原価明細

	円	%	
仕入原価	150.0	100.0%	
原材料費	130.9	87.3%	
包材費	10.0	6.7%	
製造粗利	9.1	6.0%	
製造経費計	8.5	5.7%	
直接人件費	3.0	2.0%	実際にかかった要員を計算する
直接経費	2.0	1.3%	実際にかかった経費を計算する
間接経費	2.0	1.3%	理論上の間接経費。工場の経費を製造量で割る
品質管理費	1.5	1.0%	通常、1%で計算する
製造利益	0.6	0.4%	

原材料費明細（配合表）

	単価	配合率	配合単価	
卵	150	70.0%	105.0	
砂糖	100	15.0%	15.0	
塩	80	3.0%	2.4	
油	100	2.0%	2.0	
水	0	10.0%	0	
合計		100.0%	124.4	
歩留	95.0%		130.9	歩留を忘れないように

60 試作品のロットテストについて

■製品化までのロットテストの回数が開発の力

試作から本格生産にいたるまでには、実際の製造ロットでテストを行う必要があります。このロットで行うテスト（ロットテスト）の際に注意することは、次のようなことです。原材料は、実際に製造する大きさのロットで使用します。農畜産物であれば、実際に工場に入荷してくるロットの大きさが必要になります。一次加工品であれば、一次加工工場のロット品である必要があります。できれば、原料製造工場に立ち合って、製造状況の各工程の数字と最終商品のデータを確認します。製造工程のマニュアルや帳票も必要になります。仮のマニュアルを作成して、ロット製造ができるかを確認します。

■日常的にパラメーターを押さえることが大切

要求品質表で、最終商品の機能を表わす数値データが出ていますが、その数値を製造工程でつくり込む場合の各製造工程のパラメーターを明確にしておく必要があります。この最終商品の数値データを、各製造工程のパラメーターとの関連や相関関係で把握しておくと、ロットテストが1回ですみます。左図に示した$y=ax_1+bx_2+cx_3+dx_4+$……の数式が把握できていると、yの要求品質が簡単につくれることになります。

yを玉子焼きの堅さという要求品質とすると、a：原材料の鮮度、b：出汁と卵の配合率、c：卵を焼くときにかき混ぜる回数、d：卵を焼くときのガスの消費量など、数値化できるパラメーターを、日常からいかに多くつかんでおくかが大切です。

■作業標準書にパラメーターを落とし込む

要求品質に満たない場合は、各工程のパラメーターを調整し、再度ロットテストを行うことになります。このロットテストを何回も行うと、期間や費用面で負担になりますので、回数を減らすことが大切です。

パラメーターが明確になっている場合は、実験計画法の考え方を導入してテストを行うことにより、1回のロットテストで最適の条件を見つけることができます。見つけることのできた最適のパラメーターを、各工程の作業標準書に落とすことでマニュアルが完成します。

試作品のロットテストについて

◉パラメーターを明確にする

$$y = ax_1 + bx_2 + cx_3 + dx_4 + \cdots\cdots$$

最終商品の品質（y）

y = 玉子焼きの堅さ

a = 卵の鮮度

b = 出汁と卵の配合比

c = 卵を焼くときにかき混ぜる回数

⋮

abcのパラメーターで実験計画を組んでテストを行うと効率的

a 産卵から2日目の卵を使用

b＼c	10回	20回	30回
6:4	y=の測定値	y	y
5:5	y	y	y
4:6	y	y	y

このyの値が、どの場合がもっとも設計に近いかを見つけ出す

b： 出汁と卵の配合比
c： 卵を焼くときにかき混ぜる回数

61 開発商品の初期流動管理について

■バスタブ曲線の縁の高さを短く低く管理する

ロットテストは、製造から見た最終段階のテストになります。そして初期流動管理は、お客様から見た新商品の初期不良をいかに少なくするかが目的になります。一般のお客様や小売店からのクレーム、物流業者からのクレームが入る前に改善ができれば、初期流動管理はうまくいっていると言えます。

製造現場では新商品の場合、バスタブ曲線と言って、新商品の立ち上げのときは、バスタブの縁が高いように、不良品が市場に多く出てしまいます。その不良品のデータをフィードバックすることによって、不良品が市場に出続けることを防ぎます。

このフィードバックの考え方は、オーディオのアンプの中でよく使われます。フィードバックを行わずにアンプで増幅を繰り返していくと、音が割れてしまう等の症状が出ますが、フィードバックを行うことによって、素直な音が増幅されていきます。市場でのクレームを新商品の製造に素早くフィードバックするために、初期流動管理を行います。

■初期流動管理を行わないとクレームは増殖する

初期流動管理がうまくいかなかった例として、三菱自動車があります。三菱のディーラーには、いろいろなクレームが入っていたはずです。そのクレームを素直に受け止めて分析していれば、バスタブ曲線のようにクレームは減り続けていたはずです。しかし、三菱自動車はクレームを無視して分析を行わなかったために、バスタブ曲線を経ることなく、逆にクレームは増殖し続けてしまったのです。

■市場や売場で確認することが大切

初期流動管理の調査は、素直に調査することが大切です。プリンなどの容器の場合、フタのシールの接着が強くて開けづらい、フタをはがすときに持つ部分の面積が小さくて持ちづらいなど、ロットで製造して、お客様の立場で購入してみると、いろいろな問題が見えてきます。お客様は他の商品と比較して購入するため、店頭で比較した場合、とかく焼き色は問題になります。

開発商品の初期流動管理について

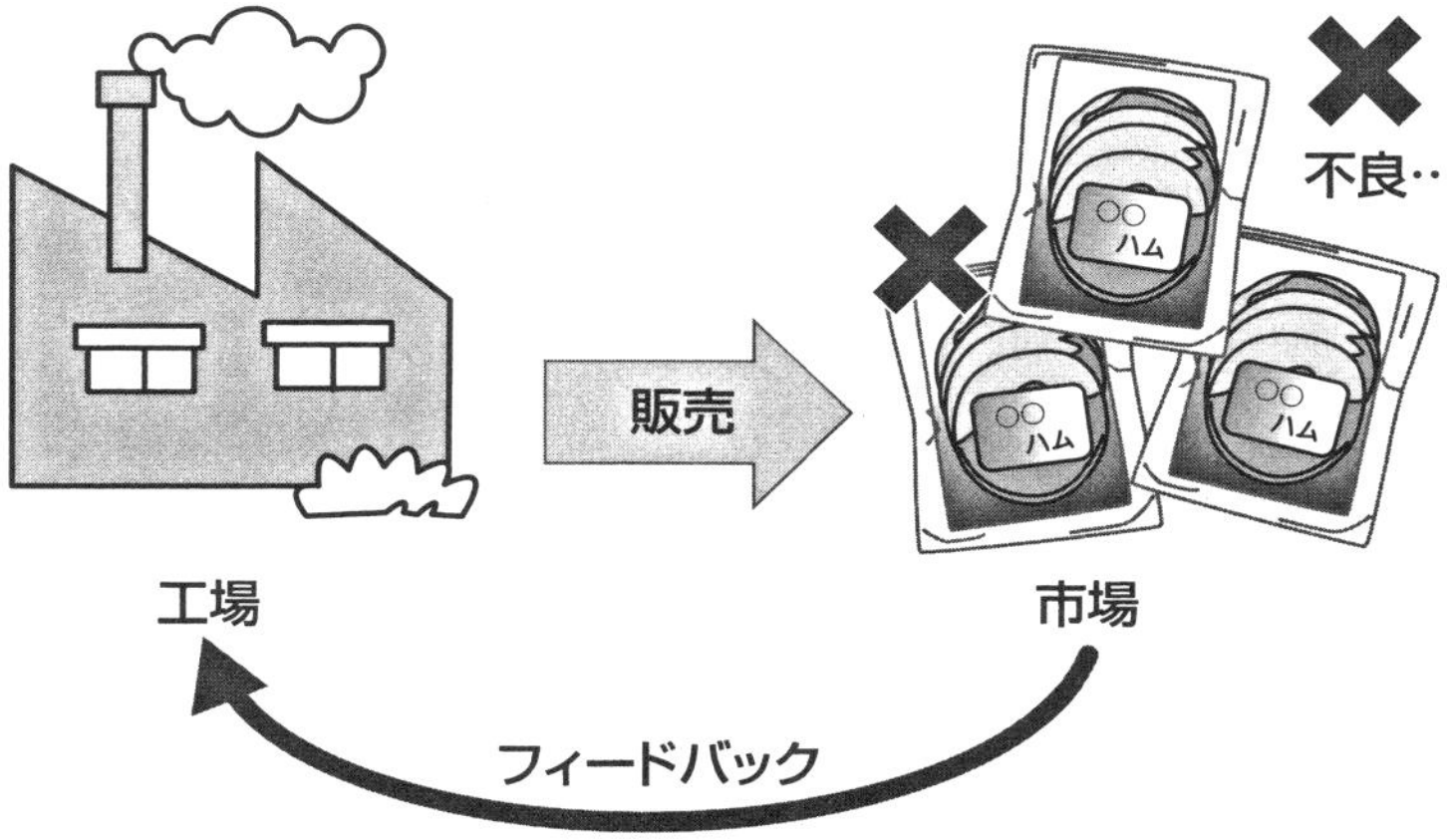

不良、不具合を、工場に素早くフィードバックすることが大切

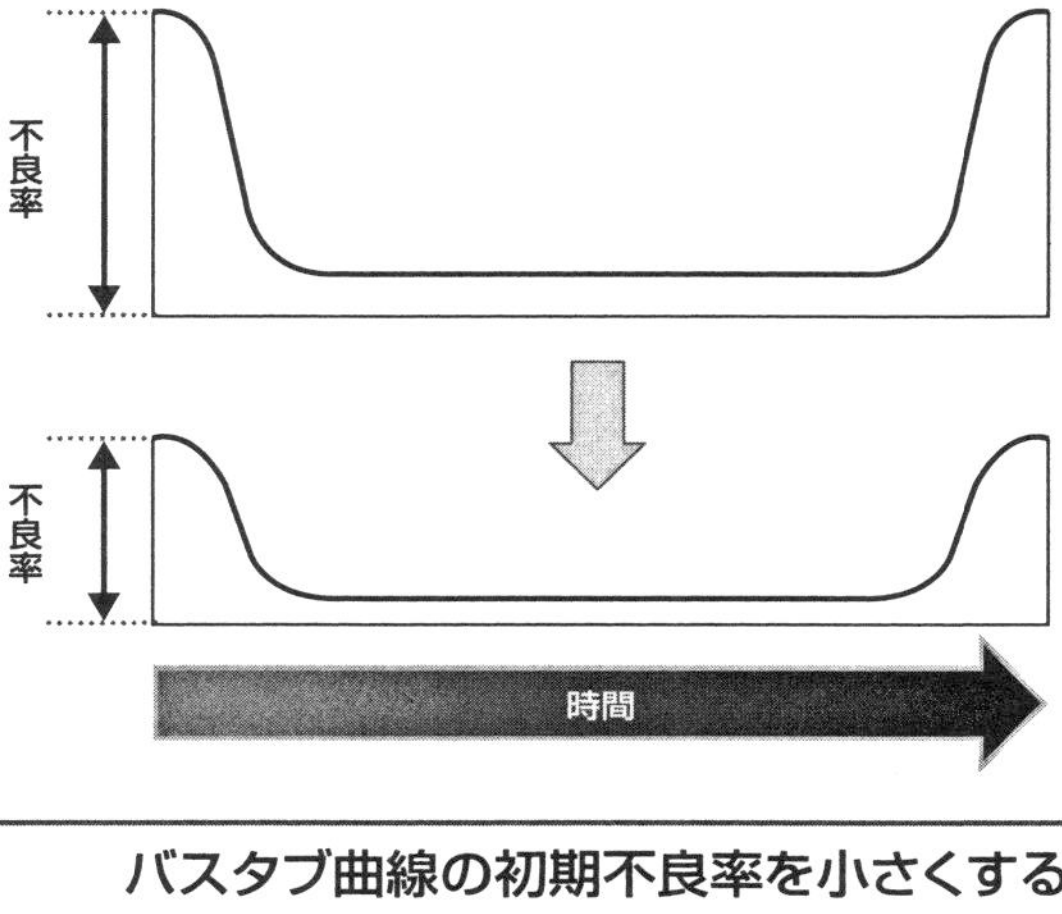

バスタブ曲線の初期不良率を小さくする

62 賞味期限設定のポイント

消費期限、賞味期限等の食品期限を設定する場合、微生物試験、官能検査、理化学試験の結果から判断しなくてはなりません。

左図の場合は、官能検査が一番評価が低いので、たとえ細菌検査で10日保管ができたとしても、官能検査で4日しかもたなければ4日×安全係数0・7＝2・8日という食品期限を設定することになります。安全率は企業で考え方を決める必要がありますが、近年は0.8とするところが増えてきました。

ポテトチップの理化学検査で、油の酸化値（AV値）を測定して、基準を超えてしまえば、官能検査、細菌検査結果に問題がなくても、食品期限は理化学検査値を優先することになります。

■菌が繁殖しない理屈が必要

「細菌検査などを行って問題がないから」という理由で期限を設定するのではなく、なぜ期限まで日持ちするのかという理論、理屈の上で判断することが必要です。

魚の干物、ジャム、梅干しなどは水分活性を活用したものです。普通の細菌なら水分活性が0・9以下になると増殖はしなくなります。酵母で0・88、カビでも0・8で発育ができなくなってしまいます。

水分活性が0・6以下の煮干しであれば、湿気の多いところに保管を行わなければ、食品期限の設定は数年の設定が可能になります。

水分活性を下げるためには、食品の中にある自由水をなくすことが必要です。細菌は食品の中にある自由水を利用して、増殖していきます。

■pHと細菌の増殖について

pHを管理することで細菌の増殖を抑えることができます。pHが4・6以下で制御すれば、食中毒菌のほとんどのものが制御できます。

■保存試験の設計について

食品期限設定のための保存試験は、実際に販売するときと同じ条件で行うことが必要です。食品の変化は光線、温度変化、物流の振動によって起きます。

賞味期限設定のポイント

◎食品期限表示設定について

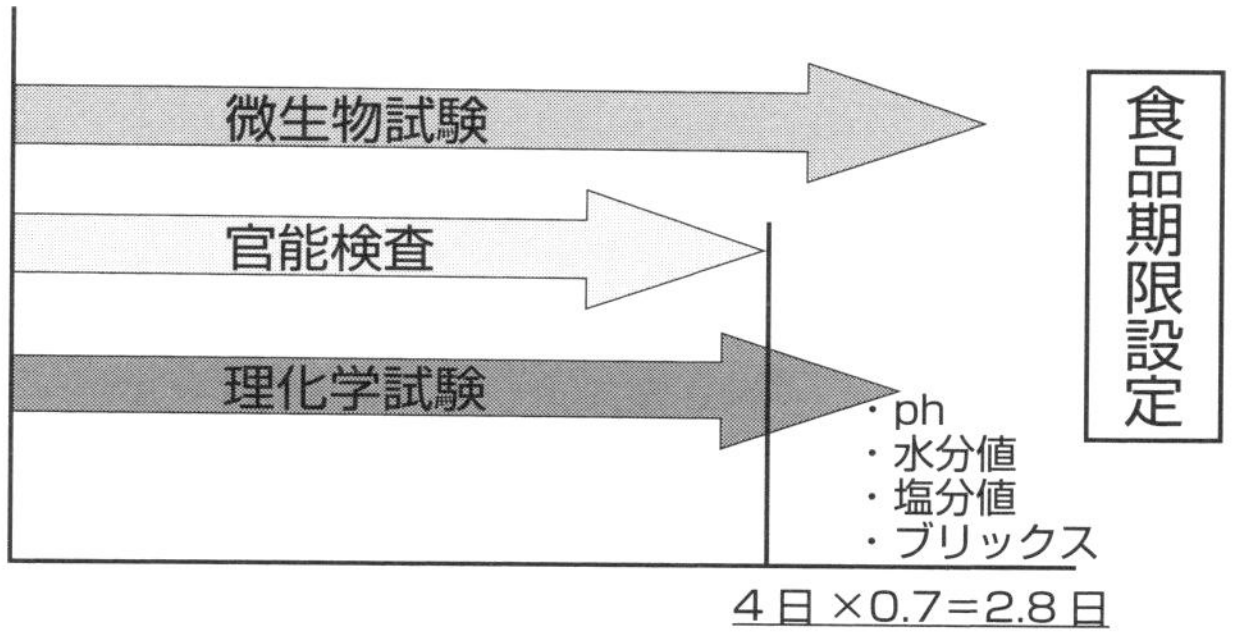

◎Aw（水分活性）による制御

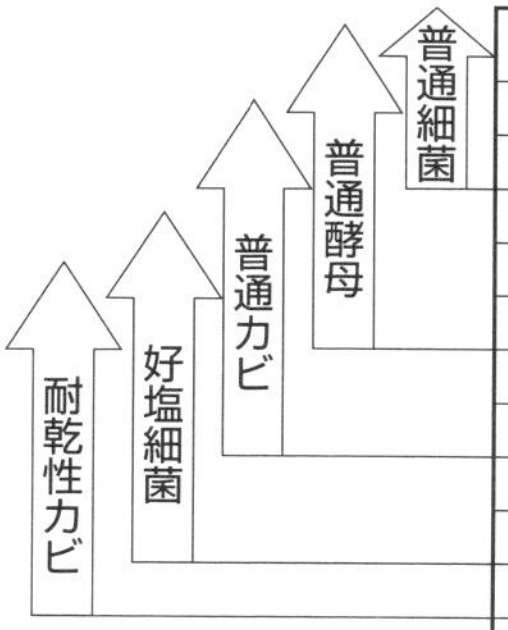

品　名	Aw	水分値 (%)	食塩 (%)
アジの開き	0.960	68	3.5
塩たらこ	0.915	62	7.9
うにの塩辛	0.892	57	12.7
塩しゃけ	0.886	60	11.3
シラス干し	0.886	59	12.7
イカの塩辛	0.804	64	17.2
イワシの生干し	0.800	55	13.6
塩タラ	0.785	60	15.4
イカの燻製	0.780	66	----
カツオの塩辛	0.712	60	21.1
干しエビ	0.642	23	----
煮干しイワシ	0.575	16	----

◎pHによる制御

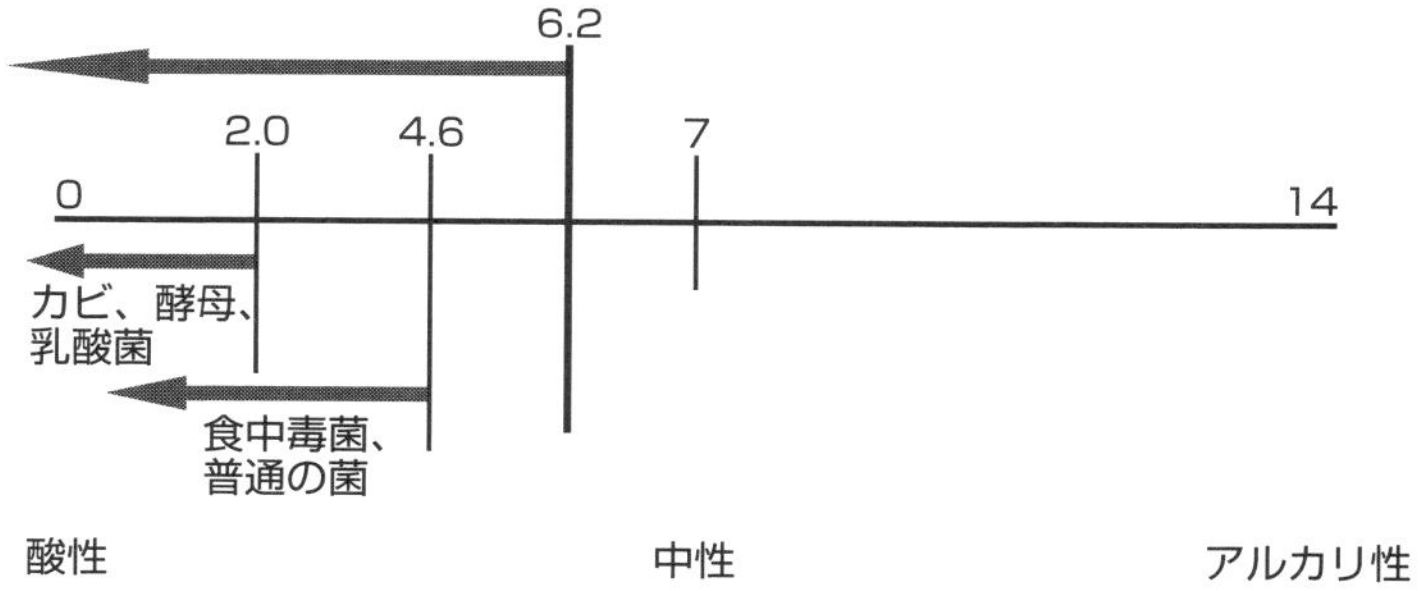

63 食品添加物の種類と目的について

■必要な添加物を最低限使用することが大切

最近は、無添加や添加物を使用しないことを売り物にしている商品がありますが、たとえばボツリヌス菌を抑えることができる亜硝酸塩等を使用しない無添加ハムなどは、安全性を考えると疑問が残ります。色の問題についても、食べることは楽しみでもあるので、さまざまな色が安全に使える方向で考えていきたいものです。

ソーセージのパリパリ感は、製造機械であるカッターの切れ味を整備することで生まれますが、製造時にリン酸塩等の食品添加物を使用すると、ある程度の設備でも製造することができます。

つまり、作業者の技術力や温度管理の徹底、材料の鮮度を管理することがソーセージの品質を左右しますが、添加物やデンプン等を入れることによって、ある程度の技術力でもソーセージを製造することができるのです。

食品の安全を考えた場合は、最小限の添加物を使用することによって、食品が安全に製造できることを忘れてはいけません。

■製造工程で使用した添加物は表示が必要

保存料に関しては、表示が不要と解釈して、表示しない場合がありますが、製造工程で使用している添加物については、必ず表示することが必要です。ただし、加工されてから工場に入荷してくる場合には、すでに添加物が使用されているかどうか、不明の場合もあります。香料などは非常に微量で効果が出せるため、キャリーオーバー（表示免除）として表示されない場合がありますが、添加物として認められていない香料が使われるという事故が過去にありました。

工場で使用する加工された原材料については、最終商品に表示をするしないにかかわらず、工場では把握しておく必要があります。

商品に表示されていないのに使用されている場合、直接商品には使用していないが、製造工程で他の商品に使用していて、混ざってしまう場合もあります。混入の可能性が防げない場合は、混入の危険性がある旨の危険表示が必要になってきます。

食品添加物の種類と用途例

種類	目的と効果	食品添加物例
甘味料	食品に甘味を与える	ステビア サッカリンナトリウム
着色料	食品を着色し、色調を調節する	クチナシ黄色素 アナトー
保存料	カビや細菌などの発育を抑制し、食品の保存性を高め、食中毒を予防する	ソルビン酸 しらこたん白抽出物
増粘剤 安定剤 ゲル化剤 糊剤	食品に、滑らかな感じや粘り気を与え、水と油分の分離を防止し、安定性を向上させる	ペクチン カルボキシメチルロースナトリウム
酸化防止剤	油脂などの酸化を防ぎ、保存性を高める	エルソルビン酸ナトリウム ミックスビタミンE
発色剤	ハム・ソーセージの色調・風味を改善する	亜硝酸ナトリウム
漂白剤	食品を漂白する	亜硝酸ナトリウム 次亜硝酸ナトリウム
防かび剤 （防ばい剤）	輸入柑橘類等のかびの発生を防止する	オルトフェニルフェノール ジフェニール
イーストフード	パンのイーストの発酵をよくする	リン酸三カルシウム 炭酸カルシウム
ガムベース	チューインガムの基材に用いる	エステルガム チクル
香料	食品に香りをつけ、おいしさを増す	オレンジ香料 バニリン
酸味料	食品に酸味を与える	クエン酸（結晶） 乳酸
調味料	食品にうま味などを与え、味を調える	Ｌ－グルタミン酸ナトリウム タウリン（抽出物）
豆腐用凝固剤	豆腐を作るときに豆乳を固める	塩化マグネシウム グルコノデルタラクトン
乳化剤	水と油を均一に混ぜ合わせる	グリセリン脂肪酸エステル 植物レシチン
ｐＨ調整剤	食品のｐＨを調節し、品質をよくする	ＤＬ－リンゴ酸 乳酸ナトリウム
膨張剤	ケーキなどをふっくらさせ、ソフトにする	炭酸水素ナトリウム 焼ミョウバン

Column 6

人を育てるということ

●花を育てることで考えると

食品工場は従業員の技術が最終商品の品質を左右します。

生産設備が進化しても、最後は人間の作業が大切だと思っています。

いい商品を作るためには、すばらしい従業員が必要だと思います。

「人を育てて成果がほしい」成果は花が咲くこと考えてください。

一番簡単に、きれいな花を咲かせるためには咲いている花を買ってきて花瓶にさすことかもしれません。

シクラメンなどの鉢になっている花を買ってくることかもしれません。

なぜか日本は、クリスマスにシクラメンを部屋に飾りますが、クリスマス前にシクラメンを買ってきて、クリスマスが過ぎて花が枯れたら、鉢ごとゴミ箱に捨ててしまう光景を毎年見ることができます。

工場長のあなたが、従業員を使うときにも同じことを行っていないか考えてみてください。

●「ティッシュペーパーのように人を使う」

従業員を必要な時に使って使い終われば、そのまま捨ててしまう。

ティッシュペーパーは人の使い方をよくたとえられますが、本来はどのように人を育てればいいのでしょうか。

クンシランで考えてみます。クンシランは、私の祖母が大切に育てていた鉢を、祖母が亡くなってから、私が育てていますが、クンシランにきれいな花を咲かせることを考えてみます。

チューリップと同じように10℃以下の寒さに60日間当たらないと、花は咲きません。

その厳しい季節にも肥料はたっぷり必要だし、水もたっぷり必要です。

クンシランは、水が足りないとか、肥料が足りないとか、鉢がきついとか、寒さがほしいとか、言葉で話してはくれません。

クンシランと同じように、上司が部下のことを感じて行動しなければ、毎年、毎年きれいな花は咲き続けないのです。

従業員が、毎年満足して花を咲かせるだけの気配りをあなたは行っていますか。

7章

生産管理はこうして行う

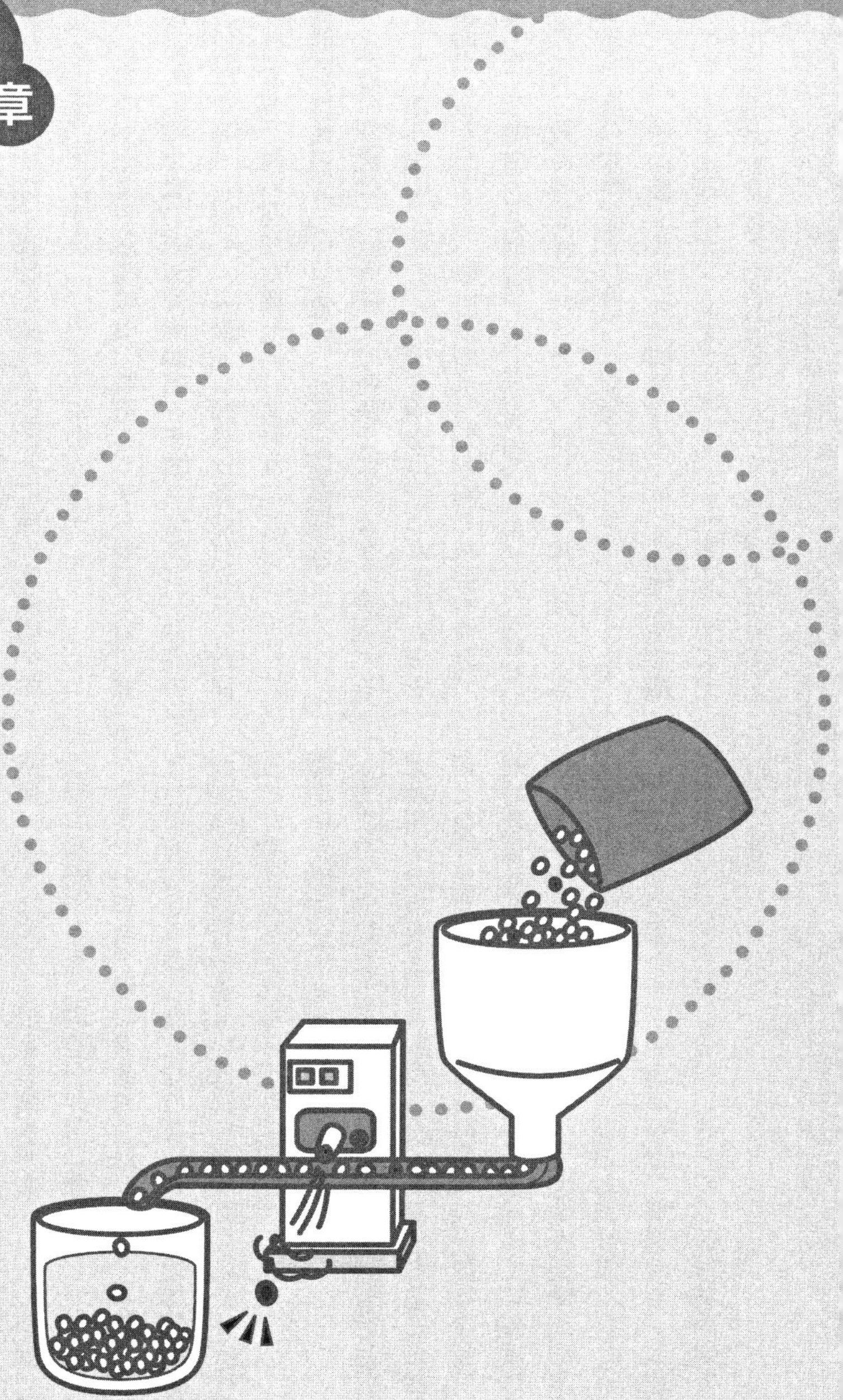

64 生産管理のポイント

■お客様の要望と工場の効率を両立させる

生産管理部門の目的は、お客様からの注文に対して、欠品することなく商品を届けることと工場の生産の平準化という、相反する二つのことになります。

日本の小売業やお客様は、製造してから納品まで、鮮度のよい物を欲しがる傾向があります。つまり、注文のタイミングはなるべく遅く、入荷する商品は製造日からの時間はなるべく短い商品が欲しい、ということです。

■原料は毎日入ってくるが、注文は変動する

最近の特徴は、原材料まで特徴を保つように製造することにあります。たとえば玉子焼きでは、こだわった卵を使用するとします。原料の卵は、毎日同じ数が入荷してきます。特徴ある卵は、同じ羽数の鶏を飼っていれば、毎日同じ数の卵が産まれるため、毎日同じ数が入ってきます。毎日10個産まれると、同数が工場に入ってきます。

一方、その卵で製造した厚焼き玉子は、土曜日や日曜日に、人が遊びに行くときに売れるとします。土日で60%の商品が売れるのが通常です。そこで、土日に20ずつ売れるとします。すると、左表のように、毎日の製造数量がばらついてしまいます。一番少ないときは5、一番多いときは20と4倍もの開きがあり、人の手配、機械設備の稼働率ともに調整が非常に難しくなってきます。

今までの製造工場の考え方では、ここで半製品でもって日付対応をすることになりますが、最近の社会情勢はお客様は製造日の新しい商品を待っているため、半製品という考え方もとれなくなります。

■空いた時間につくる物を考える

そこでこうした工場では、毎日変化する商品と同時に、業務用や冷凍食品用の厚焼き玉子を製造することが解決策となります。表の一番下の冷凍食品の数字を見ていただければわかりますが、製造から納品までの鮮度が求められない商品をつくることで、安定的な従業員の雇用を確保し、機械の稼働率を上げることが可能となります。

このように都合のよい商品がない場合でも、生産管理部門のアイデアしだいで、いろいろな改善策が出てくるはずです。

生産管理のポイント

◎玉子焼きの製造について

	月	火	水	木	金	土	日	合計
鶏舎の卵の産卵状況	10	10	10	10	10	10	10	70
工場への卵の入荷状況	10	10	10	10	10	10	10	70
小売店への入荷状況	5	6	6	7	20	20	5	70
小売店の販売状況	5	5	6	6	7	20	20	70
チルド厚焼き玉子の製造量	5	6	6	7	20	20	5	70
冷凍食品の厚焼き玉子の製造量	15	14	14	13	0	0	15	70

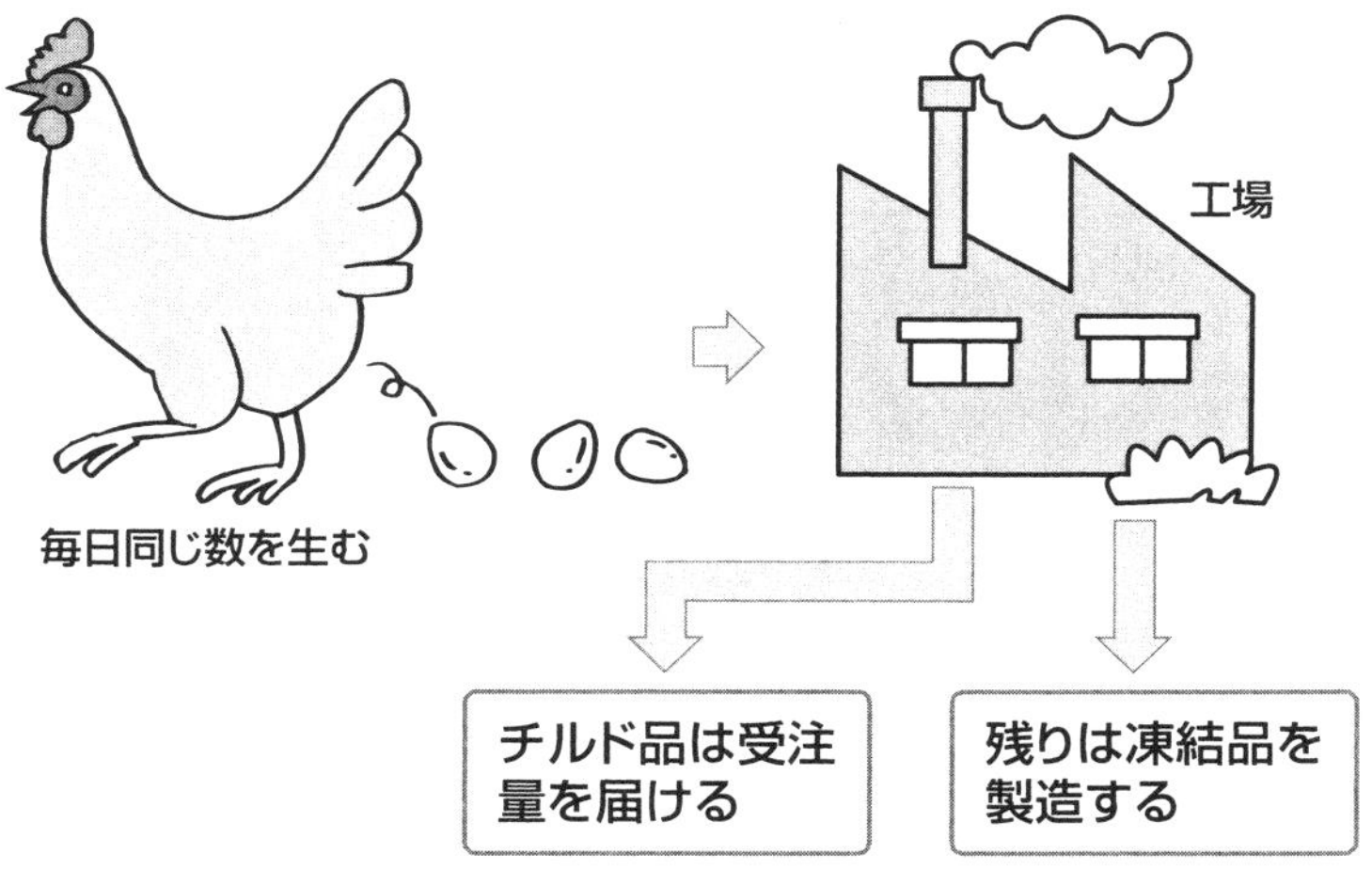

工場
毎日同じ数を生む
チルド品は受注量を届ける
残りは凍結品を製造する

65 生産管理のポイント——設備機械から考える

■来た注文を断ることなく、何としてでもつくり上げる生産計画を組む

生産管理部門の重要な仕事に、生産計画を組むことがあります。小さく考えると、毎日の生産計画を組む仕事、現場の設備トラブル時等に納品先と調整して、毎日の生産を確定することが仕事となります。大きく考えると、来年の今頃、どんな仕事をしているか、どんなアイテムをどのくらい製造しているかといった計画を立てることになります。

計画を立てるためには、営業部門、末端のお客様、原材料供給メーカーの状況を購買部門と調整するなど、かなり広範囲にわたって調整することが必要です。また、毎日、毎月、毎年の生産計画を組むことも大切です。

■各部門のボトルネックを明確にする

生産計画を組むためには、工場のボトルネック（支障）をつかんでおく必要があります。急に注文が入って、生産が2倍になりました。営業部門は歓迎しますが、生産部門はよく考えないと、製造することができません。注文が2倍になったときのボトルネックが包装工程だったとします。生産管理部門は、「製造量が増えると包装工程の部門がネックになるため、出勤体制を考えて欲しい」と製造部門に伝えます。

そのとき、具体的にどうすればよいかまでを提案することが必要です。生産管理部門は、製品がいつまでにできないと配送センターに間に合わないなど、流通に関してまでもっともくわしいはずだからです。

■工場全体の設備能力を把握しておく

具体的には、包装部門の稼働時間を延長するしか、直近で対応することはできません。早朝2時間の早出、昼休みは間接部門の応援で1時間対応と、包装機械を止めないように出勤時間を考えます。

また、普通は1人で充分な包装機に投入する工程の人数を2人にします。1人当たりの出来高は下がりますが、包装機を止めないためには、2人対応のほうが効率的な場合もあります。とにかく、包装室内でのボトルネックを探し出して、効率を上げることを考えます。

生産管理のポイント——設備機械から

対応策を考える

8時間の稼働時間を16時間にする

管理者、作業者の手配がつかない

包装工程であれば包装機を増設する

包装のコストが上がってしまう

生産管理のポイント――生産指示書

■お客様の注文にしたがって、各工程に生産指示書を出す

注文の数字は、納品日別、納品センター別、商品別に集計します。出荷に関しては、ここまでの集計で行うことができます。しかし、購買部門や処理部門等、各部門に対して指示をしなければなりません。たとえば購買部門に、厚焼き玉子の注文が1000本入ったと伝えるのと、原料の卵が300kg必要だから注文して欲しいと伝えるのとでは、雲泥の差があります。

20年前の製造工場では、注文に関係なく、各部門で一定量をつくり続けていましたから、生産管理部門は各工程の在庫量を調整するのが仕事でした。

ところが最近の製造工場は、仕掛品、原材料とも在庫を持たないため、注文にしたがって原料の手配をすることになります。注文は翌日分で確定するとします。

しかし通常、原材料は2、3日前に注文する必要があるため、2、3日後の予想数字を、生産管理部門でつくることになります。

■各工程の数字で指示書をつくる

生産管理部門で出荷の数字を入れると、パソコンを利用して、原材料の手配がアウトプットできるようにしておきます。購買部門には、このアウトプットを渡すようにします。厚焼き玉子1000本の卵を手配して欲しいと伝えるのではなく、原料の卵を300kg手配して欲しいと伝えるのです。

このように、かみくだいた指示が出せるようになると、各部門の管理が現場の管理に集中できて、品質のよい物をつくることが可能となります。

■現場の管理者は電卓が要らないようにする

さらに一歩進んだ帳票の考え方は、この生産指示書の帳票と連動することです。毎日、確定した注文の数字を入れると同時に、各製造部門に生産指示書が印刷されるようにします。その指示書は、各工程の管理帳票を兼ねるようにし、出来高、人時生産性、歩留なども記入します。現場の管理者が電卓を使わずにすむため、つくりすぎ等のミスが減ることになります。

生産管理のポイント――生産指示書

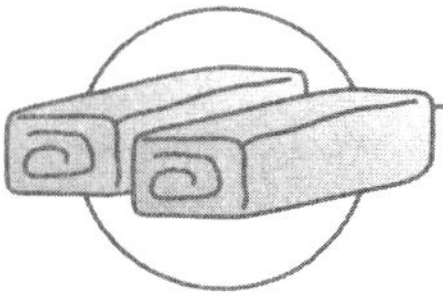

厚焼き玉子1000本の注文がありました

300g × 1000本 = 300kgの
卵が必要となります

注文が 1000本入ります	何も考えて いない手配	理想的な手配
原料の手配	1000本分 お願いします	300kgの卵を 仕入れてください
調合の手配	1000本分 仕込んで	200kgロット2回 100kgロット1回
焼き工程の手配	1000本分 焼いて	1030本以上 焼いてください
包装工程	1000本分 包装して	1020本以上 包装してください
箱詰め	1000本 出荷	100c／s 包装してください
配送	普通便	トラック1台を ○○時につけます

現場の管理者は、電卓を使用しないで
生産管理ができることが大切

67

原材料の発注について

■必要な材料を、必要なだけ必要なときに仕入れる

原料については、あらかじめ納品業者と年間計画や月間計画についてくわしく打ち合わせることによって、お互いのロスが減り、無駄が省けます。最近では、商品がお客様に買われた瞬間、原材料メーカーにまで数量の連絡がいくような仕組みもつくられています。販売者から原料の供給メーカーまでの密な連絡によって、安定した商品の供給が可能になるのです。

特に、卵などのように鮮度によって品質が左右される商品については、工場で使用しない場合はどのように調整することが可能か、事前に充分に打ち合わせておく必要があります。砂糖や塩などのように、保存も可能で汎用性のある原材料と、最終商品に影響が出る原料の手配は、分けて考えておく必要があります。

■差別化のための原材料は毎日入荷させる

特定の原料、商品差別化の原材料については、安定的に工場に入荷し、専用に使用することを考える必要があります。たとえば、特殊な卵を使用してマヨネーズを製造していたとします。卵は鶏が毎日1個ずつ生みます。今日は200個、明日は1000個といったように日々変化させることは、原料を供給するメーカーに無理がかかり、コストを含めて安定供給が困難になってきます。

差別化の原材料を使用する場合は安定的に入荷させ、製造のほうで必要に応じて差別化の原材料を使用し、原料が余った場合は、他の標準的な原材料に転用することを考えたほうが、安定して使用することができます。

■配送コストを考えて注文する

液卵（卵を割って液状にしたもの）をタンクローリー車で工場に配送している場合を考えます。配送車はタンクで半分運んでも、満タンで運んでも、同じコストがかかります。原材料コストを考えた場合、タンクローリーに満タンにして毎日運ぶことが、もっとも配送コスト、つまり原材料コストが安くなります。こうした配送方法では一定量の生産しかできないように思われますが、特殊な原材料を一定量入れて、生産量に応じて他の原材料で調整することが生産管理の腕の見せ所になります。

原材料の発注について

◎計画発注をする

年間の生産計画 月間の生産計画 週間の生産計画	}	原材料の予定発注

◎工場の入荷前の変更は何時まで可能かを確認する

◎特定原料、差別化の原材料は、毎日定期的に入荷させる

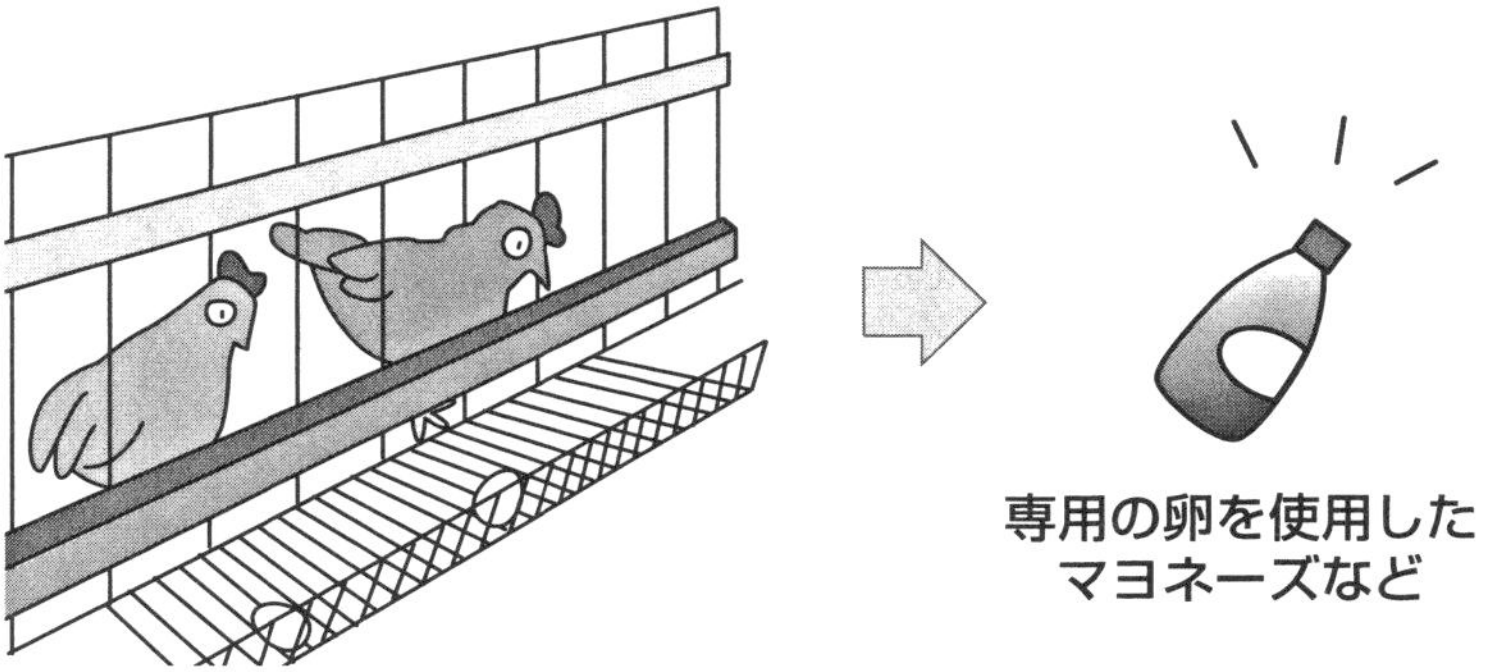

◎配送効率を考えて注文する

トラックに
満タンになるように
運ぶ

68

原材料の受け入れについて

■原材料を運んでくる配送車も品質のひとつ

原材料の受け入れにあたっては、受けつける日程を決める必要があります。３６５日、24時間稼働の食品工場でも、原材料の入荷が３６５日、24時間である必要はありません。原材料の鮮度が非常に短い原材料でも24時間受けつける必要はなく、月曜から金曜日の8時から17時が入荷時間となっているのが、通常の管理です。

入荷を受けつける曜日や時間の設定を、まず行います。また、荷下ろし場所は何箇所もないでしょうから、原材料を積んだトラックが道路まで並んでしまわないように、荷下ろし時間や配送車の待機場所までを考えてスケジュールを組みます。当然、食品工場に入荷に来る配送車は外観が清潔である必要があります。配送車の外観や内部を確認して、フロントガラスに置く「入場許可証」を発行します。配送中のトラブル連絡のために、無線や携帯電話など、連絡ができる設備も必要になります。

■原材料の受け入れ後は工場の保管責任になる

入荷してきた原材料は、入荷の時点で確実な受け入れ検査を実施します。まず、外観のチェック、重量の確認をします。日本の工場はお互いを信頼しているため、入荷時点では、1ケースずつ重量の点検を行いませんが、私が中国の工場を視察したときは、10kgと書いてある原材料の中身だけを1ケースずつ計量していました。日本でも、毎日でなくても抜き取り検査で重量の点検が必要と痛感したものです。

また温度管理商品は、配送車が荷受け場に着いた段階で、配送車の内部温度を測定します。もし温度に異常があった場合は、製品の温度を測定して、決められた温度を超えている場合は受け取りを拒否します。

ここで大切なことは、拒否した原材料は、再び原材料が運ばれてきた際、ロットナンバーか何かで区分できるようにしておくことです。最終商品のラベルや包装フィルム等の印刷物については、箱を開けて確認できないため、配送用の段ボールの表面に、印刷されたラベルの見本を添付させることによって、印刷の色の確認、印刷内容の確認ができます。

原材料の受け入れについて

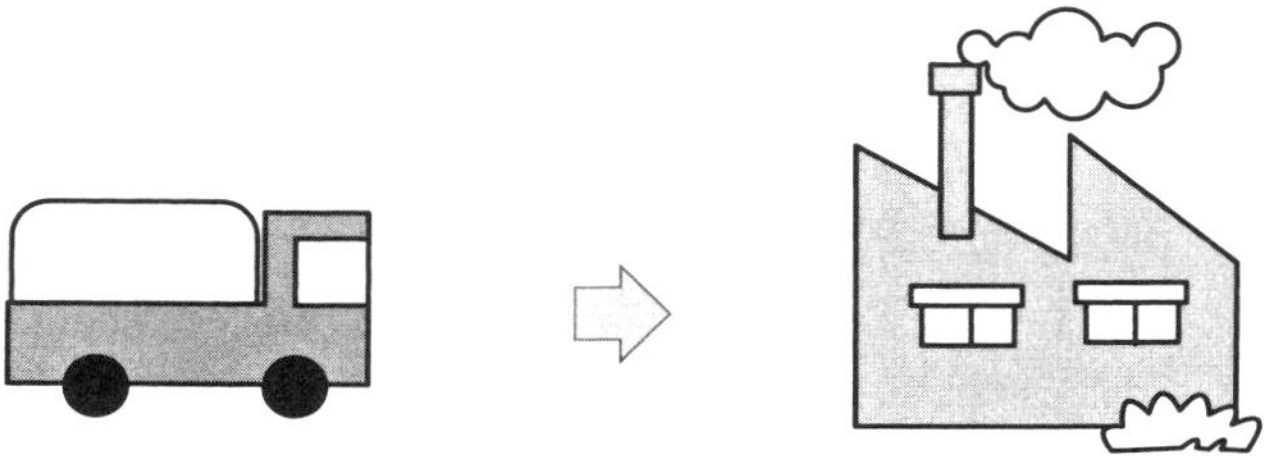

- 入荷時間
- トラックの外観・内部を確認
- 入荷の許可証
- 何に載せて運んでくるか
- 無線、携帯電話の設備

◎入荷した原材料の品質確認

印刷されたラベルの見本を貼る

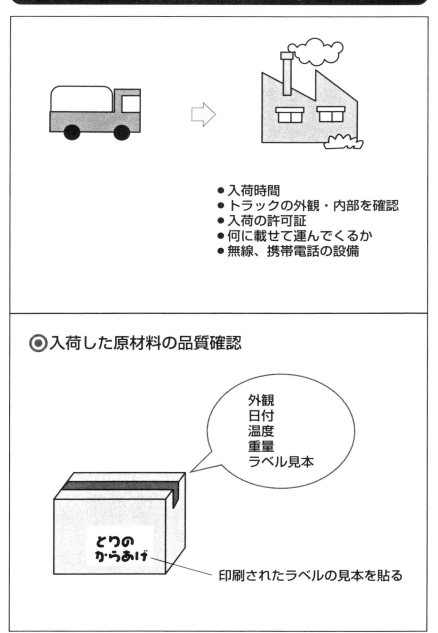

69

原材料の在庫管理について

■理論在庫と実在庫を合わせることが大切

工場でもっとも困るのが原材料の欠品です。原材料は毎日、在庫チェックを行います。ただし、物によっては、週1回、月1回の在庫調査の場合もあると思います。

在庫調査で大事なことは、原材料の入荷量と使用量の差によって出てくる理論在庫と、実際に工場の棚にある実在庫の差を出すことです。この差が意味しているのは、原材料の入れ目が多い（実際の重量より多く入ってくること）原料もあり、実際の入荷の数量が異なっていたかもしれないということです。実在庫が少ないことも問題ですが、多いときも問題になります。工場の生産時点で配合ミスをして、実際の製造時点で配合をしていなかった可能性があるからです。一つひとつ、在庫が異なる理由をつぶしていく必要があります。

■原材料が運ばれてくる経路の確認が必要

ロットで製造ミスをしてしまった、急な大量注文が入って原材料が足りなくなってしまった、お盆で配送がないことを忘れていて、原材料が足りなくなってしまった……いずれも、食品工場で働いたことのある方なら経験のあることだと思います。

お客様に対して欠品することはできません。一度製造できなくて欠品してしまうと、商品を待っていたお客様は他の工場の商品を買い、その製品のファンになってしまうかもしれないからです。

急な注文に対応するためには、急に原料が必要な場合に備えて、工場に運ばれてくる前に原材料がどこに保管されているかを確認しておく必要があります。日曜日や夜中でも、どうすればその倉庫の鍵を開けることができ、配送車が手配できるかを含めて確認しておくことで、急に原材料が必要なときにもあわてなくてすみます。また、倉庫にない原料もあります。たとえば工場名が印刷されたフィルムなどは、ロットごとに印刷してすべてを工場に納品している場合があります。そのような原材料は、工場の在庫がなくなった段階でどうにもならなくなってしまうため、実在庫をチェックするときには充分な注意が必要となります。

原材料の在庫管理

実在庫 と **理論在庫** の差を出す

（実際に数えた在庫）　（入荷数と使用数から計算した存在）

実在庫と理論在庫の差が出る理由

- 原材料の入れ目が多かった
- 原材料の入れ目が少なかった
- 入荷の数が違っていた

→ これらの理由を一つひとつつぶしていく必要がある

◎トラブル時の対応をどうするか

・製造現場でのロットミス
・原料のロットでの異常があった
・大きな注文が突然入った

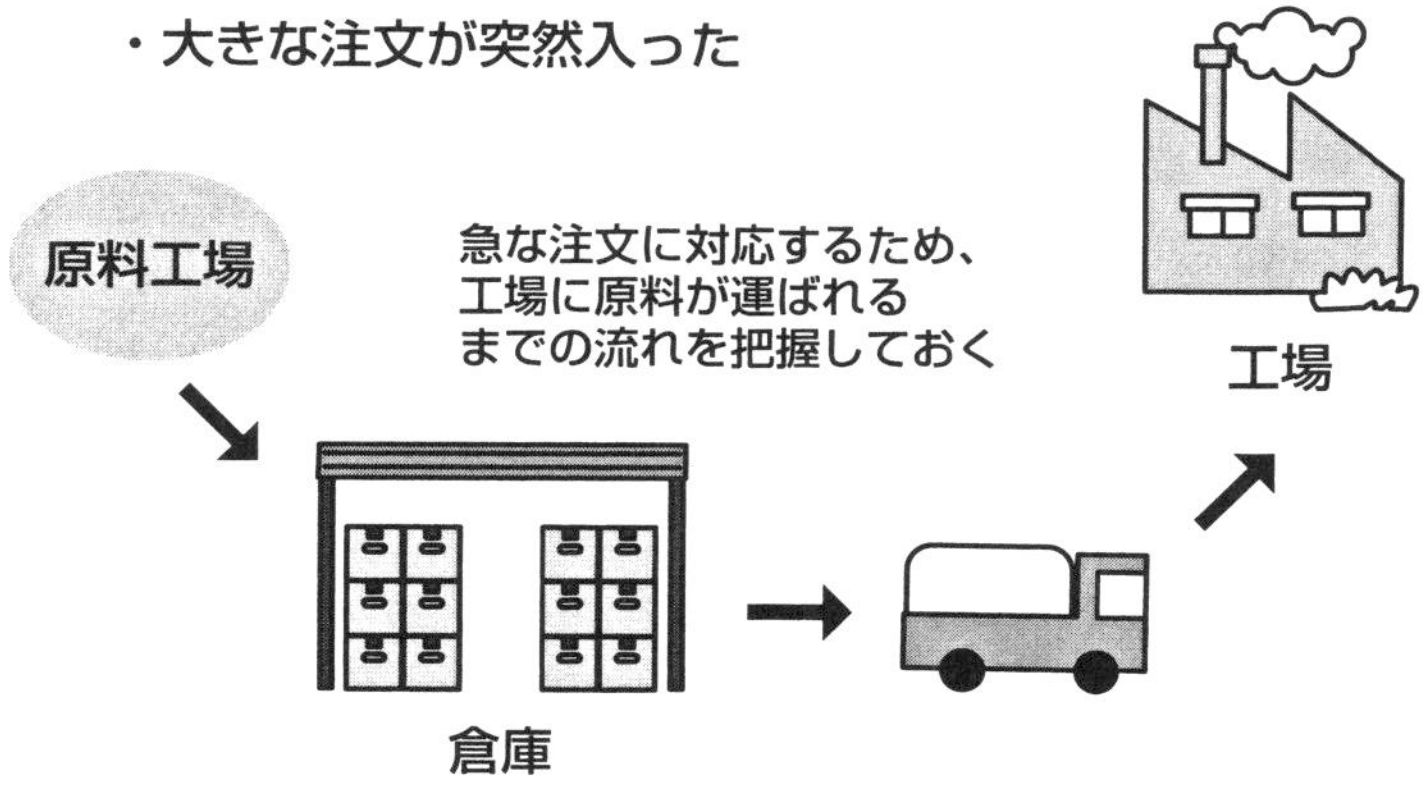
原料工場
急な注文に対応するため、
工場に原料が運ばれる
までの流れを把握しておく
工場
倉庫

70

最終商品の在庫管理について

■製造ロットごとに、どこに配送されたか押さえる

総菜や弁当を納品している工場は、製造した商品をすべて店に納品します。一方、普通の食品工場は、製造した商品を倉庫に入れて、倉庫から配送することになります。どちらの場合も、最終商品と使用した原材料が、すべてトレースできるようにしておくことが必要です。

■原材料からロットごとに押さえる必要がある

たとえば、原料で使用した小麦粉に金属の混入があると、小麦粉メーカーから連絡が来たとします。原材料を調べてみると、その日の朝に使用した小麦粉が該当していました。しかし、朝製造したロットが、どこの倉庫に運ばれたかを区分することができない。つまり、該当するロットを区分することができなければ、その日1日分すべてを回収する必要があります。前日からのロットを明確に区分することができなければ、前日分も回収する必要があります。配合ごとにロットが明確になっていれば、該当店舗や該当倉庫から引き上げることによって回収が終了し、新聞等に社告を出す必要はなくなります。

最終商品のロット区分を行うためには、商品ごとに包装ラインと包装時間を押さえておくと、ある程度ロットを区分することができます。そのロットナンバーを配送単位ごとに押さえて、商品を仕分けする場合に、どこの流通センターや店に、どのロットナンバーが配送されたかを押さえておけば管理が可能となります。生産管理では、最終包装ラインのロットナンバーとその使用した原材料のロットを押さえることができるかどうかが、もっとも重要な問題になります。

小麦粉で考えてみましょう。小麦粉に、日付以外にロットナンバーがついていることが必要です。もし、1日中使用している小麦粉が同じであれば、ロット区分は1日単位でいいことになります。

工場では、配合単位ごとに荷札のような物を作成し、使用した原材料の記入、配合ロットナンバー、包装工程の状況などを記入します。最終的にこの荷札を保管して、問題があった場合に調査できるようにしておくことで、簡単に管理できるようになります。

最終商品の在庫管理

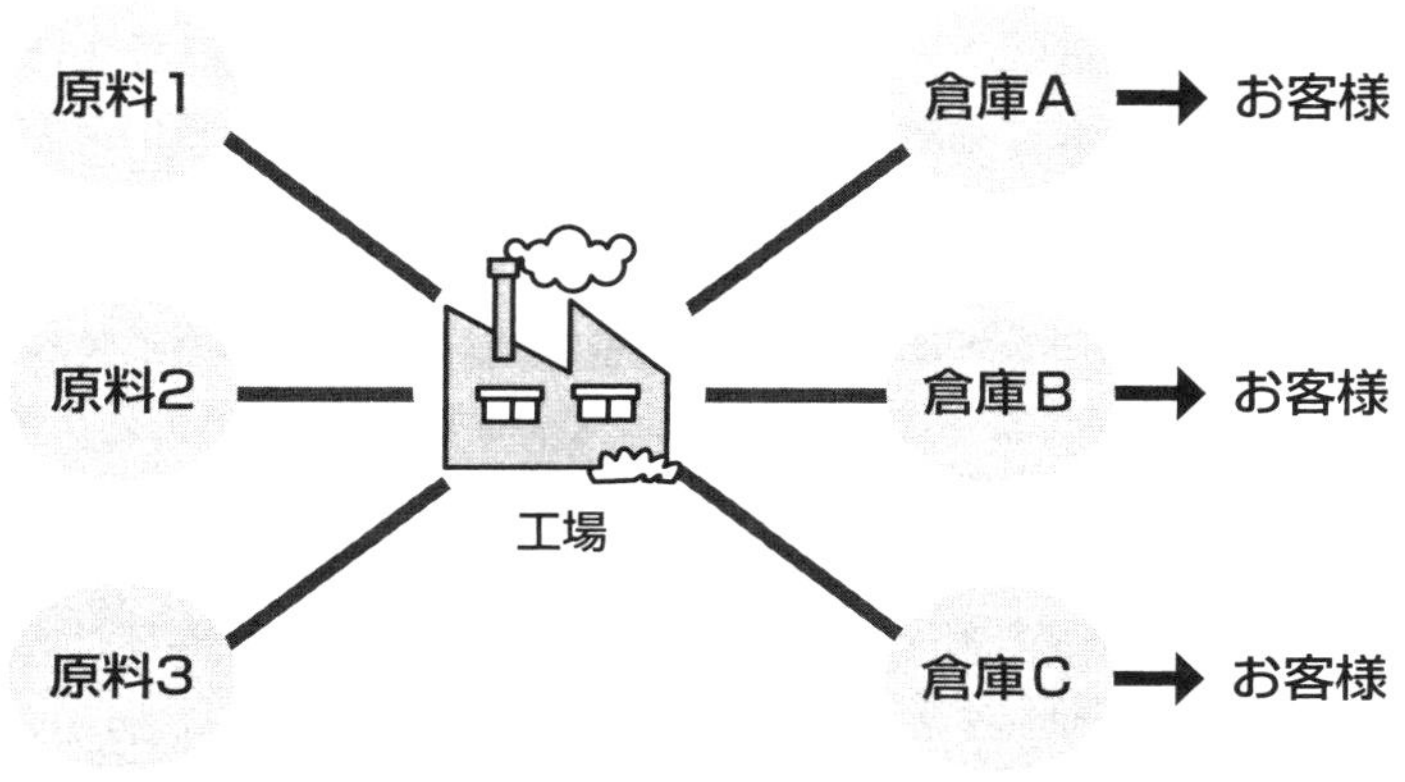

最終商品と使用した原材料が
すべてトレースできるようにしておく

◎ロット区分の管理方法

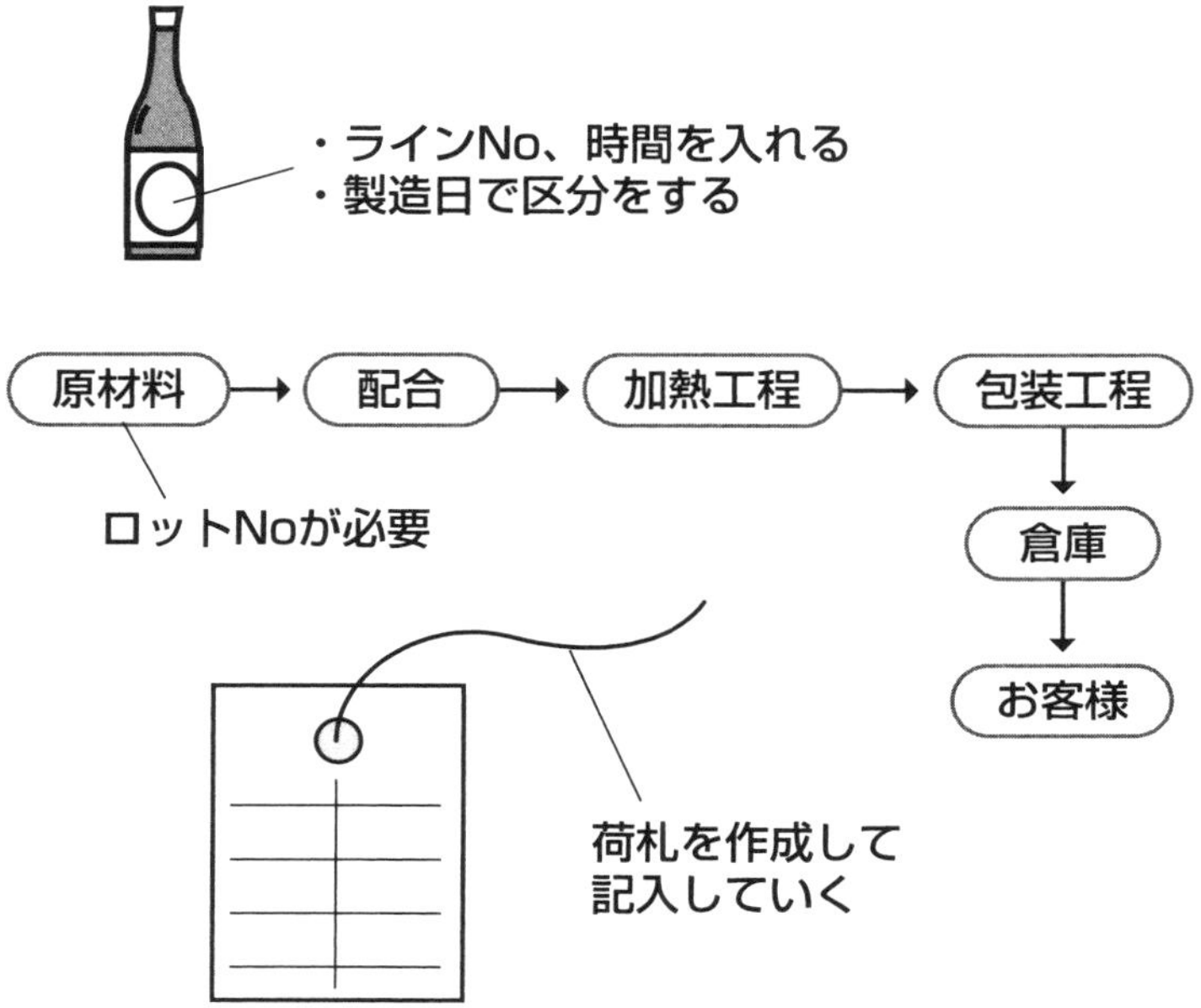

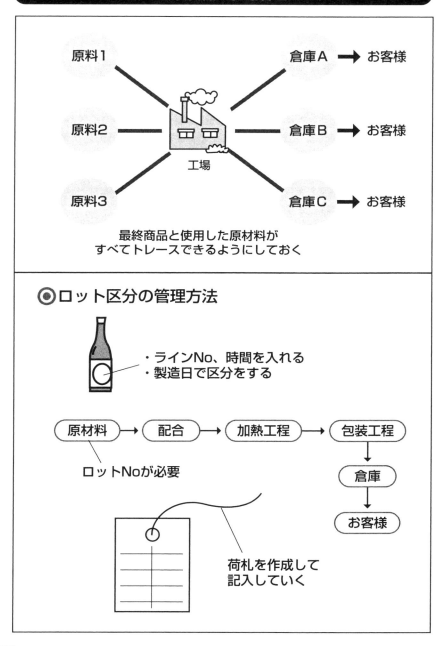

Column 7

静電気に注意していますか

食品工場の異物混入で、もっとも注意しているのは髪の毛の混入です。毛髪混入防止のために、粘着ローラー掛けなどを行っていると思いますが、実は、思わぬ落とし穴があります。それは静電気です。

セルフ式のガソリンスタンドに給油に行くと、給油の手順が書かれています。そこには、まず最初に静電気を取り除く箇所に触れるように書かれています。静電気が体に蓄積されていると、その静電気によって火花が発生し、ガソリンに引火して火事になることもあるからです。

食品工場でも、体に蓄積した静電気によって、作業着に髪の毛などが付着して現場に持ち込まれます。特に、空気が乾燥している包装室などは、静電気が発生しやすくなります。

静電気を防止するには、洗濯時に静電気を防止する洗剤を使用する、静電気を起こしにくい素材の作業着を採用することなども必要ですが、ガソリンスタンドのように、作業着に着替えてから静電気を取り除くことも、思った以上に効果的です。

作業着に着替えてから、足下から静電気を逃がすところを歩かせる、縄のれんの下をくぐらせて静電気を取り除くなど、さまざまな工夫をしている工場もあります。

作業着以外にも、包装室で使用している包装用のフィルムが静電気を発生して異物を呼び込む場合があります。包装機に発泡スチロールを細かく砕いたものを近づけると、静電気が発生して引きつけられます。

これを防ぐためには、包装機などにはしっかりアースを取って、静電気を逃がす必要があります。また保管しておくフィルムも、金属製の棚に置くことで静電気を蓄積させない工夫が必要です。

包装機の床面からフィルムが出てくる機械は、そのフィルムの下の床面をガムテープでゴミを集めると、多くの埃や髪の毛などが集まります。そうした異物をフィルムに付着させないためには、異物を落ちている場所から動かないように閉じ込める方法があります。

たとえば、床一面に粘着シールを張り詰めることで、異物はフィルムに移らなくなります。

異物に悩んでいる方は、一度静電気を調べてみるといいでしょう。

8章

流通センターの役割を考える

71

流通センター管理について

■流通センターにも、食品工場並の設備が求められる

工場の製品は、流通センターで仕分けされてから、お客様のもとに届けられます。最近は、この流通センターを自社で運営することなく、サードパーティ・ロジスティクス（3PL）と言って、専門の流通業者に委託することが多くなっています。その背景には、流通センターには、運ぶことだけでなく、受注業務、集金業務、伝票発行、在庫管理、店舗ごとの仕分け等、多くの役割が求められており、一企業が運営していては採算が取りにくくなってきていることがあります。

少し前の流通センターには、野菜の市場のように、単に雨をしのぐ屋根だけのセンターもありましたが、近年はドックシェルターを備えて、温度管理ができるセンターが主流になってきました。センターでの異物混入、温度管理も工場並の管理が必要になってきています。

また、流通センターを集中管理することによって、配送効率が上がるだけでなく、スーパー等の店の入荷業務の回数が減ることになります。今まで、メーカー別に配送されていた牛乳など、チルド品はすべて同じ配送車で運ばれるようになると、配送効率も上がり、スーパーの入荷業務の負担も減ることになります。

■お客様の近くでアソートすると対応が早くなる

またアソート（組み合わせ）業務も、流通センターの業務になってきています。食品工場で製造して運ぶよりも、大量消費地の近くで包装したほうが効率的な場合があります。たとえばラーメンの包装を考えてみます。麺は東北で製造して、タレは静岡で製造している場合、今まではタレを東北の麺工場まで運んで、注文を受けてからアソートして消費地に届けていました。この袋麺とタレはすでに包装されています。そのため、外装フィルムをかけるだけの作業になるため、流通センターに作業台と包装機1台の設備があれば簡単にできます。

消費地に近いところでアソートすることにより、注文を受けてから配送されるまでの時間を短くすることができます。お客様からの注文数の変動についても、充分な対応が可能になります。

流通センターの管理について

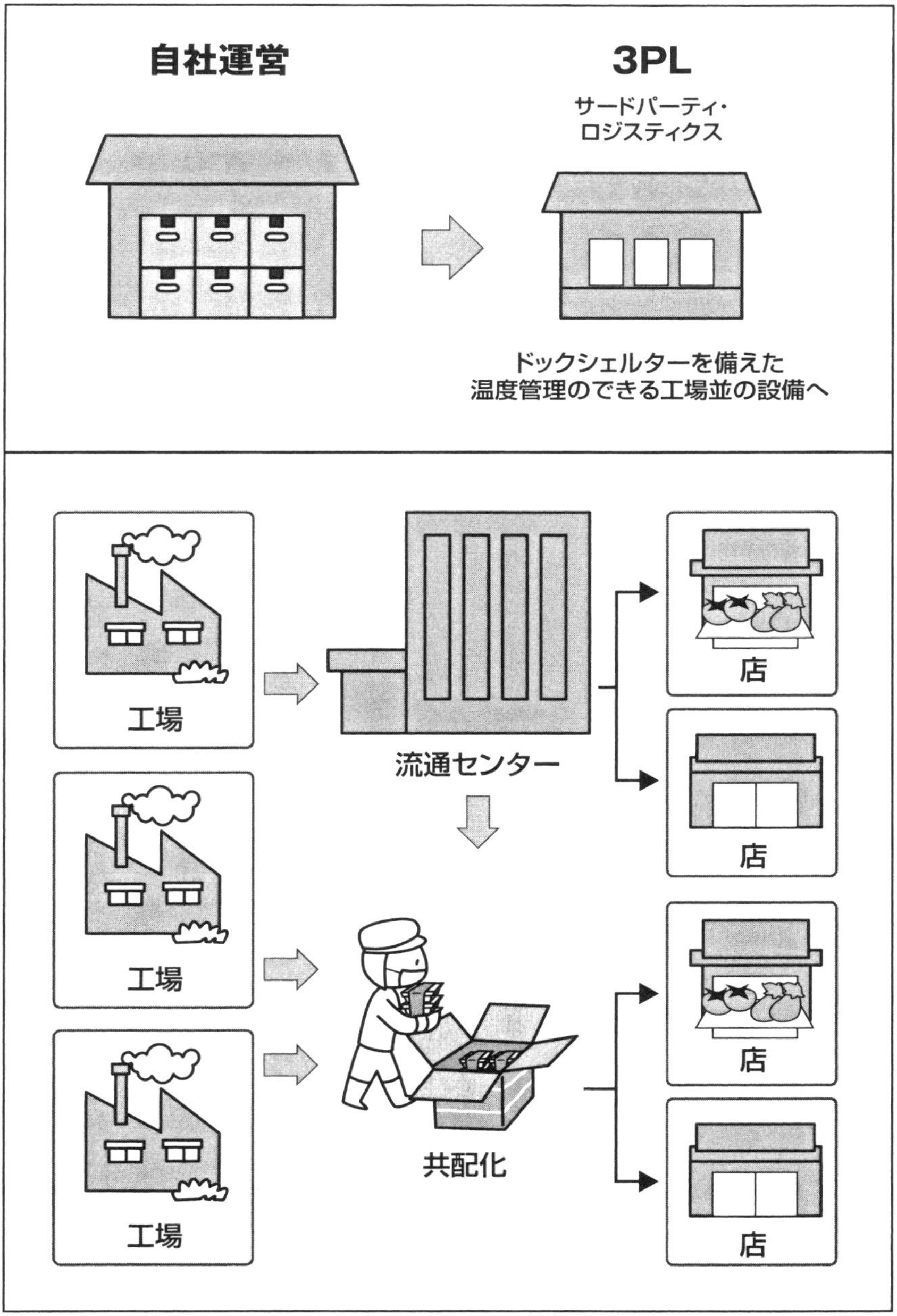

72

流通センターで付加価値をつけるために

■付加価値をつけることで流通センターの差別化が図れる

流通センターは、付加価値をつけることは難しいとされ、今まではコストセンターと考えられていました。しかし、3PLなど、第三者に流通センターを集約することによって、流通センターで付加価値を見出すための工夫がされるようになりました。ひとつ目の工夫は、最終包装工程としての利用。二つ目は、スーパー等の小売業の手間をなくす工夫になります。

最終包装工程としての利用は、ラーメンセットのように、タレと麺の製造工場が異なる場合、消費地により近い流通センターで包装することによって、納品時の日付が新鮮なまま配送することができます。納豆のように最終包装後に熟成が必要な物は、配送中に熟成することによって、配送工程を熟成という付加価値をつける工程に変えることができます。製造工場では熟成庫のスペースを空けることができ、お客様から見ても、包装日の新しい物が届くメリットが出ます。生鮮品でも、キュウリやトマトの袋詰めを行う、スイカをカットして届けるなど、簡単な設備を流通センターに設置することで付加価値をつけることができます。

■工夫しだいで付加価値をつけることができる

小売業の手間を省くことに付加価値を見出すことは、今までもサービスとして行われてきました。しかし、スーパーの販売に関するコスト管理が厳しくなり、この流通センターのサービスがなくては成り立たなくなってきているところもあります。具体的には、製造工場から配送されてくるときの外装段ボールをはずして、陳列ケースの棚ごとに仕分けを行い、配送先の店では仕分けされた容器を陳列棚の前に持って行って並べるだけで、その後の段ボールなどのゴミ処理の必要がなくなるように工夫する等です。

もう一歩先を考えると、たとえば卵を陳列している卵ケースは納品時にそっくり入れ替えますので、すべての卵を陳列して、POPまで配送センターで取りつけることによって、店では運び入れるだけの作業になります。

流通センターで付加価値をつけるために

① 最終包装工程としての利用

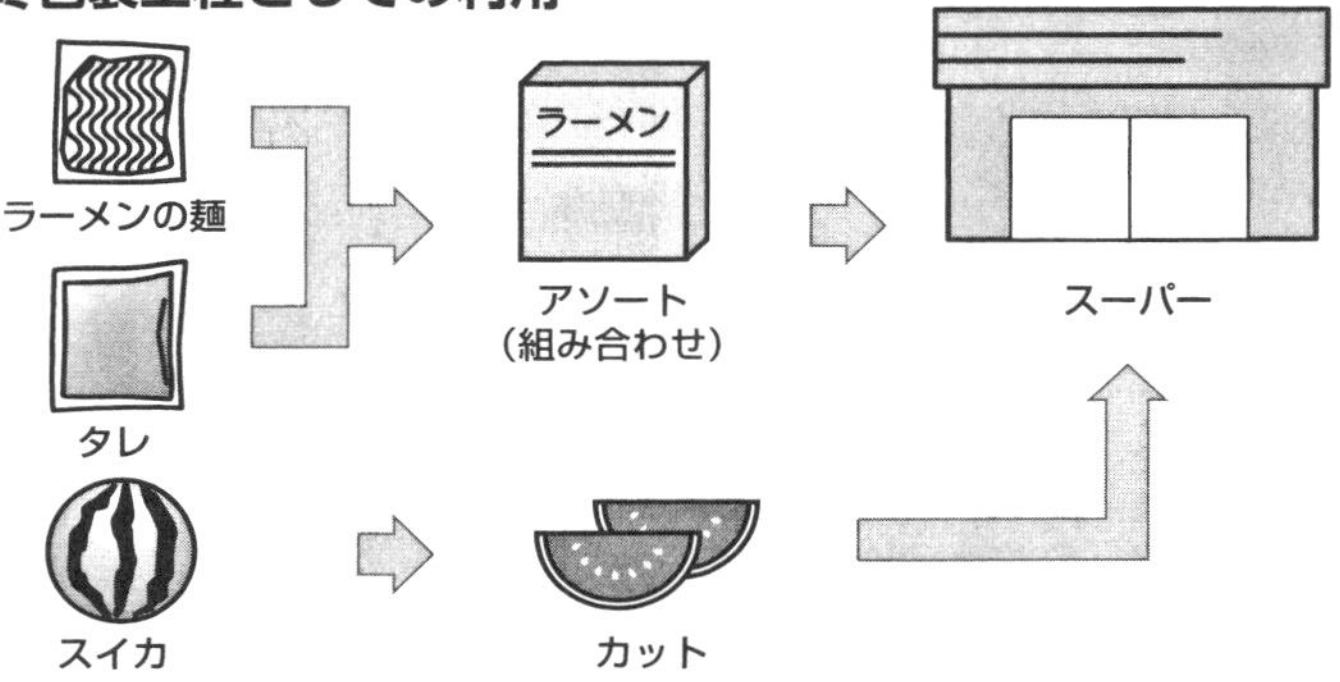

② 小売店での手間を取り除く工夫

スーパーに陳列できる
状態で届ける

◉付加価値をつける

段ボールを使用しない　店でゴミが出ないようにする

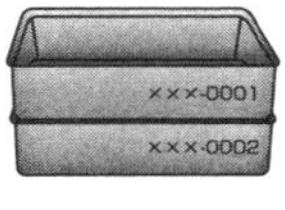

← 通いコンテナを使用する

店でそのままディスプレー
できるようにして配送する

POPをつけ、商品を載せて運ぶ

店では前の什器と交換するだけで、
品出しの手間がなくなる

73

配送車管理について

■配送車は、製品が最初に社外に触れる場

商品の配送車のドライバーとトラックは、工場から出荷された商品とともに、初めて工場外の人の目に止まります。配送車のドライバーが、工場の従業員でなく社外の人でも、外部の人は工場の人と思ってしまいます。

また、他のメーカー品と共同で運ぶ共配便の場合は別ですが、専用便の場合、配送車は製品のロゴの入ったラックを使用します。配送車は非常にいい宣伝になります。ほとんど毎日同じ時間に走るため、商品名や会社名を伝える効率的な宣伝媒体として使用できます。

ただし、運転の方法、トラックのキズ、騒音まで気をつけなければ、逆に会社のイメージを下げてしまいます。カンバンを背負った配送車が割り込み運転をすれば、工場にクレームの電話が入ることになります。

■工場の顔として恥ずかしくない配送車、ドライバーの基準が必要

配送車に求められるのは、チルド製品の場合は温度管理、効率的に運ぶこと、衛生的に運ぶことの3点になります。チルド製品であれば、保冷車ではなく、真夏でも温度管理がきちんとでき、冷やす能力のある冷凍車が必要です。そして、エンジンを止めても外部電源で冷凍機を動かすことができる設備、自動で温度記録が取れる設備が必要です。また、工場のドックシェルターと隙間なく設置できる必要があります。さらに衛生的に運ぶためには、床は簡単に洗えて水が切れる構造が必要で、壁や天井は洗浄できる材質であることが必要です。そして、故障で運べないことがないように、5年以内の車、20万km以下の走行距離であること等が求められます。

また、ドライバーも商品や工場の顔ですから、工場内と同じように個人衛生の管理が必要です。ひげを生やさない、髪の毛を整える、清潔な制服を着用する等、基本的な個人衛生が必要になります。配送車の運用については、大きなアンテナをつけた無線機、ステッカー、装飾品などは不適切です。そして、毎日、洗車する必要もあります。配送車が汚いと、中の製品の鮮度や品質まで管理されていないと考えられてしまいます。

配送車の管理

配送車に求められること
無線や電話で連絡がつく
冷凍能力
洗える構造
温度記録車
飾りがない
エンジンを止めても
外部電源で冷やせる
ステンレス
髪の毛
ドライバーの
個人衛生の管
理が必要
ひげは不可
清潔な服装
くつ

Column 8

作業着とロッカーの管理

●作業着は工場で管理が必要

食品工場で作業着に着替える理由は、物理的危害、化学的危害、生物的危害の防止です。また、自分の私服が汚れるのがいやだという従業員の方もいると思います。

作業着が会社支給かどうかで、会社の品質管理に対する考え方がよく理解できます。会社の方針で大切なことは、製品のことを本気で考えているか、従業員のことを本気で考えているかどうかということです。「作業着は初めの一枚は支給するが二枚目以降は従業員に実費で購入させています」としている工場もあります。作業着は支給するが、帽子、長靴などは自費で購入させている工場もあります。

工場で使用する物は、すべて工場が支給すべきだと私は考えます。

毎日の洗濯を考えると、十分な作業着の数を支給しているかどうかが大切なポイントになります。汚れのひどい作業場、高温で汗をかく作業場、冷凍庫などの低温作業の作業場では、一日の中でも何回も着替える必要がありますので、十分な作業着を支給する必要があります。

作業着の洗濯保管などの管理は工場で行うべきで、工場から作業着を家庭に持ち帰り洗濯を家庭で行わせるべきではありません。

●異物を持ち込めない構造

異物を作業室内に持ち込ませない構造になっていることが必要です。

ワイシャツに胸ポケットのようなものが付いている場合もあります。ポケットが付いていると、私物を持ち込みたくなりますので、ズボンを含めて、ポケットがない構造が必要です。私服用のロッカーの鍵は、番号にすることで、鍵は必要なくなります。

足のすね毛、脇毛などが落ちないように、袖口などは絞ってあることが必要です。

作業着のズボンは、ベルトを使用せずに着用できるものを使用します。作業着は毎日洗濯できる物を着用すべきで、洗濯する物の中に、ベルトも含まれます。

作業着の色は、作業室の衛生度で区分している工場もあります。

汚染区は、準衛生区、衛生区で作業着の色を区分する工夫も必要です。

9章

クレームは お客様からのプレゼント

74

クレーム処理のポイント

■クレームには一つひとつ親身に対応する

小さな社内クレームを防ぐことによって、クレームの氷山は小さくなります。

「小さいことに忠実な人は、大きいことにも忠実であり、小さいことに不忠実な人は、大きいことにも不忠実」と言われるように、どんな小さなクレームにも忠実に対応することが大切です。

■クレームはプレゼントと考えよう

クレームでもっとも怖いのは、声に出してくれないお客様です。声に出してくれるお客様は、クレームをつけた工場や会社に対して、直して欲しいと思っています。クレームは、お客様の声を直接聞くことのできるチャンスです。声をかけていただけるのは、不良品を手にしたお客様の3000人に1人程度です。この数字は、私が不良品を出荷してしまった際、後からこのくらいの数字で声として返って来た経験からのものです。不満を感じたお客様のほとんどは他社の商品を購入し、その商品を使用し続けることになっていくのです。

お客様からのクレームは、プレゼントと考えなければなりません。クレームをつけるほうも体力や気力が必要です。最近は、クレーマーと言われるように、クレームが仕事のような人もいますが、クレームをつけるためには、工場の製品を購入しなければなりません。初めから、工場にクレームをつけようと考えて商品を購入する人は、稀だと思います。

誰かにプレゼントをもらうと、最初に出る言葉は「ありがとう」です。お客様からクレームをいただけることは、本当にありがたいことだと思わなければなりません。不良品をつかんでもクレームを言わないお客様は、黙って他社の製品に変えてしまいます。そしてその他社の商品が不良品でないという理由だけで、あなたの工場の商品よりもよく見えてしまいます。

夜中にパソコンの音がうるさいとクレームをつけてくれた人のおかげで、従来の空冷式のパソコンから、水冷式のパソコンへの開発が進んだと聞きます。クレームは、商品開発の重要な宝箱でもあるのです。

クレームはお客様からのプレゼント

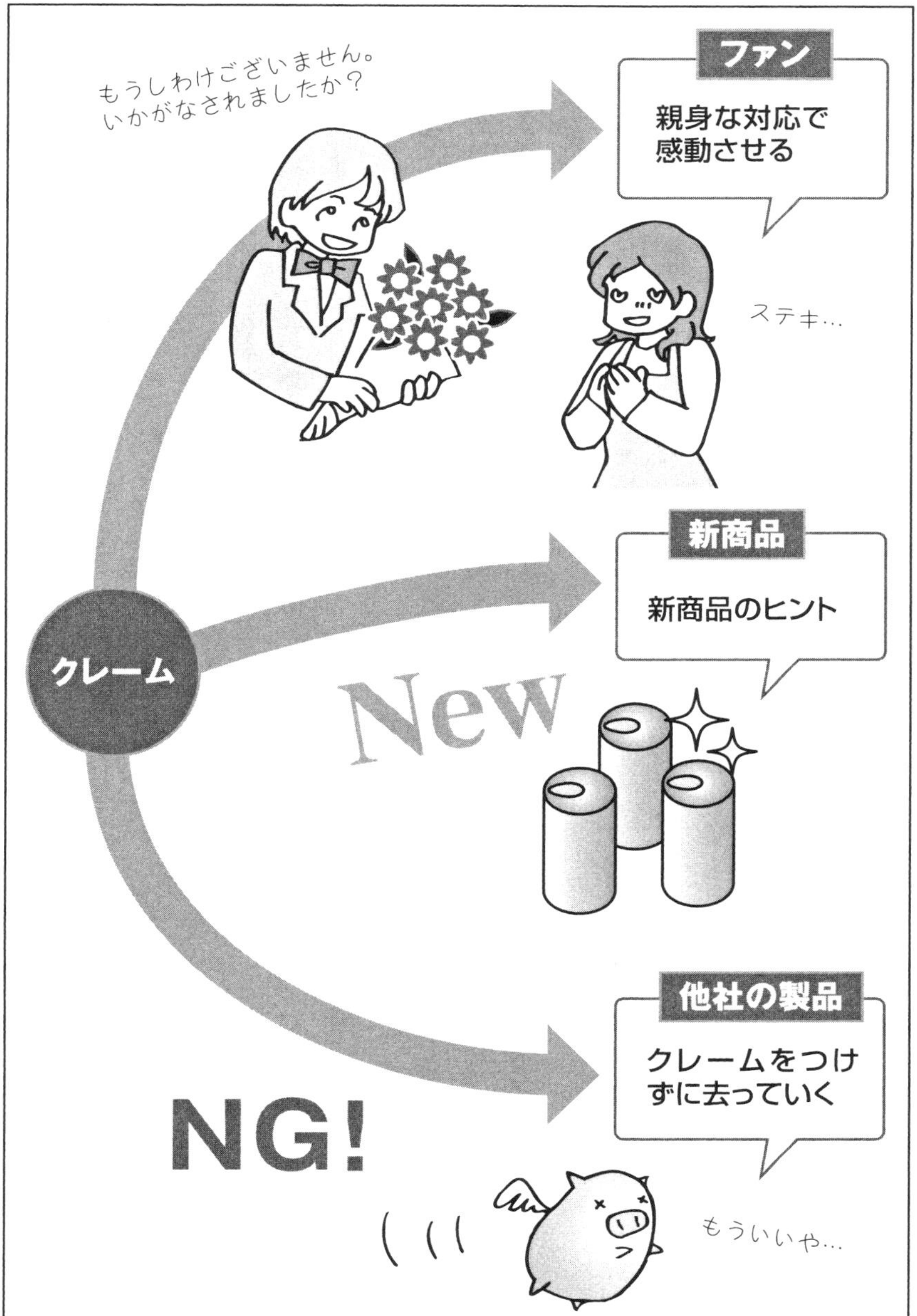

75 クレーム処理の流れ

■クレーム受付からの流れ

最近は、パソコンでデータベースを作成している工場も多くなってきました。ただし、お客様からの問い合わせに、すぐに答えられるような体制を取る必要があります。お客様からの問い合わせへの対応が悪いと、二次クレームになってしまいます。

1　クレームの受付

クレーム受付簿に、発生日、時間を記入します。クレームの受付電話は、できれば専用の電話で、記録を残すために録音できるようにしておきます。

2　クレーム受付表の記入

クレーム受付表に記入します。そして、関係者に連絡します。クレームはいろいろなことを検討する必要があるため、クレーム発生と同時に、関係者との情報の共有化が必要になります。

3　現物の回収

24時間以内の回収が基本です。回収する担当者が不在だったり、休日等で回収が先延ばしされる場合がありますが、クレーム処理は時間が勝負です。

4　原因分析

再発防止策を考えるための原因分析を行います。

5　再発防止策の検討

すぐにできることと、すぐにはできないことがあるため、きちんと分類して考えます。

6　お客様への報告

現場ですぐにできること、少し時間がかかる対策について充分に対策を練って、すぐにできることを実施してからお客様に報告します。ここまでが48時間以内です。

7　クレーム受付表の記入終了

この時点で、工場長に関係書類を確認してもらい、ファイリングします。

8　毎週の報告

毎週月曜日に、前週のクレーム実績や問題点を報告します。定期的に関係者が集まる時間を決めて、前週の問題点を討議します。大切なことは、樽から水が漏れている所をきちんと修理してあるかどうかです。

クレーム処理の流れ

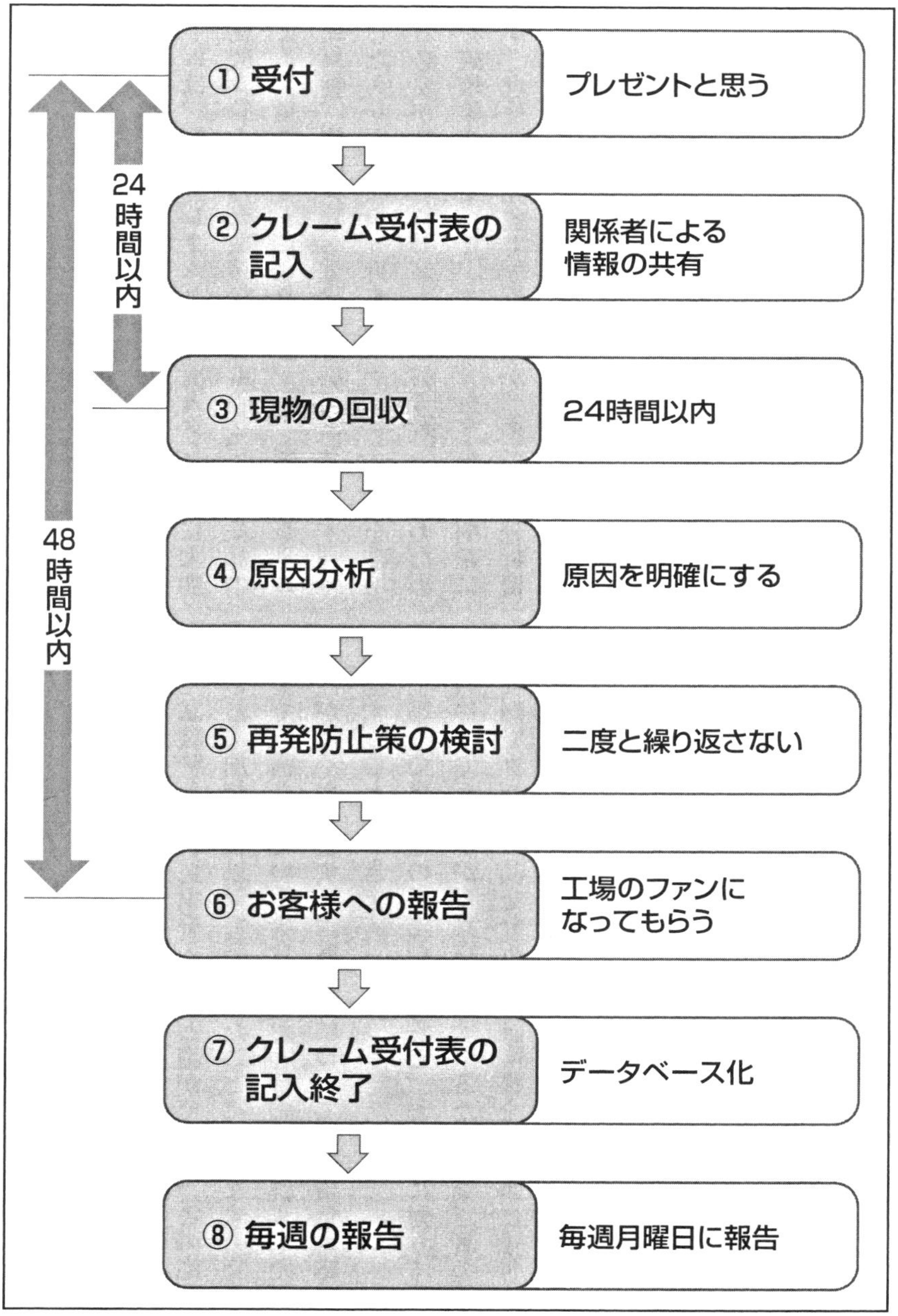
① 受付
プレゼントと思う
② クレーム受付表の記入
関係者による情報の共有
③ 現物の回収
24時間以内
④ 原因分析
原因を明確にする
⑤ 再発防止策の検討
二度と繰り返さない
⑥ お客様への報告
工場のファンになってもらう
⑦ クレーム受付表の記入終了
データベース化
⑧ 毎週の報告
毎週月曜日に報告
24時間以内
48時間以内

76 クレーム品の分析について

■クレーム品は必ず分析して発生理由を把握する

クレーム品は、必ず分析する必要があります。食品へのクレームは、腐敗クレームと異物混入クレームに大別され、腐敗クレームは腐敗菌によるものと、化学薬品の混入による異臭クレームになります。異物混入クレームは、金属異物、樹脂異物、生物異物に分けられます。

回収したクレーム品を分析するためには、現品を破壊検査する必要があるため、お客様に対して、分析のために現物を破壊検査する旨と、どこで分析するかを明確に伝えます。自社の研究室で分析するか、第三者の分析機関で分析して報告するかを伝えて了承を取ります。この手続きを怠ると、異物の現品を返却してほしいと言われたとき、トラブルの原因になります。

■何が問題だったか、確定できるように分析する

工場内での分析は、顕微鏡で写真を撮ります。腐敗菌は菌の同定検査を行い、工場内の菌種、原料の菌種と比較することによって、どこの工程で腐敗したかを突き止めることができます。工場で簡単にできる検査にカタラーゼ検査があります。昆虫や人毛等は、加熱工程以降に混入すると生体反応がありますから、過酸化水素水を入れた試験管などに昆虫を入れると泡が出ます。この泡が出ると、加熱工程以降で混入したことになります。完全包装で殺菌されている場合は、お客様の所で混入した可能性が高くなります。金属異物については、炎色反応で確認することができます。

工場内で異物等の同定ができると、お客様に対して早く回答ができますが、異物を破壊するため、第三者の検査機関でクレーム品を分析して証明書を報告書に添付する場合が増えてきました。分析機械は非常に高価で、毎日のメンテナンスもしっかり行わないと分析精度が維持できないため、第三者の分析機関に異物等の分析を依頼する傾向はますます増えてくるでしょう。通常の分析機関では、臭いについてはガスクロマトグラフィーを使用し、化学薬品混入の異臭の場合も原因物質の推定が可能です。金属異物、樹脂異物も蛍光エックス線分析、赤外分光分析機を使用して異物の材質が確定できます。

クレーム品の分析

食品のクレーム

- **腐敗クレーム**
  - 腐敗菌による異臭
  - 化学薬品混入による異臭
- **異物混入クレーム**
  - 金属異物
  - 樹脂異物
  - 生物異物
    - 虫
    - 毛髪

◉工場でできる分析

▶顕微鏡での確認
▶菌の同定検査

カタラーゼ検査

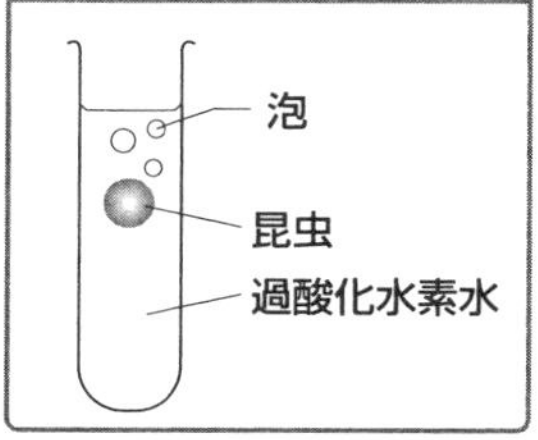

炎色反応

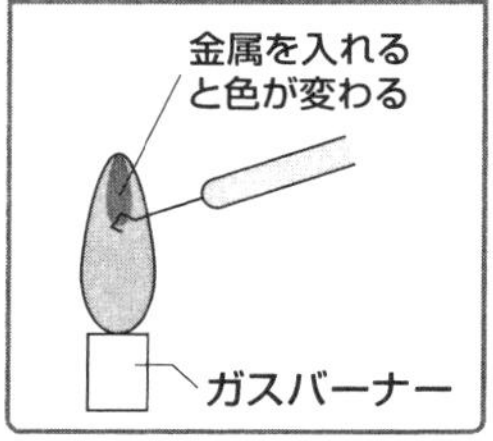

◉専門業者でできる分析

▶臭気のガスクロマトグラフィー分析
▶金属異物、樹脂異物の蛍光エックス線分析
▶赤外分光分析

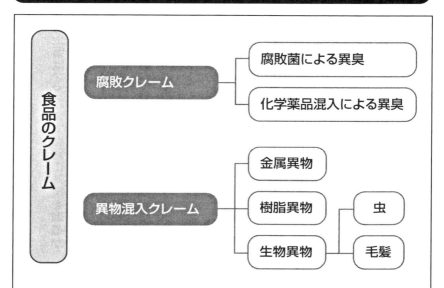

77 クレームを繰り返さないために

■再発防止策は、どこまで真剣に対策を取るか

クレームが発生すると、とかく担当者のせいにしてしまいがちです。そして担当者は、チェックする時間はないとか、機械が古いから仕方がない、その日は担当が休みだったため別の人が作業した等と言い訳をしてしまいます。しかしお客様への報告は、同じようなミスを防ぐ対策を取った上で、クレームを受け付けてから48時間以内が基本です。クレームの対応策を考えて、実際に現場に落とすところまでが48時間以内です。

「レトルト殺菌の商品が膨れていた」というクレームで対応策を考えてみましょう。レトルト商品が膨らむのは、殺菌不足、殺菌していない場合等が考えられます。殺菌したと考えて、そのまま出荷してしまったという場合が、これに当たります。

■48時間以内、1週間以内、1ヵ月以内にできることを考える

再発防止策を考える際、すぐにできること、中期でできること、長期でできることに分けて考えます。それ以上時間がかかることは、工場を新設するときのアイデアとして取っておいたほうがいいでしょう。

まず、すぐにできることを考えてみます。チェック表を、殺菌担当者と包装担当者の相互チェックにするようにします。今まで1人で行っていたチェックを、工程の前後に担当者でチェックし合うのが一番早い対応です。1人より2人の確認のほうがいいのですが、あまり人数が増えると責任が分散してしまいます。次に、1週間以内でできることを考えます。殺菌することによって、色が変化するか、物性の変化する荷札を台車につけます。その荷札が変化していれば、殺菌がすんでいることになります。長期で考える場合は、殺菌がすめば色が変化する包材を使用します。そうすることによって、1パック1パックが殺菌されていることが確認できるようになります。

新工場を考えるときは、殺菌前の台車を置く場所と殺菌後の台車を置く場所が同じにならないように、工場内の製品の流れを充分に考えて設計します。

クレームを繰り返さないために

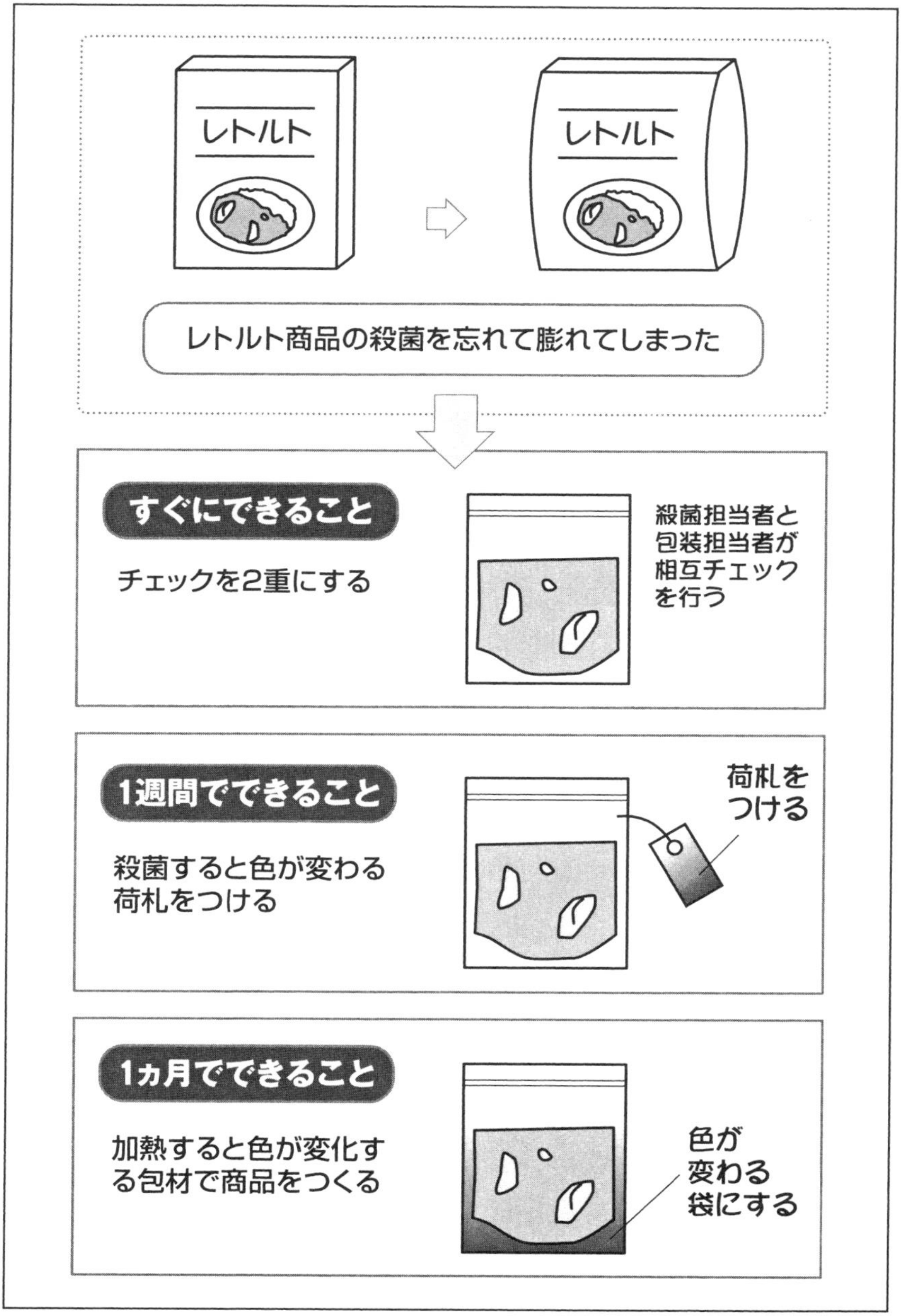

レトルト
レトルト
レトルト商品の殺菌を忘れて膨れてしまった
すぐにできること
チェックを2重にする
殺菌担当者と
包装担当者が
相互チェック
を行う
1週間でできること
殺菌すると色が変わる
荷札をつける
荷札を
つける
1ヵ月でできること
加熱すると色が変化する包材で商品をつくる
色が
変わる
袋にする

78

タンパーエビデンスについて

■工場外で手を加えたときは証拠が残るようにする

食品工場から出荷された商品は、お客様の口に入るまで、安全な状態で届けることが求められています。農畜産原料を使った食品の安全を表わす言葉は、ファームツーテーブル（from farm to table）と表現されます。すなわち、農場からお客様の食卓までの安全を考える、ということになります。

1984年に発生したグリコ森永事件では、「かい人20面相」から「グリコのせい品にせいさんソーダいれた」という文書が送られてきて、市場からグリコ製品、森永製品が消えたことがあります。

その後も、自動販売機の中に毒の入った飲み物が置かれる事件等が発生しました。

また、スーパー店頭のパン、牛乳、パックされた肉、魚等から縫い針が見つかる事件も、テレビや新聞等でよく報道されています。

こうした、食品の流通過程での悪意を持った犯罪行為に対して、食品に手を加えた場合、製品に手を加えられたことが明確にわかるようにしておくことを、タンパーエビデンス（tamper evidence ＝改変された証拠）と呼びます。

■どのようにしたら安全に商品が届くか、常に研究が必要

グリコ森永事件当時のお菓子の包装は、中身に手を加えたことがわからない包装でした。最近では、紙箱の上にフィルムで包装してあり、手を加えた場合は証拠が残るようになっています。

身近な例では、鮭フレークの瓶詰め商品のシールのあとに「開封済」の銀色の文字が瓶に残ります。この商品を見るとわかりますが、今までの瓶詰め商品のタンパーエビデンスは、フタの中心部がくぼんでいることと、開けるときに「ポコッ」と音がすることでした。そのため、お客様自身が充分に注意することが必要でした。

現在では、開封済みのシールを貼ることで、誰でも開封されていることがわかるようになっています。

タンパーエビデンスの具体例

フィルムで上から包む

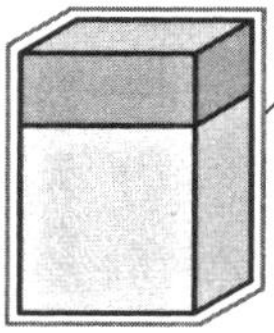
薄いフィルムで箱の
上をさらに包装する

ストリップ包装

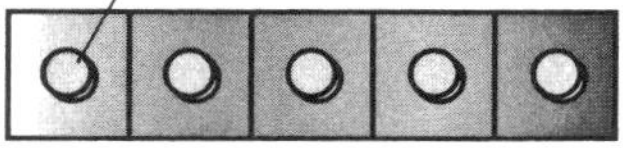
薬のように一つひとつ
個別包装する

シュリンク包装

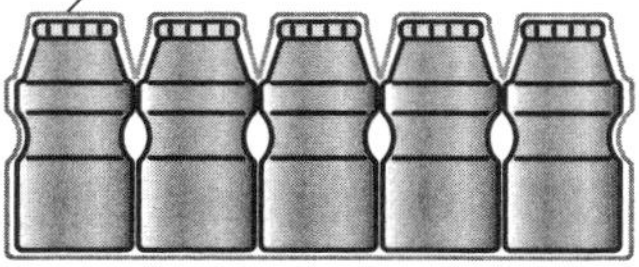
熱を加えると縮むフィルム
で、商品全体を包み込む

瓶の封緘

特殊な紙等で、瓶と
キャップを封緘する

ブレーカブルキャップ

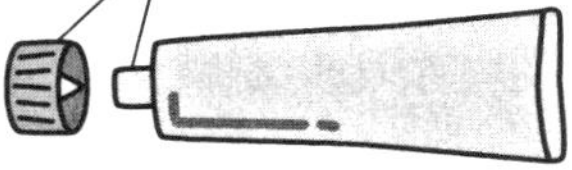
フタで穴を開けて、取り出
し口を壊す

封緘チューブ

ミシン目で金属のフタ
を壊さないと中身が
取り出せない

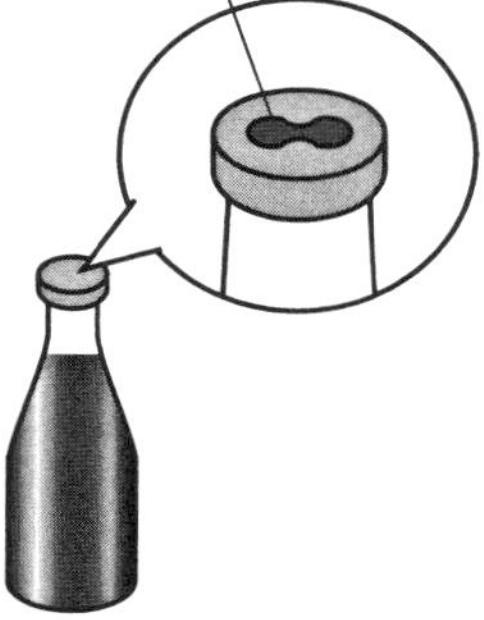
ペットボトルの醤油
の取り出し口

エアゾール容器

容器内の圧力が高いた
め、異物を入れること
ができない

79 工場点検時に準備するもの

■必要な書類はいつでも確認できる状態にしておく

クレームが発生したときや大きな取引が始まるときは通常、納品先の品質管理による工場チェックが入ります。正式な点検でなくても、納品先の人が工場を視察に来ることも多いと思います。そのとき、最低限必要な書類は次のようなものになります。クレーム等は、いつ発生するかわかりません。いつでも見ることができるように、常に整備しておくことが必要です。

1　社内組織図

役員会からお客様までを簡単に配置した組織図です。特に、品質管理の位置づけがわかるものが必要になります。品質管理が営業部門や製造部門から独立して、経営に対して提言できるかがチェックされます。

2　製品のフローチャート

各工程でのチェックポイント、工程管理基準、不良選別基準が明確になっている資料が必要です。

3　工場内の建物配置図

工場の周りの駐車場を含めて、どこにどのように配置されているかがわかる図面です。特に虫の発生が多い場所については、たとえば近くの牧場などの配置がわかる図面があれば、より説明が明確になります。

4　工場工程見取図

機械配置が明確にわかる図面です。工程は季節ごとに配置を変えるため、常に最新の図面を準備しておく必要があります。

5　工場工程見取図に人の動きを↓印で記したもの

更衣室から工場内に入って、その後の作業室の関係がわかる図面です。新商品、季節の作業の変更時点では、常に図面で人の動きを確認する必要があります。

6　工場工程見取図に空気の動きを↓印で記したもの

吸気から排気まで、どのように空気が流れているか、また陽圧・陰圧の関係がわかる図面です。フィルターでクラスがある場合はクラスを記入します。

7　工場工程見取図に物の動きを↓印で記したもの

原料から最終商品まで交差することなく、また停滞することなく物が動いている図です。原料は赤、中間品は青、最終商品は黄色など、色を変えて記入するとわかりやすくなります。

8 服装規定

事務所を含めた工場内で働く人、納品する人、工事する人など、建物内に入る全員の服装規定が必要です。

9 原材料管理規定

受け入れ検査基準、受け入れ基準、検査結果が必要になります。

10 洗浄マニュアル

洗浄マニュアル通りに洗浄した場合に問題がないことの証明が必要になります。

11 日報等の帳票類

生のデータが毎日管理されて、異常値があった場合の対処法が記入してあることが必要です。

12 防虫防鼠の管理状況

侵入の状況、捕獲状況、対策状況がわかる資料。工場の図面に、捕獲状況が時系列で把握できるように作成しておくと、日常管理でも使用できます。

13 作業標準マニュアル、製造マニュアル

訪問者が興味を持った商品の簡単なマニュアルが見せられることが必要です。

14 製品検査の状況

最終商品の検査結果、出荷前検査、賞味期限の保証の検査、工程拭き取り検査、落下菌検査、原材料の抜き取り検査、環境検査等です。

15 従業員教育の計画と実施状況

教育の年間計画と実績。誰に何の教育を行って、出席者が誰か、効果はどうだったかがわかる資料です。

16 製品事故発生時の対応マニュアル

リコールに関してのマニュアルです。誰が決断して、どこに届けて、最終の回収が終わったことをどう判断するかが大切です。

17 過去1年間のクレームデータ（統計的処理をしたもの）

訪ねて来た得意先ごとに見せられるようにできていれば、不必要な所まで見せる必要がなくなります。改善書類等も同じファイルに綴じてあることが大切です。

80

工場チェック表について

新規商品の取引開始時、クレーム時には得意先の品質管理の担当者が工場チェックに来ます。そのとき、次のような項目でチェックが行われるため、日頃から意識しておく必要があります。

◆1　品質管理関係

番号	項　目	Yes	No
1	品質管理部門があるか		
2	品質管理部門が、製造部門、営業部門から独立しているか		
3	検査室が設置されているか		
4	毎日、製品検査、原料検査、工程検査が実施されているか		
5	品質管理の検査結果は統計的手法でまとめられているか		
6	品質管理の結果について、関係部門と検討を行っているか		
7	品質管理基準が定められているか		
8	異物混入対策が工程ごとにまとめられているか		

◆2　工場敷地

番号	項　目	Yes	No
1	工場敷地内の道路、駐車場は舗装されているか		
2	工場敷地内は整理整頓され、昆虫、ネズミ等の発生源になっていないか		
3	廃水処理施設が設置されているか		
4	廃棄物処理施設が設置されているか		
5	工場周辺からの衛生上の影響が防げるか		
6	工場敷地内へのネズミ等の動物の侵入が防げるか		

◆3　工場入口

番号	項　目	Yes	No
1	工場入口からの昆虫、ネズミ等の侵入が防げるか		
2	工場入口に手洗い場があるか		
3	工場入口に長靴洗い場があるか		

◆4　工場施設

番号	項　目	Yes	No
1	作業場は充分な面積を有しているか		
2	作業場は整理整頓されているか		
3	機械器具の周辺に、点検整備、清掃作業に充分な間隔があるか		
4	作業場と原料保管庫は完全に区分されているか		
5	製造の流れは交差していないか		
6	作業場は外気と遮断されているか		
7	空調設備が完備しているか		
8	出入口、窓は閉じられているか		
9	蒸気熱気が作業室にこもっていないか		
10	換気口には昆虫等の侵入を防ぐ網などがついているか		
11	作業室内は平坦な天井がついているか		
12	床、壁、天井は清掃ができているか		
13	床は排水が溜まらないように勾配がついているか		
14	床に水溜まりはできていないか		
15	作業室内に蜘蛛の巣などがないか		
16	排水口から、ネズミ、昆虫の侵入を防ぐようになっているか		
17	室内の明るさは充分か		
18	照明器具は破損防止装置がついているか		
19	各部屋には手洗い装置がついているか		
20	給水給湯設備が充分にあるか		

◆5　機械器具

番号	項　目	Yes	No
1	木製の器具等、異物の入りやすい物は使用しない		
2	機械器具は塗装の剥がれ、錆は見られない		
3	機械器具は床からの汚染防止策がとられている		
4	機械器具に異物、汚れ、埃等は見られない		

◆6　作業者

番号	項　目	Yes	No
1	作業着は清潔である		
2	作業者は頭にネットと帽子を着用しているか		
3	作業者は救急ばんそうこう、時計、指輪、イヤリング等を装着していない		
4	作業者はポケットに不要物を入れていない		
5	作業者の頭髪、手、指、爪は清潔である		
6	作業者は手にマニキュア、ハンドクリーム等はつけていない		
7	手、指に傷のある作業者は、直接製品に手を触れる作業をしない		
8	毎日、健康状態、服装、手指のチェックをして記録している		
9	定期的な健康診断を行っている		
10	作業室内で喫煙、飲食はされていない		
11	専用の更衣室が設けられている		

◆7　製造包装工程

番号	項　目	Yes	No
1	各工程ごとに責任者を配置しているか		
2	標準化されたマニュアルが作成されているか		
3	温度計などの計測器は定期的に校正されているか		
4	製造日付は明確に表示されているか		
5	金属探知器を導入しているか		
6	二次汚染の可能性がないか		

◆8　清掃の状況

番号	項　目	Yes	No
1	作業室の清掃は毎日実施し、記録があるか		
2	機械設備の清掃は毎日実施し、記録があるか		
3	洗剤、薬剤は隔離し保管しているか		
4	ペストコントロールは定期的に実施し、記録があるか		

◆9　便所

番号	項　目	Yes	No
1	便所は作業場と完全に隔離されているか		
2	便所は水洗であるか		
3	手洗いを完全に行う構造になっているか		
4	専用の履き物に履き替えるか		
5	ペストコントロール設備があるか		

◆10　保管設備

番号	項　目	Yes	No
1	原材料、添加物、包材等を明確に区分して保管しているか		
2	保管中に高温、多湿とならないように配慮されているか		
3	ペストコントロールがされているか		
4	冷蔵庫、冷凍庫は定期的に温度チェックをしているか		
5	事故品、返品等と正常品の区分は厳格にされているか		
6	先入れ先出しが実行されているか		

Column 9

ステンレスの種類と使用方法

ステンレス鋼とは、1912年に発明され、「さびて汚れない（Stainless）鋼」ところから、ステンレスと呼ばれています。

鉄に13%以上のクロムを含んだ鋼のことで、大きく分けて磁性のあるクロム系と磁性のないクロム・ニッケル系とがあります。

食品工場で一般的に使用する、SUS304は、クロム（Cr）18%、ニッケル（Ni）8%、残りが鉄（Fe）で構成されたステンレスです。クロムと、ニッケルの配合量から「18-8ステンレス」ともいいます。ステンレスの種類は非常に多く、使用場所により、適した物を使用する必要があります。SUS304の SUS とは、Steel Use Stainless の略になります。

塩素を使用する場所では、磁性のないオーステナイト系のステンレスを使用する必要があります。磁性のあるフェライト系の SUS430等を使用すると、傷のついた表面から錆が発生し、異物混入の要因になります。

塩素を大量に使用する、野菜洗浄工程等、ゆで卵のように硫化水素を発生する工程、酸度の強い酢を使用する生産設備では、オーステナイト系でも、さらに耐性のあるステンレスを使用する必要があります。

生産設備だけでなく、クーラーのフィンについても、耐性のあるステンレス仕様にすることで、異物混入の要因を減らすことができます。

	マルテンサイト系	フェライト系	オーステナイト系
代表的組織	13%クロム	18%クロム	18%クロム 8%ニッケル
J. I. S	SUS410	SUS430	SUS304
耐蝕性	可	良	優
磁性	有	有	無

段ボール箱詰め工程等、水を使用しない工程では、安価なフェライト系のステンレスで充分ですが、作業台の裏に使用している躯体が鉄のもの、作業台の裏に木製品などを使用している作業台は、食品工場では使用しないことが賢明です。

10章 工場を管理するために知っておきたいこと

81

組織を脅かす危害とは

■時代の変化、情報に敏感であること

新入社員が積み重なった残業に耐えきれず自殺した。配送者が荷物をぞんざいに取り扱った状況を、ビデオに撮られてネットにアップされてしまった。従業員が厨房内のシンクを風呂代わりに利用した状況をネットにアップしてしまった。フォアグラを使用した弁当を発売したところ、「動物虐待している食材を使用していいのか」とクレームが入り、弁当の発売を中止したなどといった、金属異物混入だけでなく、さまざまな工場運営の妨げになる危害があります。

忙しい時には寝ないで働いていた時代を経験してきた人たちには、残業の時間が制限されていることなどは理解できないものです。

しかし、時代は変化してきているのです。「課長などの管理者であれば残業が発生しない」ということも通じなくなってきています。残業は、人事権のある方だけが発生しないのです。

タイムカードは、いつ打刻すべきか考えたことがありますか。駐車場で車を降り、正門を通過して、更衣室で着替え、髪の毛防止の粘着ローラーをかけ、手を洗う、どの工程でタイムカードを打刻すべきか、どの段階で勤務時間になっていると思いますか。本来の答えは、着替える前にタイムカードを打刻すべきなのです。帰宅時も、着替え終わってから打刻すべきなのです。労働環境は、残業時間も含め大きく環境が変化してきていることを学ぶ時代になってきているのです。

■責任者は24時間考え続けること

中国の鶏肉加工品のずさんな取り扱いがネットで映像が公開されると、中国の食品に対し、消費者の不安が大きくなりました。中国食材は、異物混入の管理だけではなく、農薬が混入した毒餃子問題、農薬の問題、偽装食材の問題なども発生し、チャイナフリーの方針を出している企業も出てきています。

特に、個人がインターネットを使用し、情報発信できる時代では、組織の責任者は、24時間、時代の変化に触れ危機を考える必要があるのです。

組織を脅かす危害とは

◎タイムカードはどこで押すのが正しいか

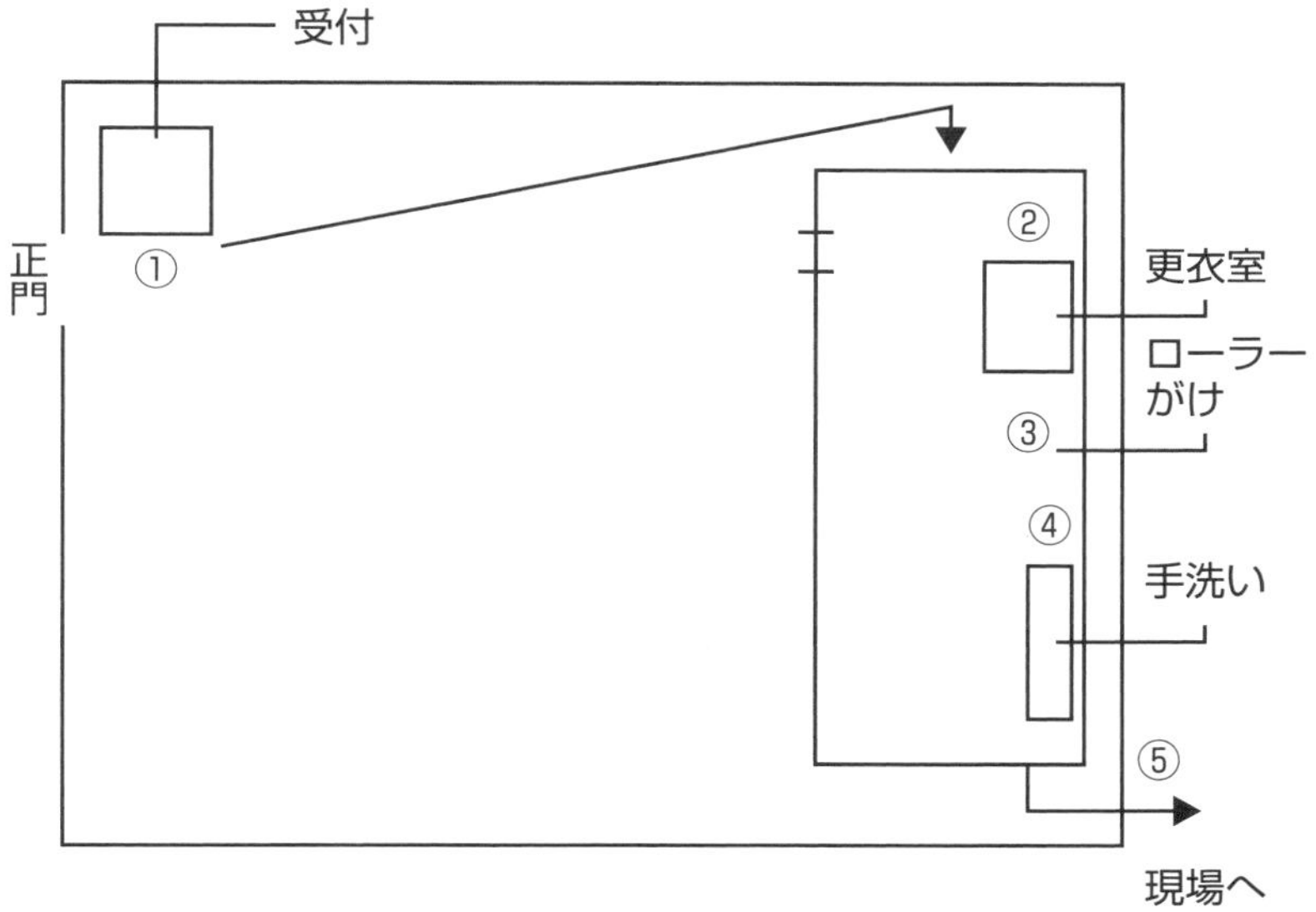

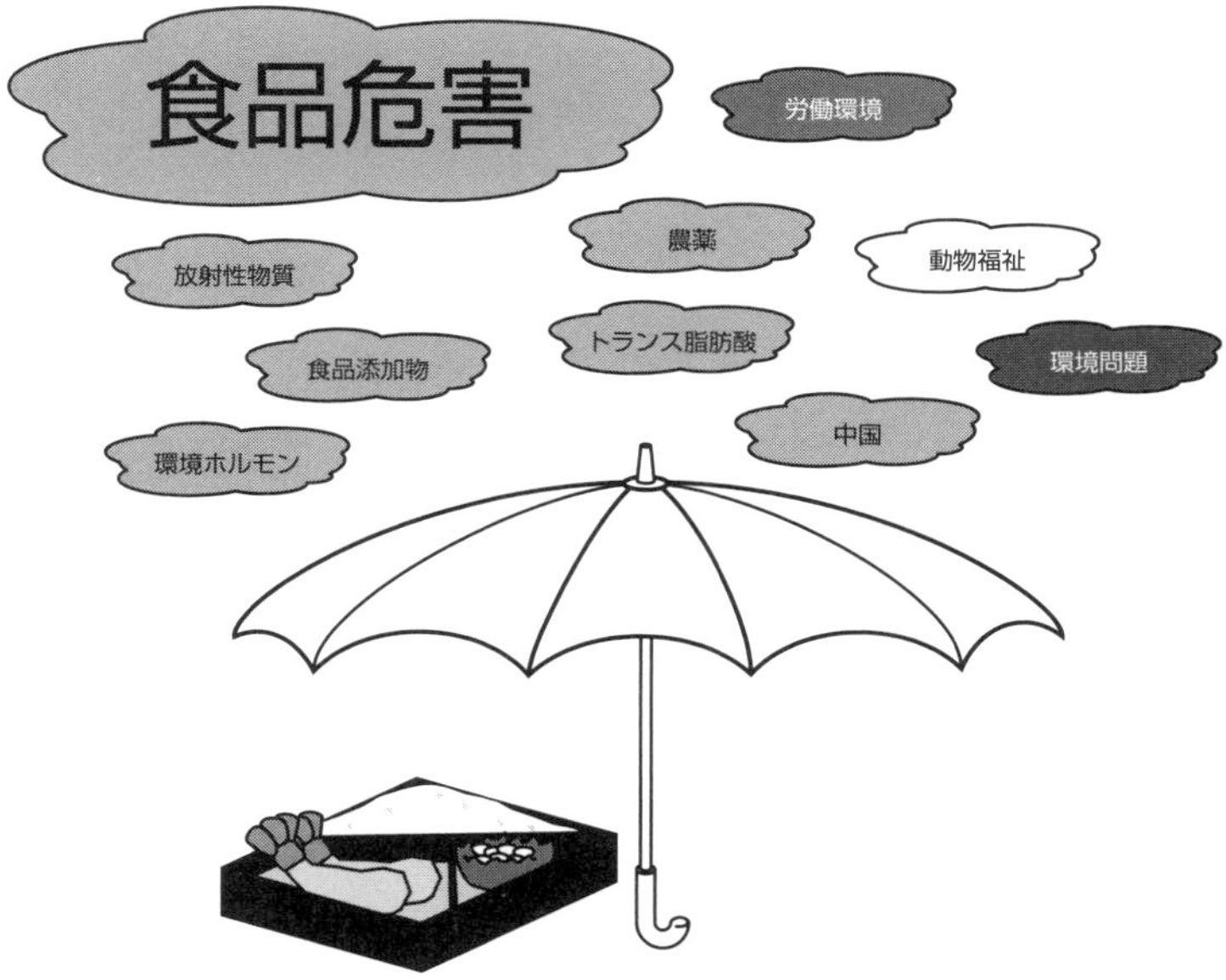

82 ワイングラスの考え方——問題点は透明性が重要

■従業員、経営層に透明性を持って伝える

ワイングラスにワインを注ぐと、持ち手の部分が詰まって、グラスの底にワインが伝わることはありません。ワインを、工場で起きているクレームなどの問題点、世の中で発生している「他山の石」、「社会の変化」と考えます。ワイングラスの底を、従業員、経営層と考えます。大きくとらえた問題点を、ワイングラスの底に伝えるためには、ワイングラスではなく、ぐい飲みのような管理状態が必要なのです。

クレームが起きたことを製造現場の従業員が知らなければ、改善することはできません。

クレームが起きたことを経営層が知らなければ、クレーム再発防止のための、従業員教育、設備投資の計画ができません。「なぜ、あのとき伝えてくれなかったんだ」とあとから言われないように、クレームなどの問題点は、隠すことなく、透明性を持って伝えることが大切なのです。

常に世の中の問題点を把握し、グラスに注ぎ続ける部門を明確にすることが必要です。

■情報はコップを空けるように

食品偽装などが起きたときの対応によって、なくなっていく会社、生き残る会社の二つがあります。食材の産地偽装などが発生した時に社長などの責任者は、コップの理論で行動することが大切です。コップの理論とは、まず手に持ったコップに事故、偽装などの情報をすべて集めることが必要です。時間がないときでも、すべての関係する情報を集めることが必要なのです。

もちろん、技術情報もあるはずです。技術畑でない責任者は説明できないことがあるかもしれません。しかし、工場、会社の責任者になったときには、日頃から技術情報を集め、いつでも自分自身で説明できるようにしておくことが大切です。製品の作り方や原料に関して一番くわしく説明できるのが、会社の責任者である必要があると思います。

コップになみなみと注がれた情報を一気に記者会見で伝える必要があります。

ワイングラスの考え方　問題点は透明性が重要

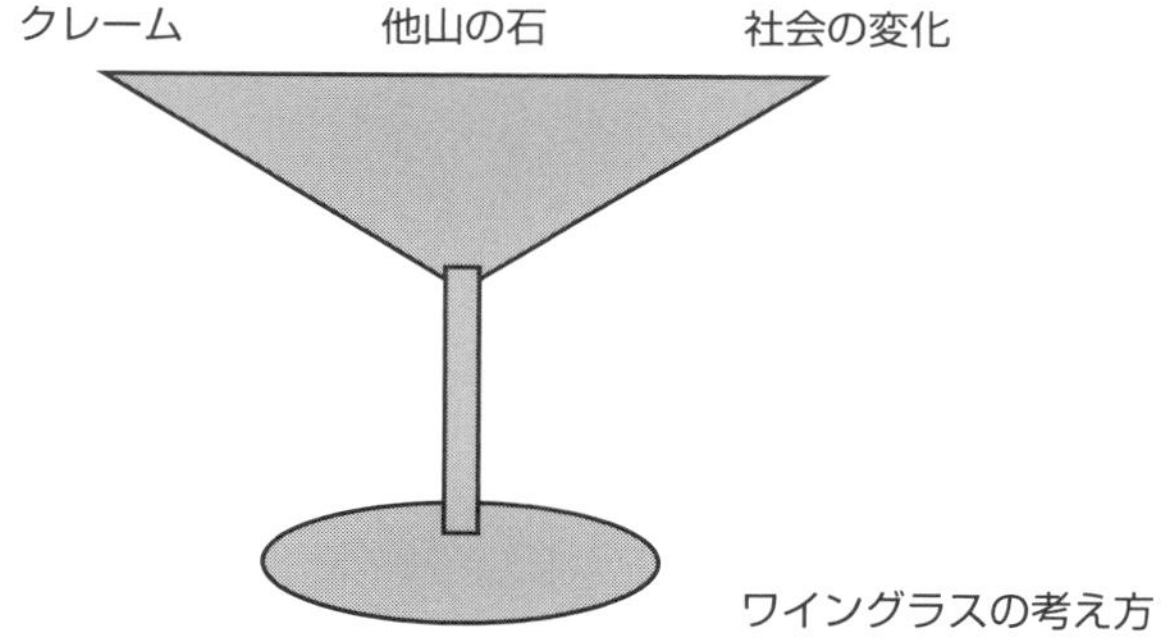

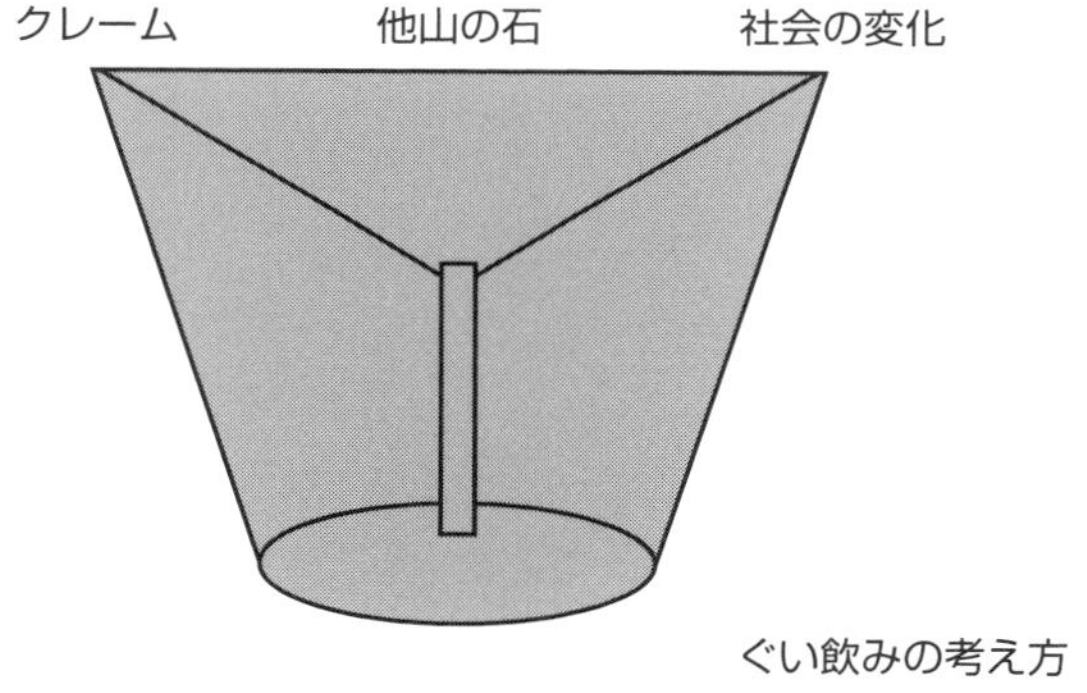

◎コップの理論

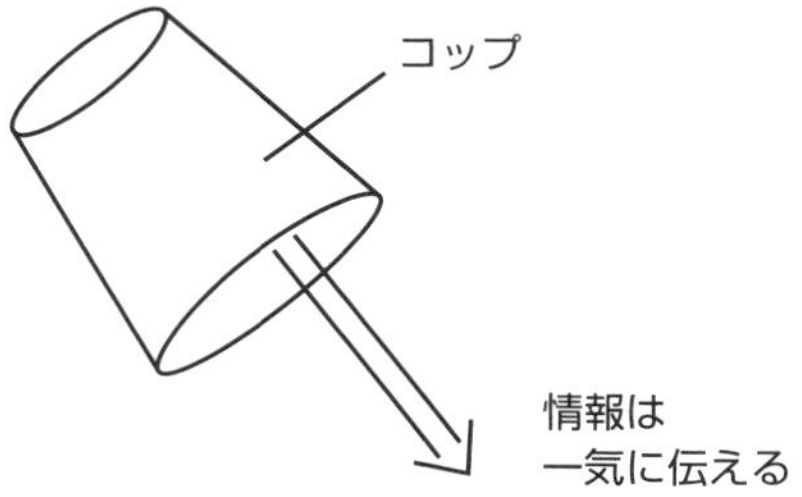

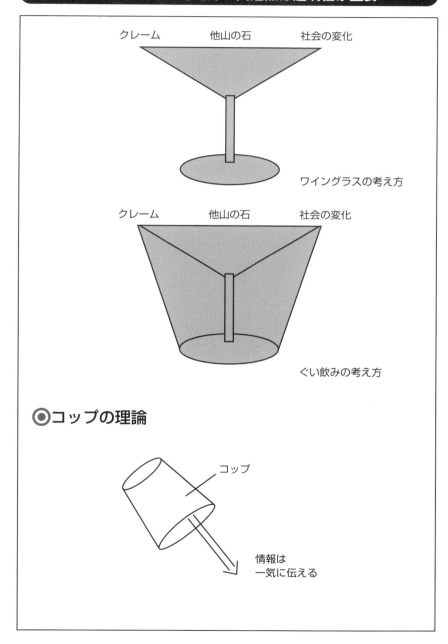

83

安心と安全について

■「御社の商品は安全だから」

「おたくの商品は安心して食べられますね」

食品は、誰もが、自分の健康のため、料理した相手の健康のことを考えて調理しているものです。

毎日食べる食品は、健康被害を起こすことのない安全な商品でなければならないのです。

安全というのは、食品を食べたときに、体に危害を与える食品ではないということです。

食中毒にならない、異物が入っていない、農薬などの化学薬品が混入されていない、含まれるアレルゲンが表示通りであるといった、あたり前のことができている商品が安全な商品になります。

給食で食べたプリンでノロウイルス中毒などの食中毒になってしまったら、安全な食品とは言えないのです。

表示していないアレルゲンが入っていた場合、症状の出る方にとって、それは安全な商品ではないのです。

食品工場には、お客様の体に影響が出てしまう安全ではない商品を出荷しない管理が必要なのです。安全な商品を作るためには使用している原料から、製造、物流、販売まですべての管理が必要です。スーパーの店頭で特定の商品に針の混入が続き、発売が中止になった事例もあります。

食品の安全を確保するためには、工場だけの安全管理ではなく、生産から、加工・流通、保存、調理・消費までのフードチェーン全体の管理、「農場から食卓」の管理が必要なのです。

■たった一回の事故で安心でなくなる

たった一回の異物混入、食品事故で、何十年も培ってきた信用がなくなってしまうのです。

食品は、安全でおいしく、機能がなければなりません。毎日毎日同じ物を作り続け、たった一回の異物混入、食品事故で、会社はお客様に対しても安心な会社ではなくなるのです。

自分たちが製造している商品を食べているお客様の顔を常に思い浮かべて行動することが、お客様が安心できる製品を作りあげることになるのです。

安心と安全について

◎安全と安心

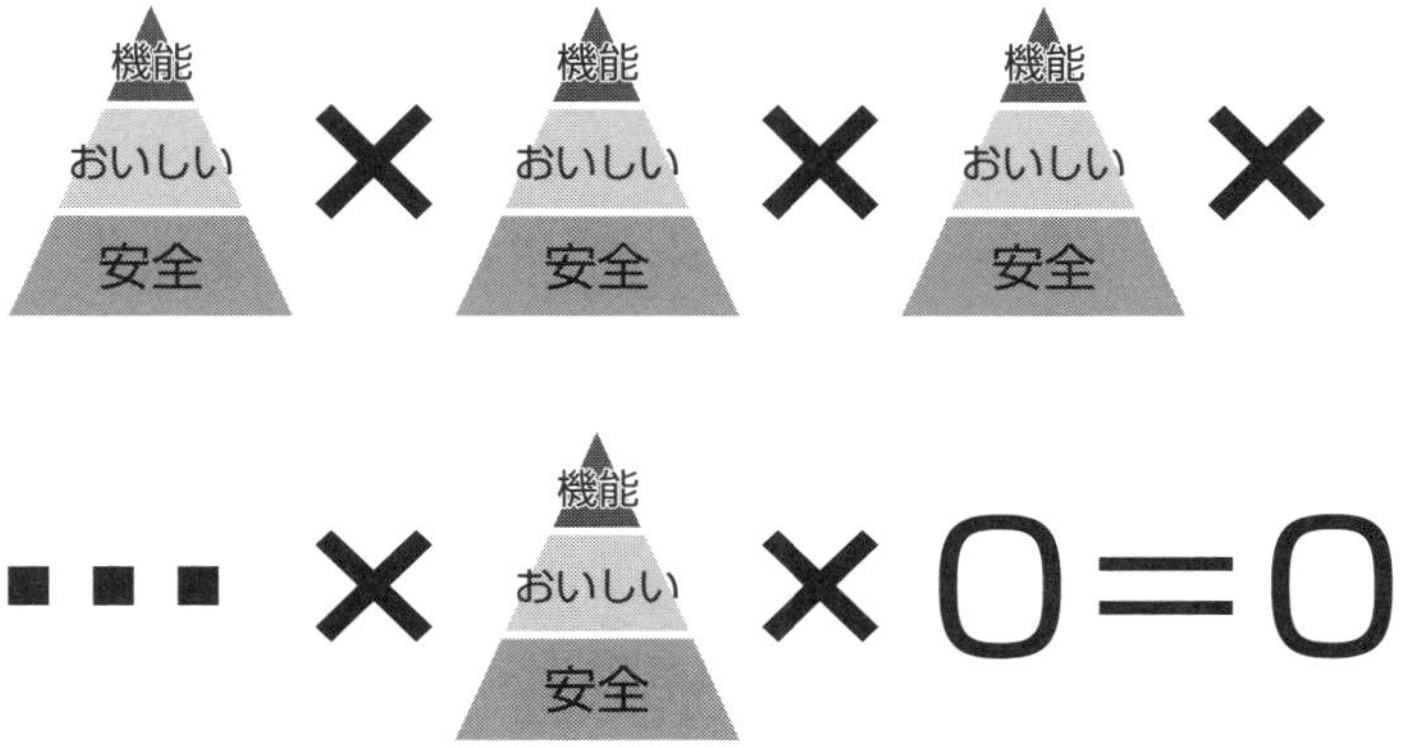

◎失敗と発展

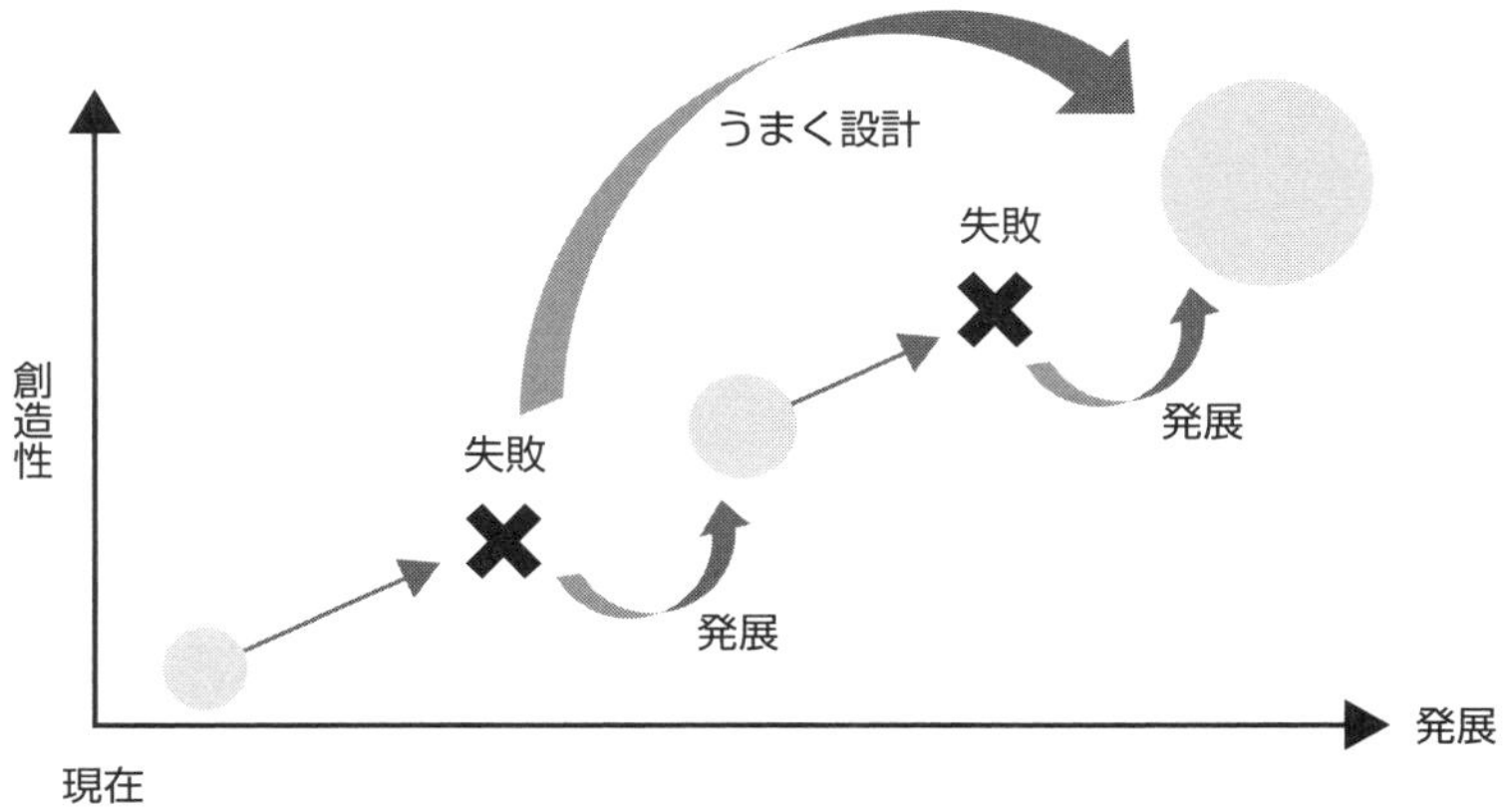

84 大切な人の健康のために行動すること

一度大きな問題を起こしてしまうと、売場から商品を下げることになり、売上げが、問題発生前の状態に戻るためには、大きな努力が必要になります。

■大切な人の顔を思い浮かべること

この作業を続けたら結果がどうなるかは、一人ひとりが少し考えればわかるはずです。

「中国産と書いてある野菜を、国産と書いてある袋に詰め替えたら」、「賞味期限の過ぎている製品の日付を書き換えてしまったら」、「外国産の牛肉を国産の段ボールに詰め替えたら」、「臭いの出る牛肉でユッケを製造したら」

頭の中でわかっていても、組織の中で命令されてしまうとなぜか声に出せず行動してしまいます。

偽装問題にならなくても、商品のハムを足で踏みつけて歩いていても、問題だと感じなくなって作業してしまうこともあります。

自分の大切な人が悲しむ顔を思い浮かべて今、自分が何をしたらいいか考える人を一人でも工場の中に増やす教育が必要なのです。

■問題を起こしてしまうと

食中毒事故、産地偽装事件などを起こすと会社、工場がどうなってしまうかを、従業員教育の時にきちんと伝える必要があります。

マスコミ、テレビ、新聞に報道され、子供が学校に行くと、「おまえのオヤジはあの会社で働いているんだって」と言われ、いじめられる可能性があります。

家族の葬式があっても、花輪に会社の名前を書くことができなくなってしまうのです。

毎日テレビで報道されても、体質を改善することができればいいのですが、偽装挽肉を作った北海道の会社のように会社自体がなくなってしまえば、従業員、自分たちの生活もできなくなり、地域から働くところもなくなってしまうのです。

会社が地域で存続することが、特に他に仕事が少ない地方では非常に大切なことです。

企業は売上げを上げ、利益を出し続け、存続することが必要なのです。

大切な人の健康のために行動すること

◎食品事故が起きたときに起こり得ること

食品事故
- 事故にあわれた方への保障
- 工場の売上減
- 報　道
- 従業員の雇用
- 従業員の家族

常に、大切な人の健康を考えて行動すること

大切な人の健康は食品の安全が守れないと傾いてしまう

85

PDCAサイクルについて

■一枚岩でお客様に向かう管理が必要

管理は、英語に訳してもいろいろな表現があります。control, management, administration, supervise などです。日本語でも、管理、管制、統制、経営などの言葉が同じような意味で使われています。

従来の工場では、「不良品を減らす」という指示でも、ただ従業員に対してムチを打つように命令することが管理と思われていました。経営陣からの指示も段階を経て伝わるため、長いトンネルを通るように指示が伝わってきます。このトンネルがまっすぐならまだいいのですが、曲がっていたり、天井が落ちていたりして、必ずしも正確には伝わってきません。本部の部門ごとに、現場の工場に対して言うことが異なっていたり、非常に風通しが悪い命令も多く流れていました。こうした昔の管理の致命的な欠陥は、従業員に対して教育が充分に行われなかったことにあります。

■PDCAのサイクルで目標に向かって昇っていく

PDCAのサイクルを考えてみましょう。左図のように、達成する目標を決めます。いつまでに達成するか、どの目標を達成するか、それぞれ数値目標を明確にします。従業員教育の前に必要な投資を行います。

「Plan」（計画）＝目標を決めます。そして、具体的にどのような方法で行うかを充分に検討します。1年後、テニスの試合に出場して必ず勝つと設定してみます。

「Do」（実行）＝実行する前に実行する人たちに教育を行います。教育をしないのは、練習することなく、いきなりテニスの試合に出るようなものです。

「Check」（評価）＝テニスの練習試合をしてみます。数字で結果が出ます。ファーストサーブがどのくらい決まったか、リターンのミスはどうだったか、フォーメーションがどうだったか等、数字でいろいろな結果が出ます。

「Action」（改善）＝Check された結果を見て、何を改善したらいいかを考えます。練習が必要なら、どんな練習が必要かを充分に考えて処置をします。

そして、またPDCAの繰り返しになります。

PDCAサイクルについて

大和魂的なムチ打つような管理

- ▶トンネル的命令
- ▶精神的命令
- ▶風通しの悪い命令
- ▶教育をしない

⇩

総合的に管理していく

- ▶目的目標を決める
- ▶目的を達成する方法
- ▶教育・訓練
- ▶仕事を実施する
- ▶チェックする
- ▶処置する

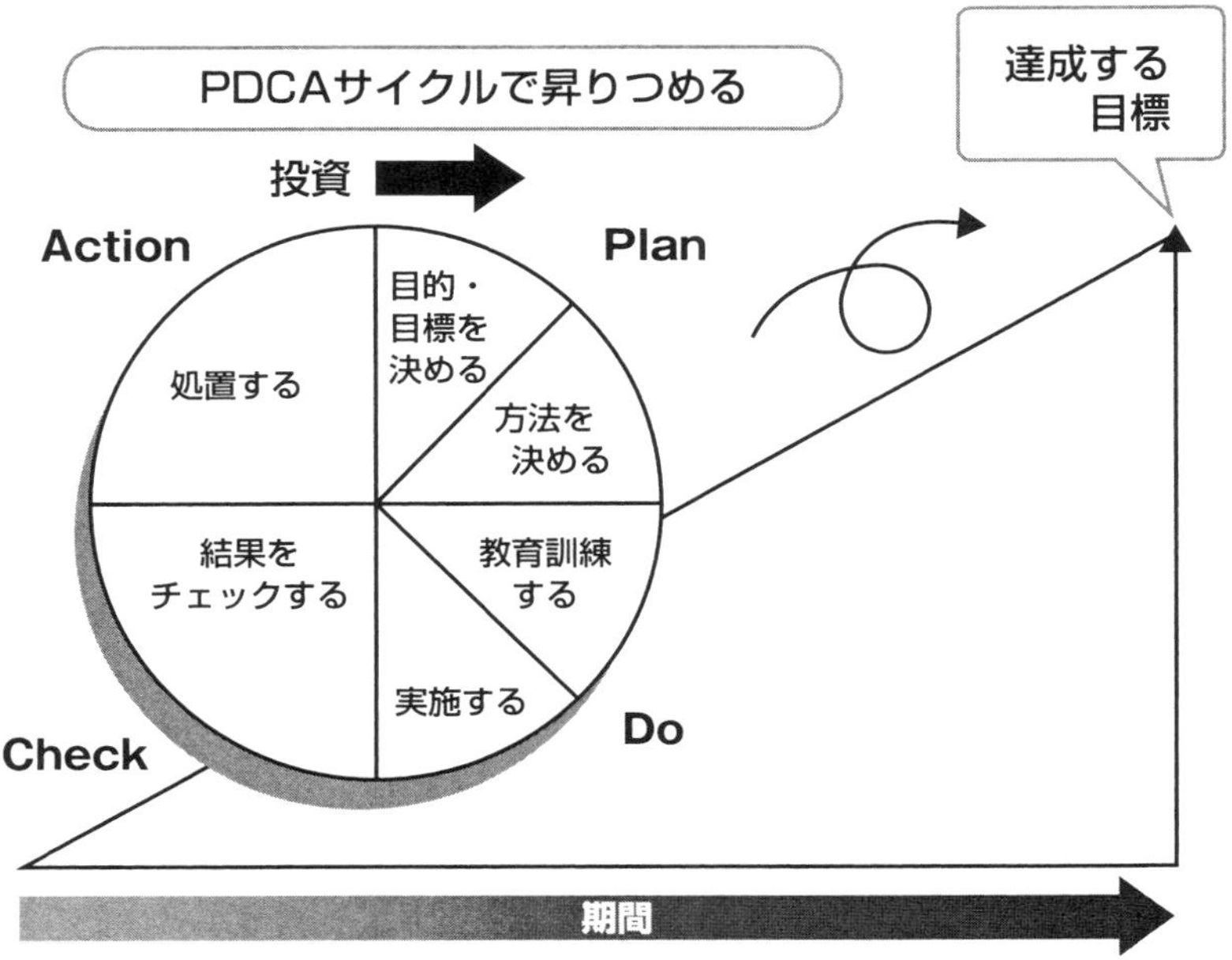

86

危機管理を常に考える重要性

■24時間×365日考える必要性

現場の作業者の方と管理者、工場長の給料の違いは、何による違いだと思いますか。工場長の方の年収を時給に換算してみてください。一般従業員の方の数倍以上の方、10倍以上の差の方もいると思います。

ピロー包装機を使用した包装作業を工場長が手伝っても、時間あたり一般従業員の方の数倍の作業を行うことはできません。

工場長、管理者は常に工場で発生し得る危機に備えて対策を考えているからこそ、給料が高いのです。「想定外」という言葉が、一時流行ったことがありますが、工場管理については「想定外」をなくすことが管理者の本来の仕事なのです。

発生し得る危機を365日×24時間考え続けることが、管理者には求められているのです。

ゴルフをしていても、通勤中も、常に危機を考えていることができる方が、管理者に適した人材だと思います。

もちろん水害、地震などの天災にも準備しておく必要があります。

危機を常に考え続けることが必要なのです、注意が必要なのは、毛髪混入事故などのように発生頻度が多くても経営に与える影響が少ない事項に、つい目が行ってしまうことです。

責任者になる前に経験してきたことを部下に指示するのではなく、責任者には責任者の考えるべき内容があります。

■情報は透明性が必要

チキンナゲットを製造している中国工場の管理状況の動画がネットで公開され大きな問題になりました。また、ビニール混入など今までは新聞記事にもならなかったクレームが、ツイッター、フェイズブック等のネットで公開されて問題になりました。

ツイッター等のＳＮＳがなかった時代であれば、仲間内の悪ふざけで終わった内容が、食品工場経営を左右する内容に変化してきたのです。

危機管理を常に考える重要性

◎危機管理

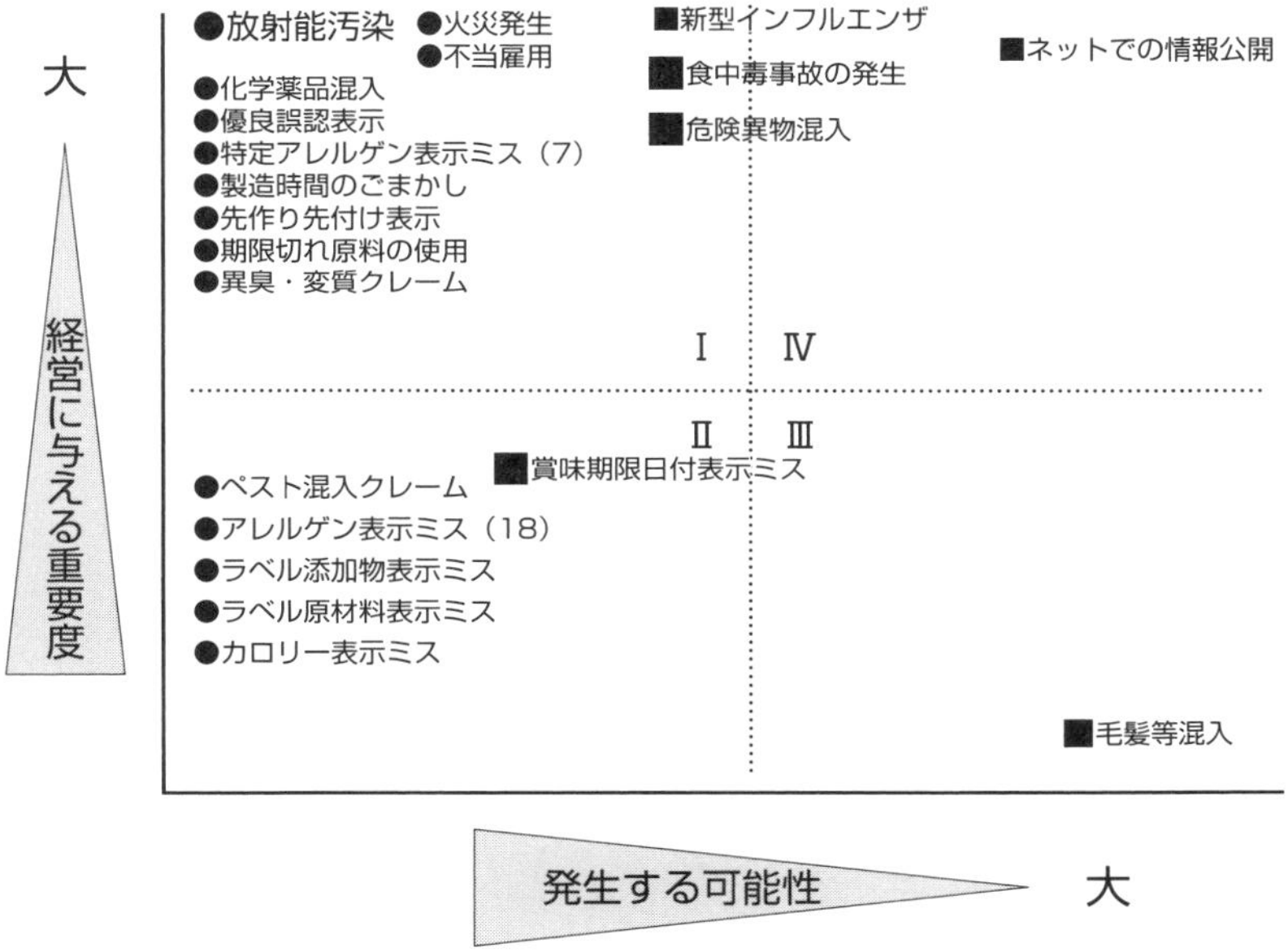

◎ネットでの情報公開

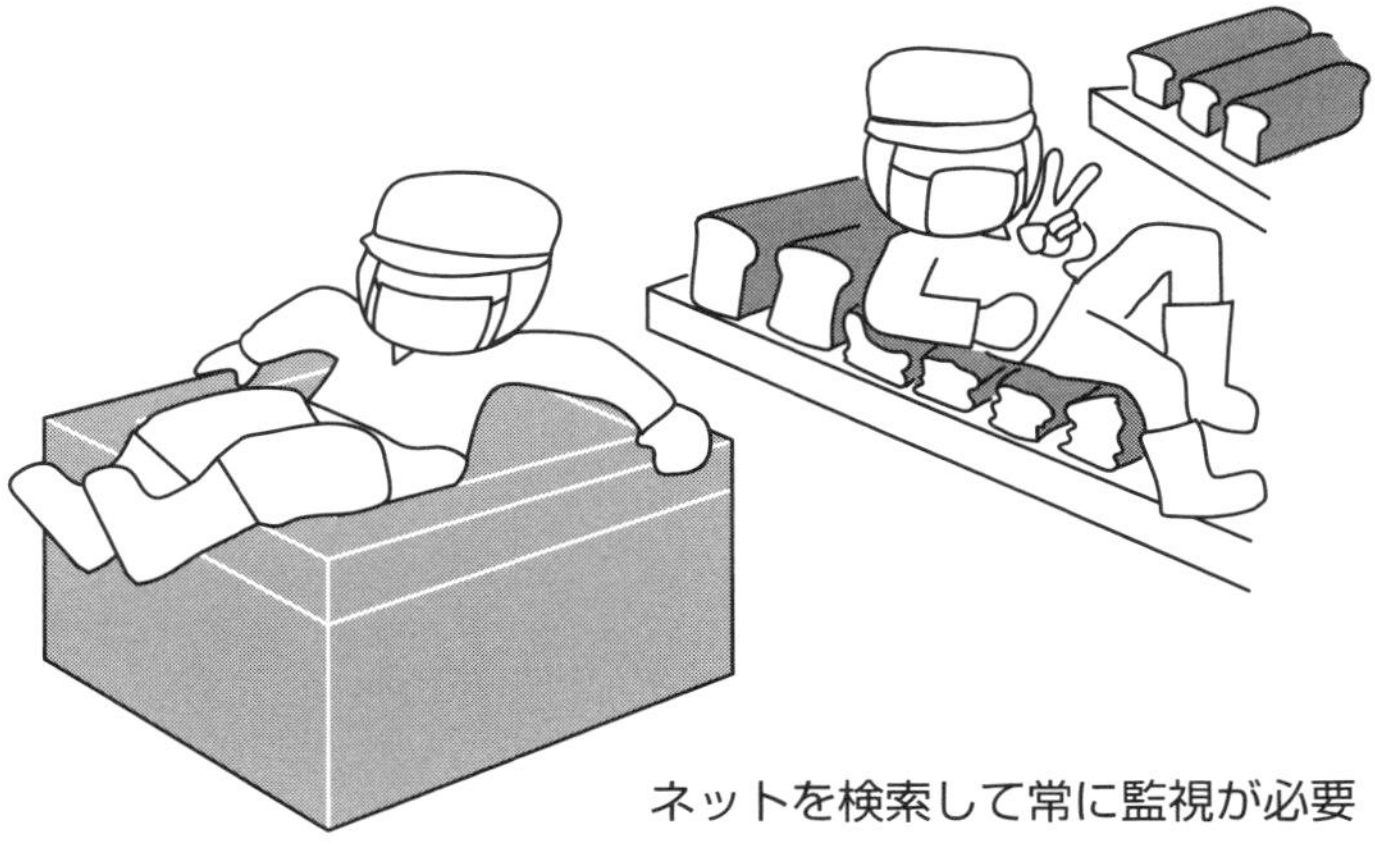

ネットを検索して常に監視が必要

87 失敗情報の共有化が重要

■悪い情報ほど上司に早く伝える

ミスを上司に伝えた時に、「うまくやるのが君の仕事だろう」「なんで、そこまで私に言わせるんだ」などと発言されてしまうと、ミスを公表することなく、反省することもなくなってしまいます。

特定の原料が手配できず、製造ができないときに、特定原料を使用せず、通常の原料を使用しても、上司から注意を受けなければ、特定の原料を手配する努力を行うことはなくなってしまいます。

しかも、特定の原料の方が高価であれば、工場利益が出てしまいます。原料手配ができなかったミスを報告するよりも、工場利益が出た方が褒められ、楽に行動することができます。

とかく、ミスを起こしたときには、自分自身の身に生じること、出世への影響、叱責、懲戒、解雇などを気にして、報告することをためらってしまいます。

本来、特定の原料が手配できなかったなどといったミスを起こしてしまったときには、ミスを起こした内容を細かく明らかにし、上司などに報告して、再発防止策を取るべきです。ミスが経理上なかったことになれば、ミスが起きない体質の組織にはならないのです。

■「ほめ称えること」の重要性

いい仕事をしてほめられることは非常にうれしいものです。子供の頃は学校のテストでよい成績をとり、運動会で活躍すると、仲間や親がほめてくれました。

日本の社会では社会人になってしまうと、なかなかほめてもらえないものです。

私はアメリカの企業で仕事をしたことがありますが、売上げなどが目標を達成したとき、よい仕事をしたときは、全員で拍手をして人をほめ称えます。

よい仕事をしている方を見かけた時は、「ありがとうカード」を書いて掲示板に掲示します。

毎月のベスト従業員を掲示板に写真入りで掲示してほめ称えます。

人間は働くときに、お金だけで働くのではないと思います。

失敗情報の共有化が重要

◎失敗した方の頭の中

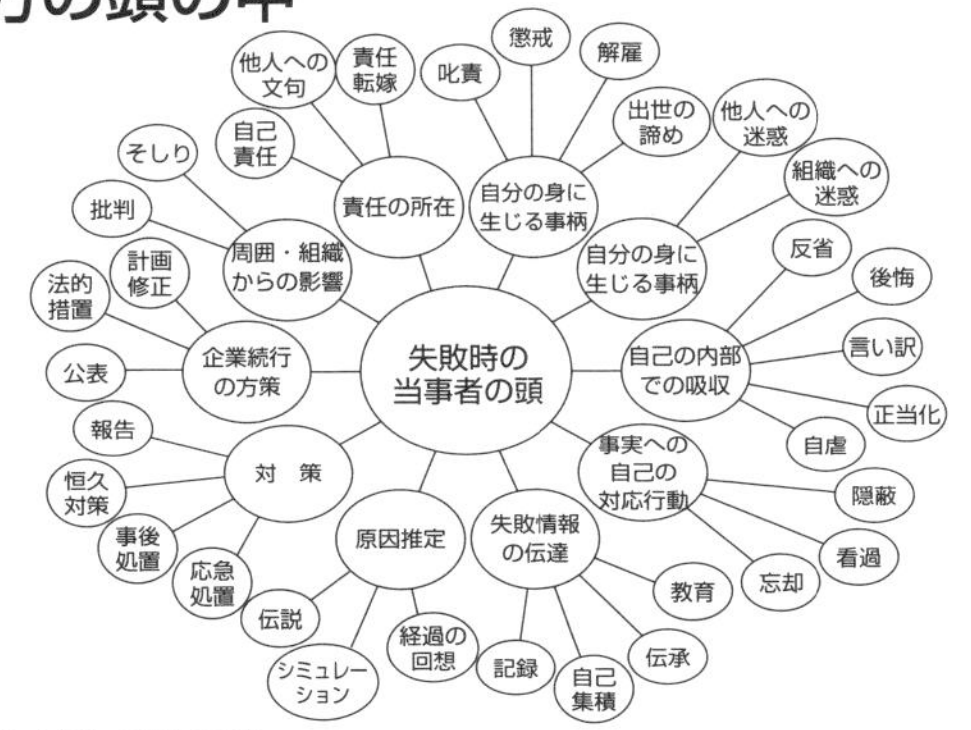

出典「失敗百選」中尾政之著　森北出版

◎危機管理

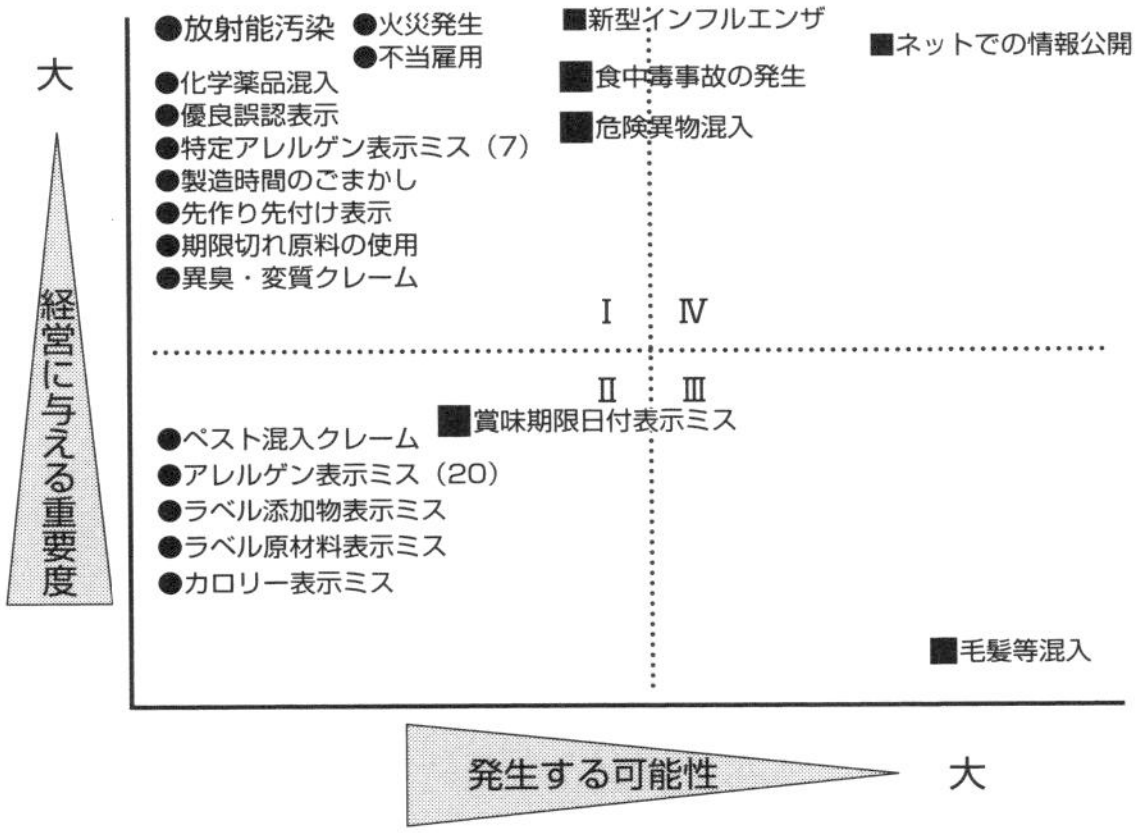

◎ありがとうカード

ありがとう掲示板

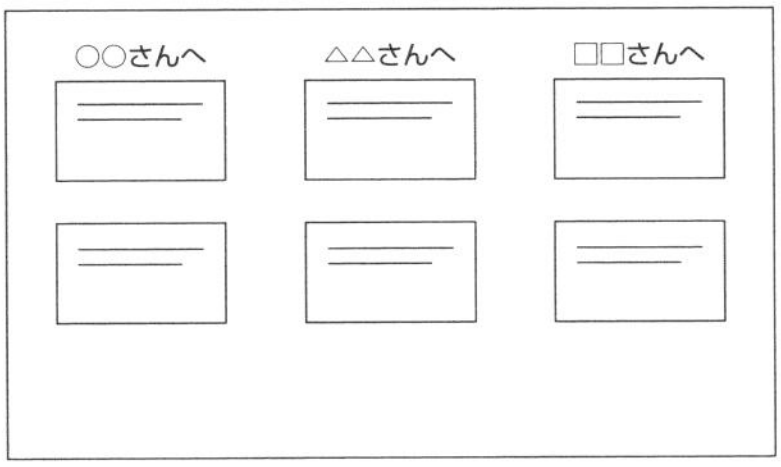

よい仕事をほめる体質をつくる

88 5S＋2Sの考え方

■5Sは工場管理の基本の基本

整理（Seiri）、整頓（Seiton）、清掃（Seisou）、清潔（Seiketu）、習慣（Syukan）、この頭のSを取って5Sと言います。5S、特に工場周辺、外周の5Sができない工場は、作業場内の管理はまったくできていないと私は思ってます。

■整理整頓が特に重要

整理の項目です。整理ができないと工場管理は進まないと言えるくらい大切な項目になります。整理とは、使うものと使わない物を分けて、使わない物はかたづけることです。

洋服でも、体型が変わったり流行が変わったりすると着られなくなる服があります。洋服という機能だけを考えると、使える物で捨てるのはもったいないと考えてしまいますが、一年間に一回も着ていない服は、これから先一年間は着ないと思います。

礼服のように、冠婚葬祭がないと着ない服もありますが、それ以外の洋服は整理する、すなわち捨てるということになります。

工場の管理も同じで、大事に使っていた機械、備品は作業場から撤去することが重要です。

■整頓がさらに重要

たとえば本箱で考えてみます。本箱は本を置くところです。家族に次のように教育します。「本は本箱に置きなさい、読み終わった本は、あった所に戻しなさい」

■2Sの考え方

お客様が加熱せずにそのまま食べる製品を、生食と呼びます。生食を取り扱う工程で使用する生産設備は、分解し洗浄するだけではなく、殺菌工程が必要です。基本は、分解できるところは、すべて分解して洗浄殺菌することになります。分解した部品は、洗剤できれいに洗い、殺菌をします。そして組み立てるまで汚染されない場所で保管します。重要な点は、洗浄、殺菌工程が記録に残っていることです。

5S + 2S の考え方

◎5Sの考え方

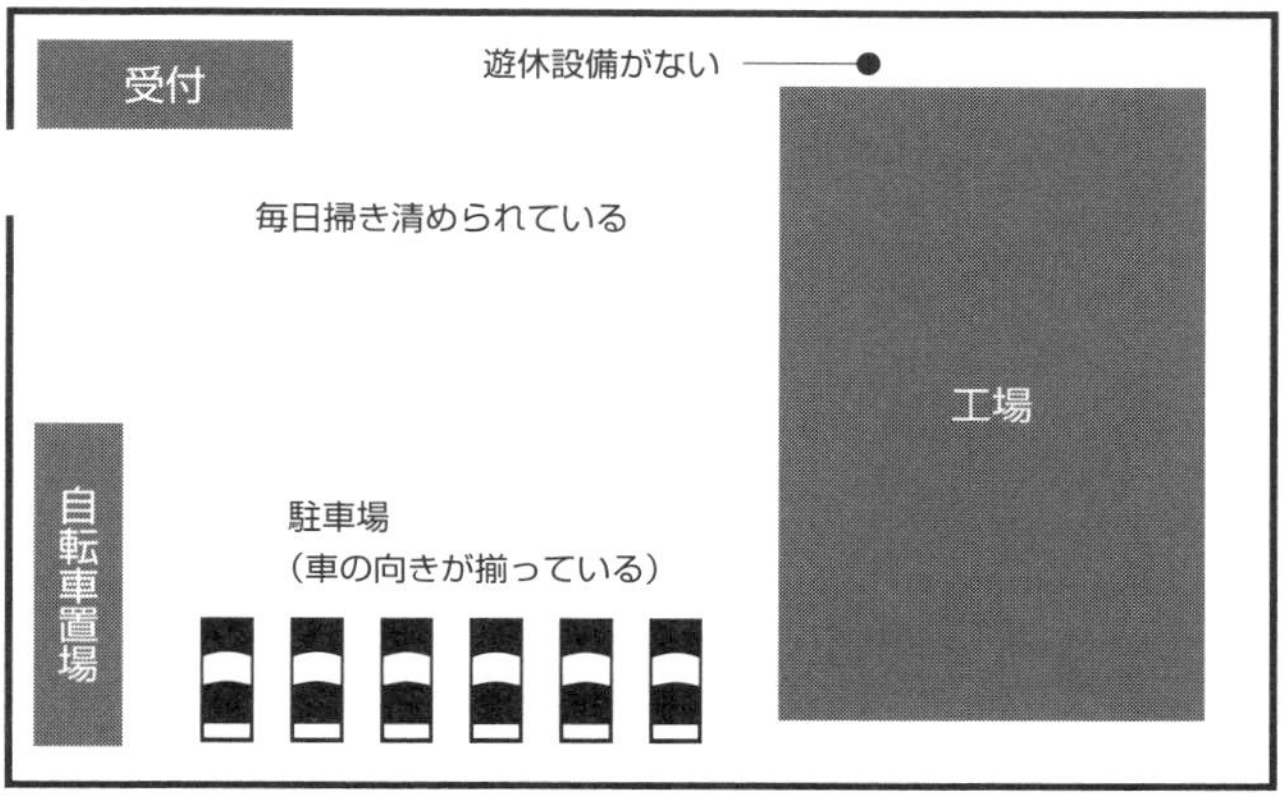

◎2Sの考え方、洗浄（Senjou）、殺菌（Sakkin）

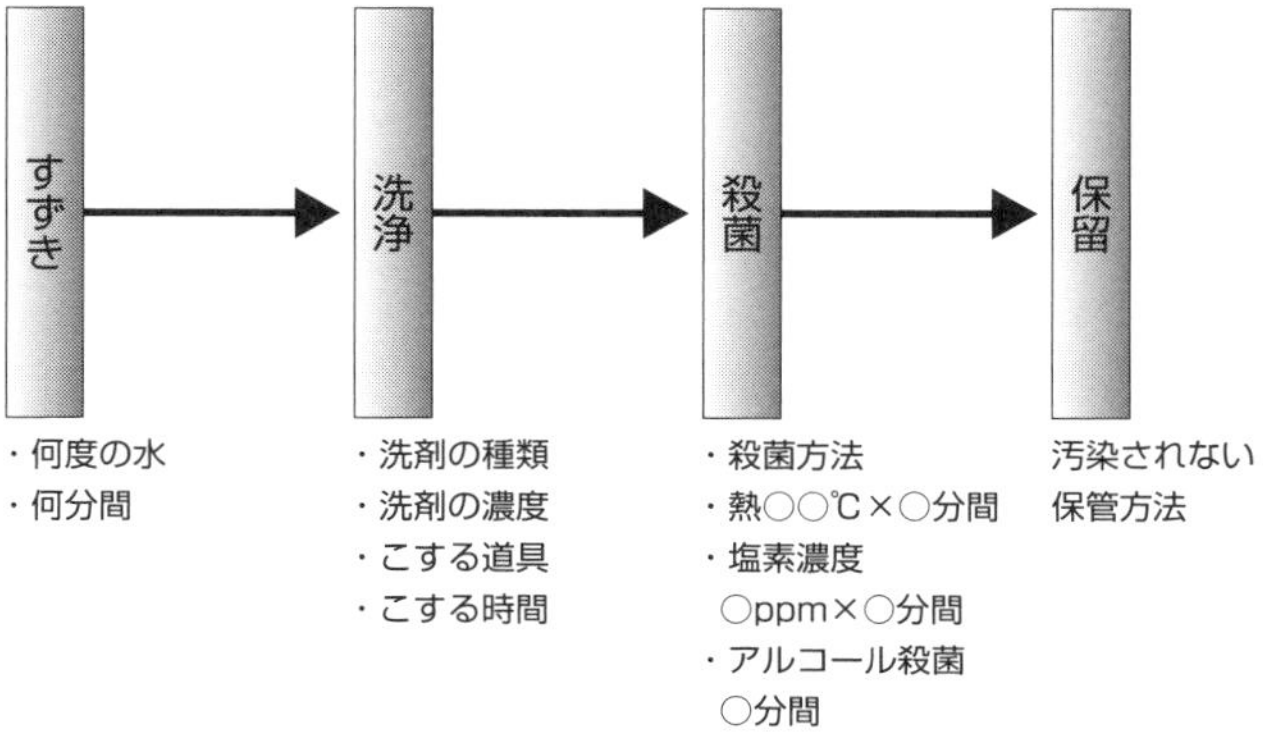

一連の洗浄・殺菌のマニュアルがあり記録されているか

89

ハインリッヒの法則について

■大事故を防ぐためには、常に日常の小さな事故を防ぐ必要がある

この法則は、アメリカの技師ハインリッヒ氏が発表した法則で、労働災害の事例の統計を分析した結果、導き出されたものです。この法則の意味は、重大災害を1とすると、軽傷の事故が29、そして無傷災害は300になるというもので、これをもとに、「1件の重大災害（死亡・重傷）が発生する背景に、29件の軽傷事故と300件のヒヤリハットがある」と言われる法則です。

たとえば、道に切り株があったとします。その切り株につまずく人が300人いれば、29人は足を挫《くじ》く等の小さな怪我をして、1人は足を骨折するなどの重傷を負うことになります。

食品工場の場合は、労災事故だけでなく、クレームに関してもハインリッヒの法則が当てはまります。製品の回収までともなうようなクレームの陰には、29件の、お客様までお詫びに行かなければならないクレームがあり、その陰には、300件の社内でおかしいなと思われる内部クレームがあるのです。

■小さな亀裂の修理が大切

この300件のちょっとおかしいなという内部クレームや不良品を、注意深く対処せずに放置しておくと、失敗やクレームを生む体質を直すことができず、いつしか手がつけられなくなってしまいます。小さな事故のうちにきちんと対処して、大きな事故を起こさないようにするには、水を溜めるダムのことを考えてみてください。小さな亀裂のうちに対処していれば大雨でも耐えることができますが、日常の点検で小さな亀裂を見逃していたりほおっておくと、大雨が降ったときにダムは崩壊してしまいます。

私たちが製造している食品は、最悪の場合、人の命を奪うことさえあります。年間約3万人が食中毒になって、そのうち何人かは亡くなっているのです。お客様からのクレームだけでなく、社内で見つけたどんな小さなトラブル、事故、クレームもきちんと原因を調査し、再発防止策を行うことが必要になってきます。

ハインリッヒの法則

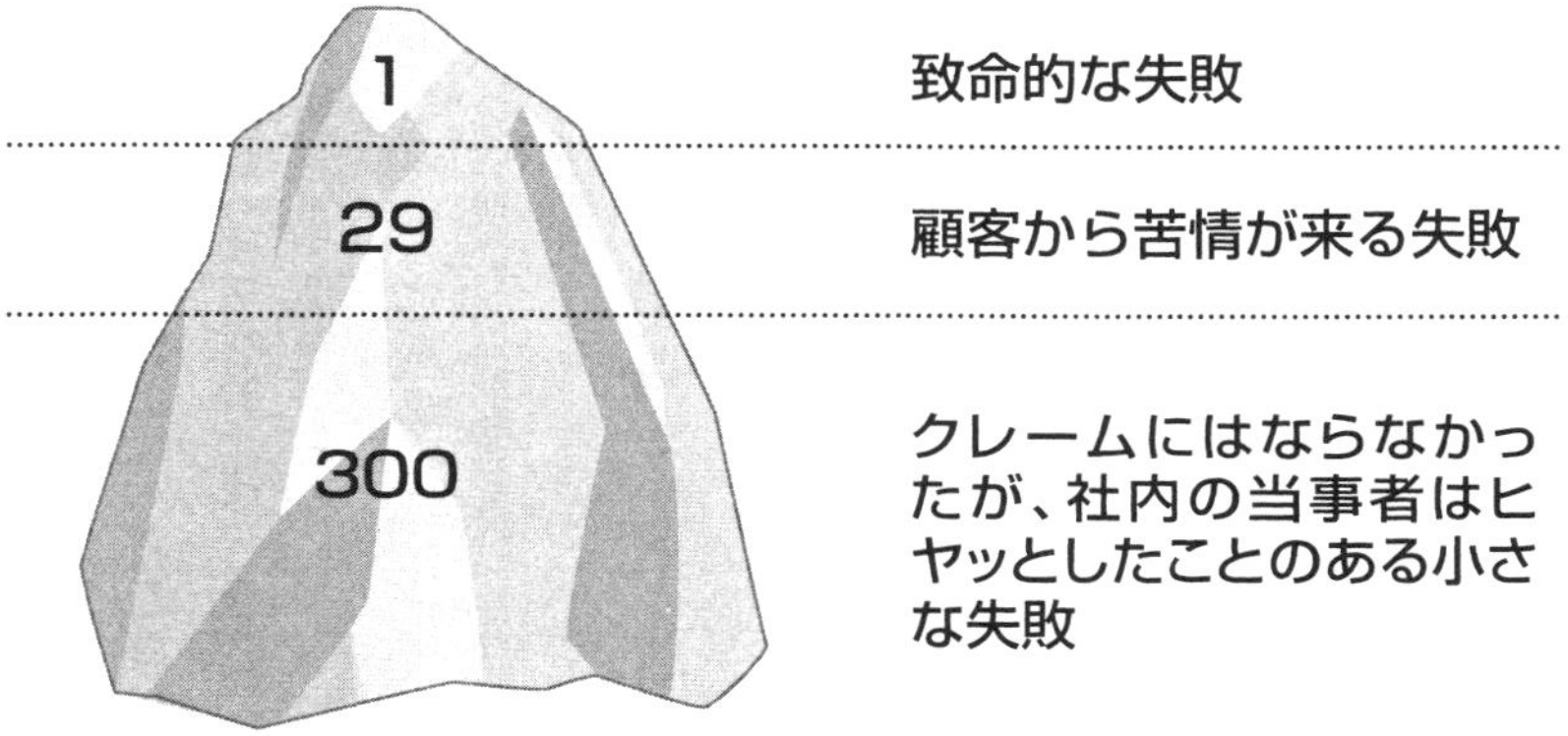

氷山（大きな失敗）は海面下に巨塊（複数の小さな失敗）が隠れている

「ハインリッヒの法則」＝仕事における失敗の発生確率は【1:29:300】

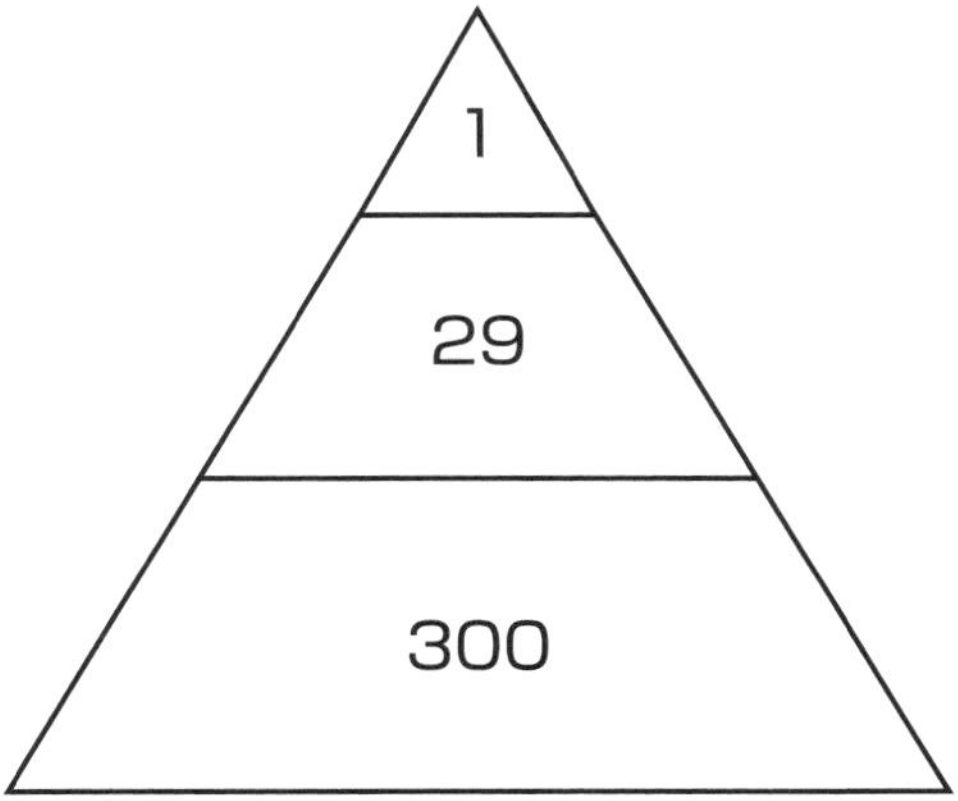

致命的な失敗を出さない
ためには、小さな失敗を減らすこと

90

安全管理と品質管理について

■危機に至らない仕組み作りが必要

首都圏では、月曜日の朝に鉄道が人身事故で止まることがよくあります。特に月末、月曜日によく人身事故が起きているような気がしています。鉄道会社にとっての危機管理は、人身事故をいかに防ぐかが一番の項目ではないかと思います。

鉄道は、定時運行も大切ですが、人身事故が起きない仕組みが一番大切なことになるはずです。

駅に電車の進入する前に構内放送を行い、お客さんに注意喚起を行っています。

しかし、不注意のホームからの落下、意識的に飛び込む方の対策は構内放送では不十分です。

駅のホームを見てみると、ホームに落ちたときのために、さまざまな対策がとられていることに気がつきます。落ちてしまった方を見かけたときに電車を止める非常停止ボタン。

落ちた方が身を隠すための場所。落ちてしまった方がホームに上がるために足をかけるためのステップ等、さまざまな工夫が鉄道会社ごとにされています。

そして、究極の対策が新幹線でも行われています。新大阪駅の新幹線用の新設のホームには電車が入ってくるまでは線路に近づけない、ホームドアが取り付けられたのです。

危機管理の基本は、人間はミスをするものと考え、たとえ故意のミスを起こしてしまっても、事故にならないような仕組みを、二重三重に考えておくことだと思っています。

■食中毒事故を防ぐために

日本の食中毒で一番発生しているのは、ノロウイルスによる食中毒です。ノロウイルスの食中毒を防ぐには、手洗いに始まり手洗いに終わると言われています。

食品工場で働く従業員の方がトイレに入り、用を足した後、手を十分に洗わないと、従業員の手からノロウイルスが製品に付いてしまうことは十分に考えられます。

ノロウイルス、細菌の食中毒を防ぐためには、二重三重の対策が必要になるのです。

安全管理と品質管理について

◎安全と品質

安全管理	品質管理
・作業基準の順守	・技術基準の順守
・危険予知活動	・危険予知活動
・相互注意活動	・前後工程での注意喚起
・連絡合図の徹底	・情報の確実な伝達
・整理、整頓、清潔、清掃	・設備の7Sの徹底
・設備改善	・設備、技術の改善

↓

安全と品質は一体

◎誰もができる仕組みが必要

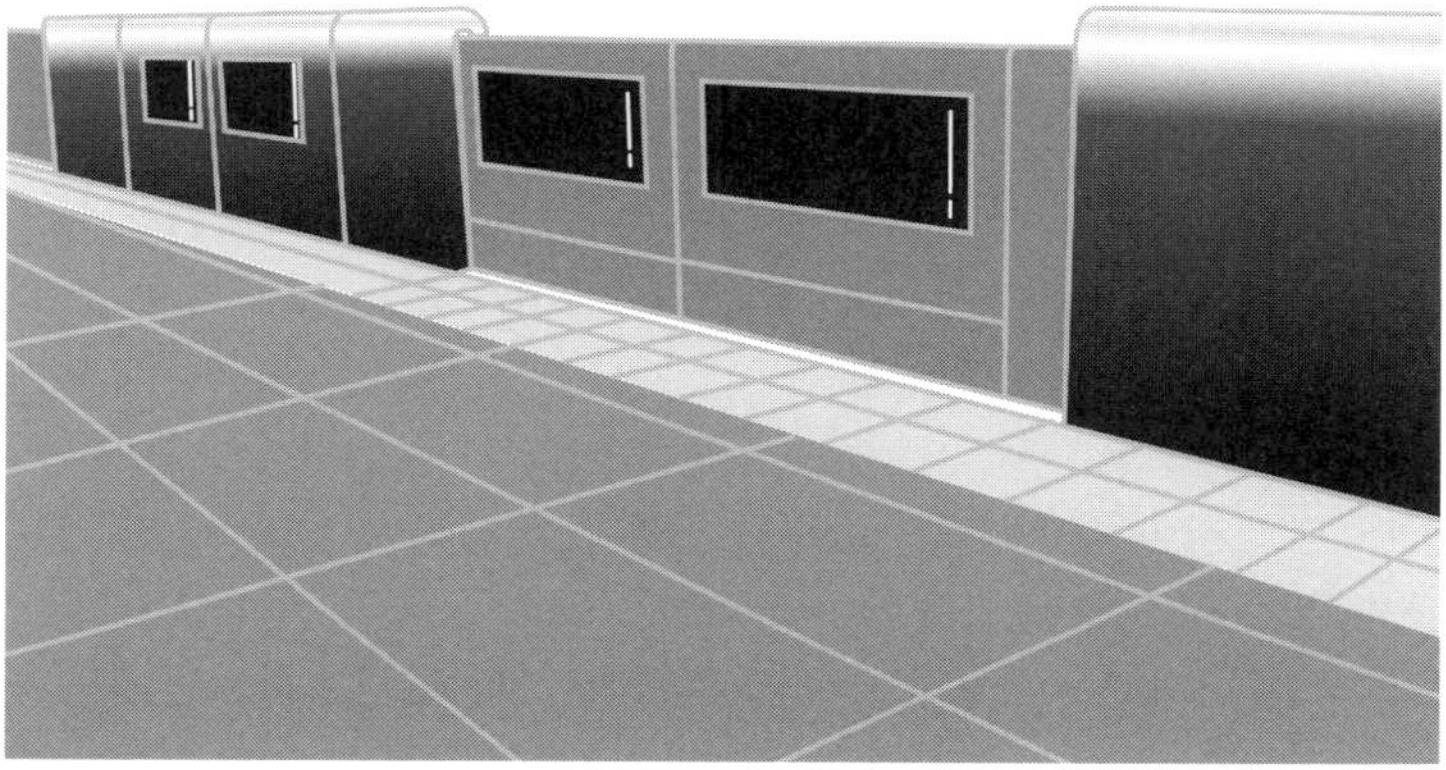

ホームドアのような二重三重の対策が必要

91

安全教育について

■不安全行為はありませんか

私は、国内外の工場を数多く見てきています。その中には、利益を上げることだけが興味の中心で、品質、従業員の安全にはまったく興味のない責任者もいます。

食品工場は継続して存続することが必要です。しかし、商品の安全、従業員の安全は工場の土台ですから、土台をないがしろにすることはできないはずです。

まったく安全に興味のない方が工場長を担当すると、包装機の安全装置をはずしたまま従業員に作業をさせてしまいます。安全装置がついたままだと、製品が機械に詰まった時に掃除をするためにカバーを開けると包装機が止まってしまうので、安全装置をはずして機械を動かしているのを、見ないふりをしてしまいます。

従業員のことを大切に思っているかどうかは、設備の安全カバーを確認することで伝わってくるのです。

■チェーンが目の前で回っている

人間は不思議なもので、チェーンと歯車が目の前で回っていると指を入れて見たくなります。

自分から入れなくても、チェーンがむき出しで回っていると、作業着の裾がチェーンに絡んで巻き込まれる場合があります。

回転している部分は、必ずカバーが掛かっていなくてはならないのです。不注意で指を入れた作業者が悪いのではなく、回転部分をむき出したままにしている管理者が悪いのです。

回転しているところ、チェーンがむき出しの場所はあってはならないのです。

私がアメリカの工場の視察に行った時には、ネクタイを外すように言われました。もし、ネクタイが回転部分に巻き込まれてしまうと、首が絞まり大きな事故になってしまいます。

大きな事故を危険性を予知する訓練、KYT（危険予知訓練）を行い、万が一の労災を防ぐ訓練を行い、予知できる方が一人でも多く育てば、品質に関する事故も減るのです。

安全教育について

◎名札のストラップの安全対策

負荷がかかると
安全装置が外れて事故防止！

◎危険を予知し不安全行為を予知することが大切

◎異常事態が起きたときの対応を明確にしておく

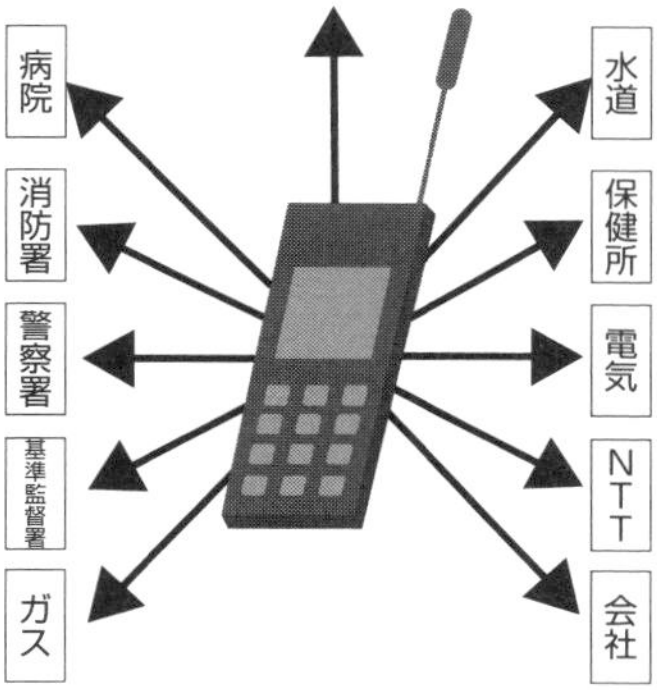

92 失敗から学び発展する重要性

■「他山の石」の図書館

食中毒の患者を治療する医者になるためには、国家試験に合格しただけでは満足に患者を治療することはできません。先輩について修行し、失敗を繰り返して成長します。よく「医者は患者を殺してからが一人前」などと言われますが、食品工場では「食中毒事故を出してからが本物」などとは言えないのです。

一度でも食中毒事故を出してしまうと、お客様の安心感がなくなってしまうのです。

2000年に発生した食中毒事故を起こした雪印乳業では、過去にも同じ原因で食中毒事故を、学校給食で発生させていました。

同社は過去の事故事例を、新入社員の研修で毎年教育していたそうです。しかし、2000年の事故の数年前から食中毒事故の事例の教育を止めたのです。やはり自社で発生した過去の事故、クレームの事例などを定期的に従業員に教育を行うことが必要なのです。

自社の事例だけでなく、「他山の石」の事例も従業員に教育する必要があります。信じられないことですが、食品工場から出荷された商品の表示を書き換える、段ボールを詰め替える等といったことは皆無ではないのです。

■対策を考える

北海道のお土産の定番「白い恋人」で外箱詰め替え騒ぎがありました。

詰替騒ぎ以降の白い恋人は、小袋一つ一つに賞味期限が印字されています。

世の中を騒がせた回収事例を図書館のようにまとめ、必要な方に対して閲覧できるような仕組みが重要になります。

業務用の冷凍食品は、外装の段ボール箱にしか賞味期限などの日付が印刷されていないものがあります。内装の包材に期限表示を印字することで、工場などで日付の付け替えができなくなります。

「日付偽装を行わないように」と教育する前に、改竄できないようなしくみが必要なのです。

失敗から学び発展する重要性

◎失敗と発展

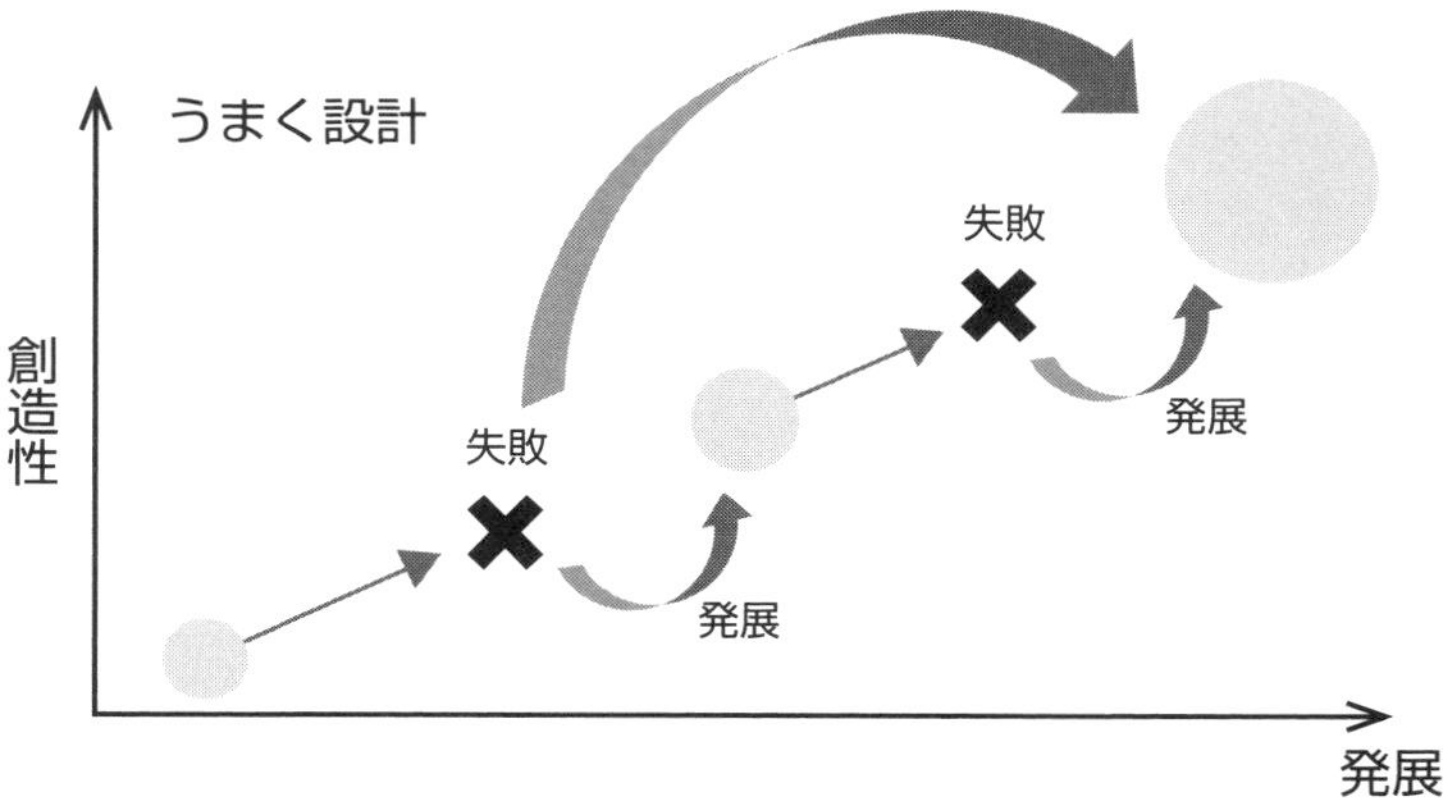

◎失敗の情報伝達

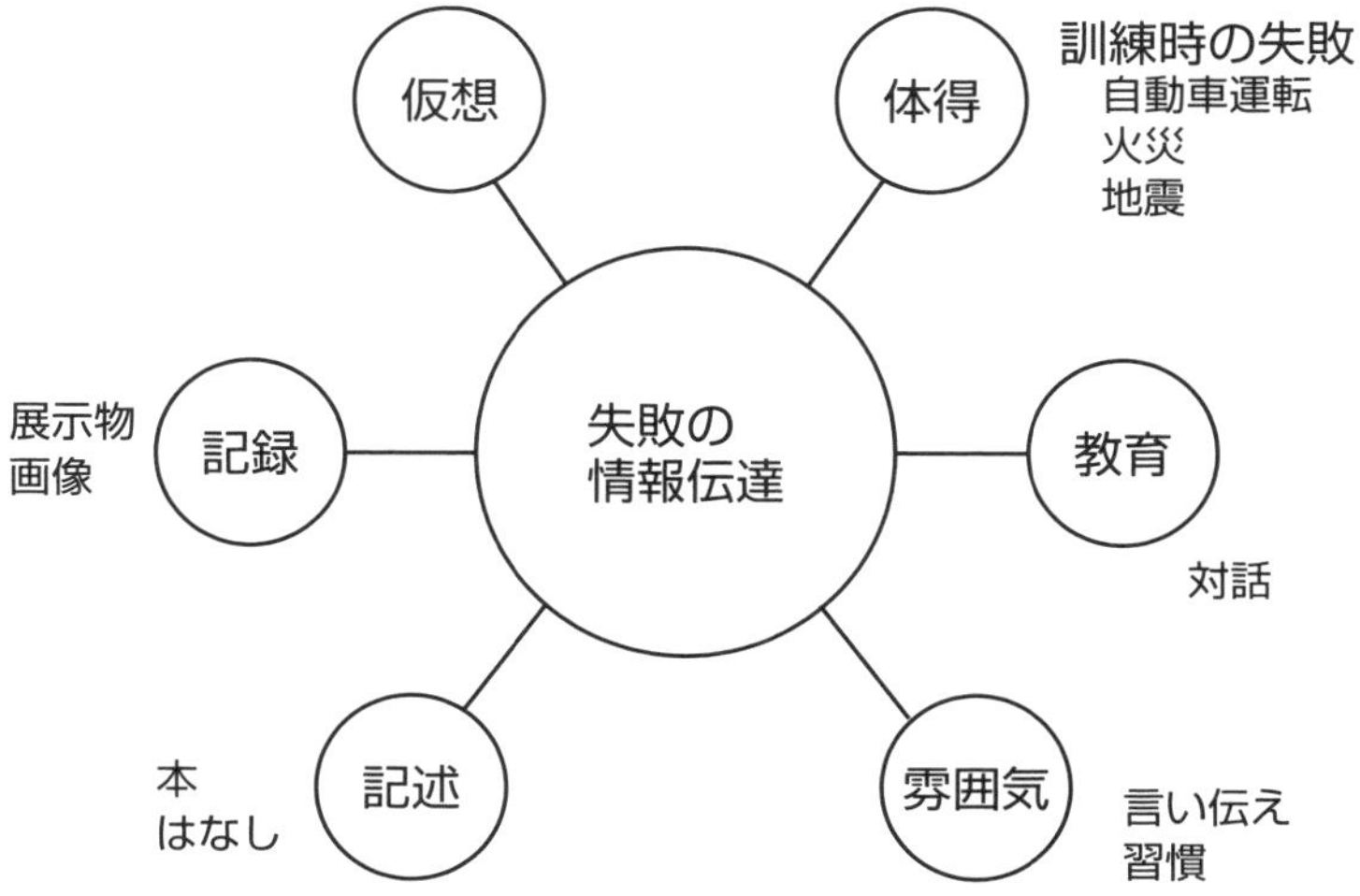

93

クレーム教育について

■正確かつ正直に情報を公開することが大切

新聞の三面記事を見ていても、食品事故は毎日のように発生しています。工場のクレームも、小さなものまで含めると、毎日のように発生しています。

クレーム情報は、フィルターを通さずにトップに伝えることが大切です。クレームが多すぎるからとか、こんな小さな情報まで伝える必要はない等、都合よくフィルターを通す場合がありますが、お客様の情報は、すべて正確に公開する必要があります。

社内情報の他に、〝他山の石〟的な情報として、世の中の話題があります。原材料はグローバルで手配している場合もあるため、ＳＡＲＳやインフルエンザの流行でも工場に影響が出る場合があります。社内クレームや世の中の情報をまとめ、発生した都度、朝礼で従業員全員に正確に公開する必要があります。

■現在の工場の出来映えを数字で公開し、教育する

層別にまとめたクレームのデータを昨年比、先月比等にして、現在の工場が置かれている状態を従業員に公開します。この状態が悪くなっているか、昨年よりよくなっているかが大切な点になります。

結果としてよくなっていれば安心できますが、悪くなっているのであれば、教育を行う必要があります。教育は層別で行ったほうが効果が上がるため、工程ごと、入社年度ごと等で、現在の工場の状態に応じて、品質に関する教育を行います。小さなクレームが増えてくれば、ハインリッヒの法則によって、いつかは大きなクレームが起きてしまいます。

■働く人は自分が食べられない物をつくらないこと

クレームが発生した場合、発生の事実を関係する従業員に伝え、作業を止めてでも話し合うことが必要です。

大きなクレームや会社の存在を左右するクレームほど従業員に隠してしまいがちですが、どんなことも正直に公開し、「おのれの欲せざるところは人に施すことなかれ」という言葉があるように、食品工場では、自分たちが食べられない物を、つくったり売ったりしないことが大切です。

クレーム教育について

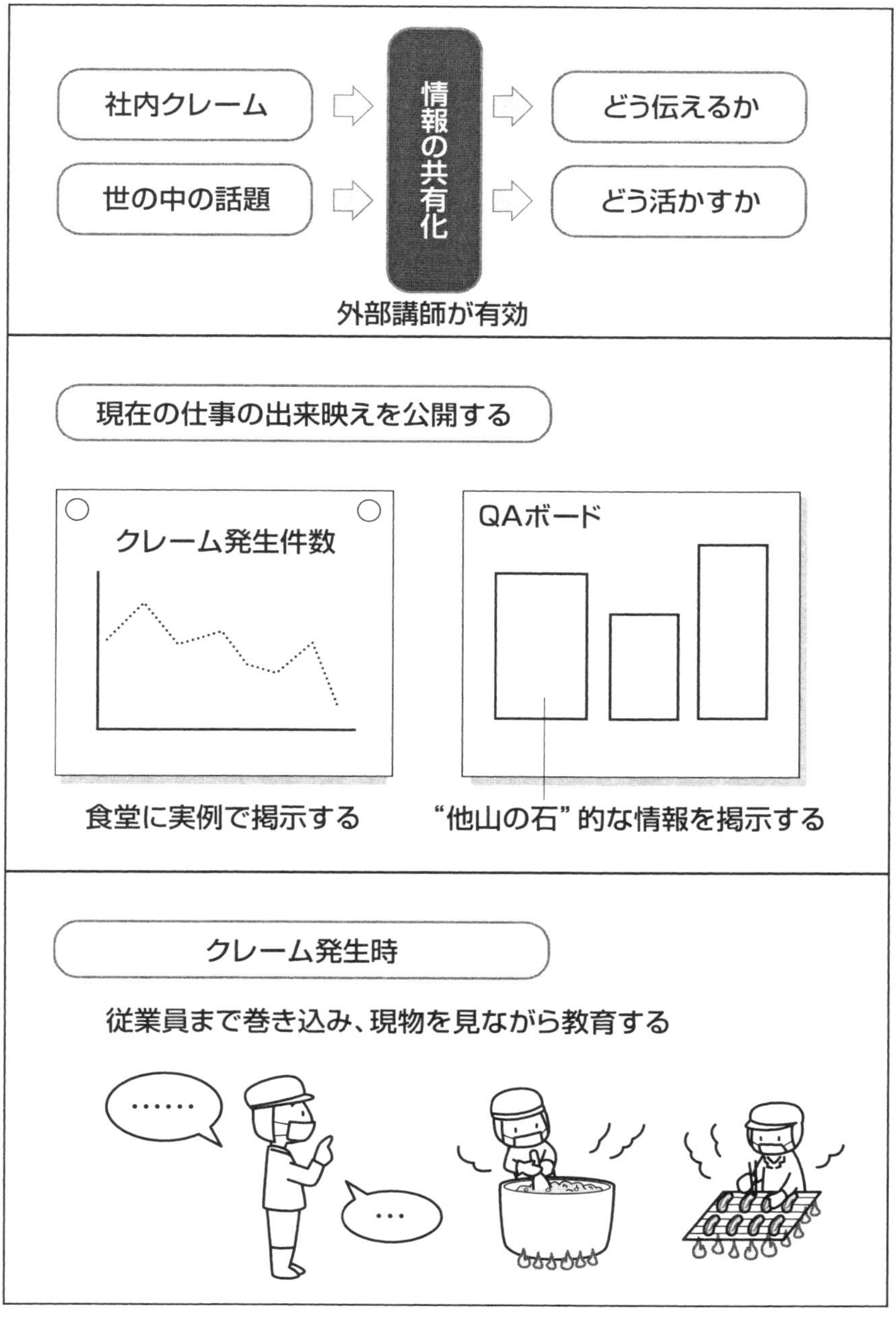
社内クレーム
世の中の話題
情報の共有化
どう伝えるか
どう活かすか
外部講師が有効
現在の仕事の出来映えを公開する
クレーム発生件数
QAボード
食堂に実例で掲示する
“他山の石”的な情報を掲示する
クレーム発生時
従業員まで巻き込み、現物を見ながら教育する
……
…

94 傘で危害から守る重要性

■大きな傘で守る必要性

小学校の運動会を思い出してください。突然雨が降ってきたときに、自分ひとりなら傘で雨を防ぐことができます。二人であれば、大きな傘があれば相合傘で雨を防ぐことができます。

しかし、小学校の校庭で家族４人がお弁当を食べているときに突然雨が降ってくると、傘では雨を防ぐことはできません。

雨の中でお弁当を食べようとすると、体育館の中に入ってお弁当を食べるか、大きなテントの中で食べる必要があります。

食品工場一つひとつであれば大きな傘で、食品危害という雨から工場の製品を守ることができます。しかし、原材料、農産物であれば種から、畜産物であれば飼料、親から安全を守るためには、工場の上に架かっている傘だけでは種、飼料までは守ることはできません。

「農場から食卓まで」という言葉があります。食品の安全は農場の管理から、製造、配送、お客様の食卓の上に乗るまで管理をしなくてはならないということです。

最近は「種からフォークまで」と、少し管理する幅が大きくなっている言葉が使われます。畑の管理から、さらに種の管理まで必要になります。種に関しても遺伝子操作された種があるので、自分たちの工場で使用している農産物の種の管理がどのようになっているかを知っておく必要があると思います。

お客様の管理について、食卓に乗るまでの管理から、調理されフォークでお客様の口に入るまで、調理方法を含めて管理する必要が出てきています。

■テントの安全を誰が管理するのか

自分ひとりで差している傘であれば、傘に穴が空いていないか、傘の骨が折れていないか管理することは、可能だと思います。しかし、運動会で使用するようなテントの安全を誰が管理するのかを考えてみてください。大きな事故が起きたときに、後から「そういえば」ということがないように、異常に気がついた人が自ら行動することが大切なのです。

傘で危害から守る重要性

◎すべての工程をテントで守る

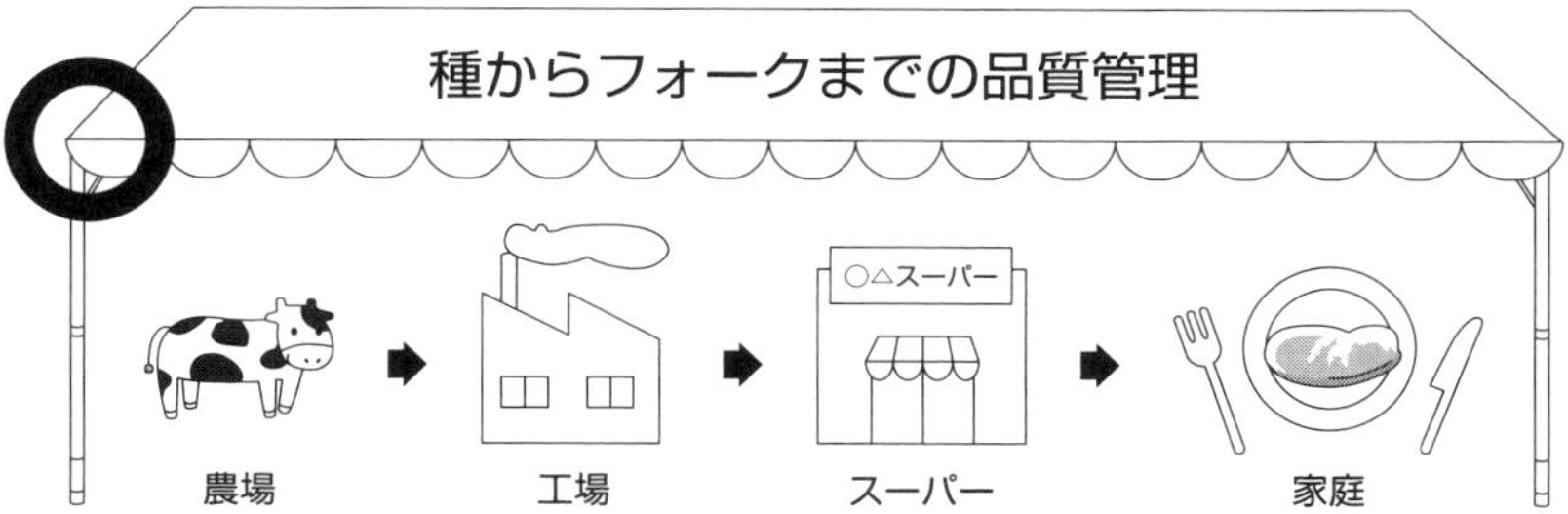

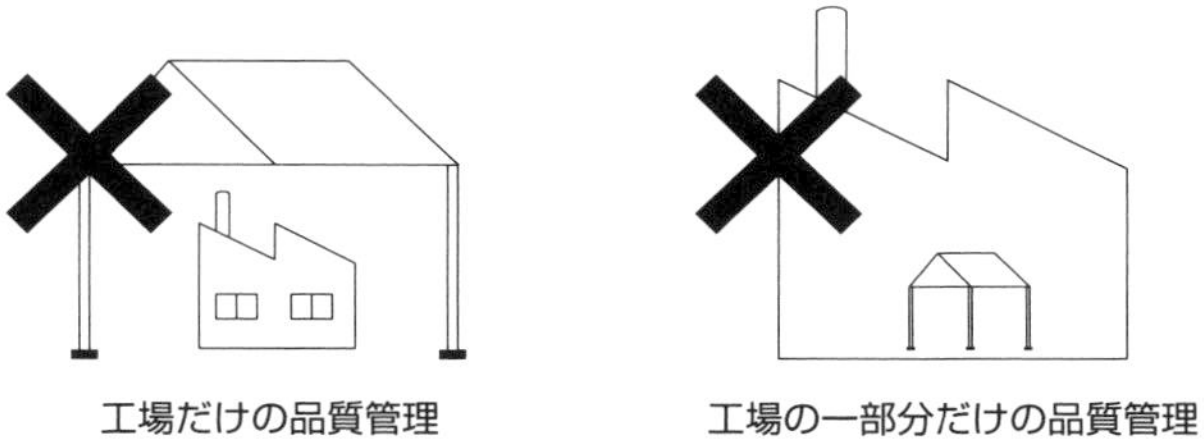

◎テントを見守る仕組みづくり＝品質管理

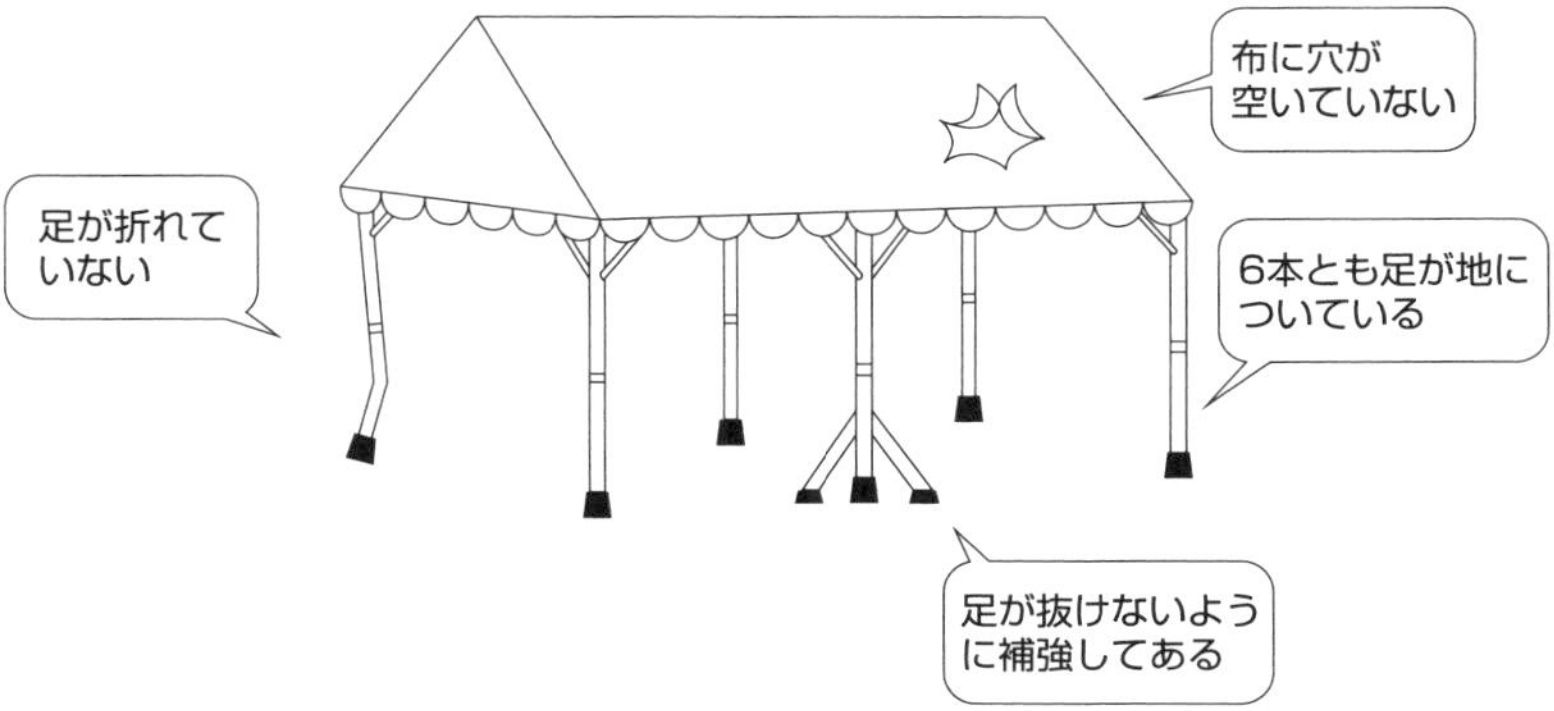

- テントが壊れているときに気がつく仕組みづくり
- テントが壊れているとき、従業員が笛を吹ける仕組みづくりも必要

異常に気がついた人が行動することが重要

95 ドベネックの要素樽

■最小養分律とは

作物が、健全に生育するためには、作物に必要な各種の養分が完全に供給されなければなりません。

作物に共通して必要な成分は16種類程度ですが、これらが等しく欠乏して作物生育を悪くするわけではなく、それらの養分のうち、植物の必要量に対してもっとも供給の少ない養分が生育を制限し、この養分を最小養分と言います。この考え方を「ドベネックの要素樽」と言います。

この場合は、他の養分がいくら豊富であっても、最小養分の供給量によってのみ生育が支配されます。この関係は養分だけでなく光線、温度、水分などについても成立すると考えられており、左図の場合窒素が最小率になります。

■食品工場で考えると

食品工場は安全という土台の上で製品を製造し、利益を出し続けることが必要です。

安全の土台が水を溜める樽と考えます。

木の胴板を「部門ごとの管理状態」にたとえることができます。樽に貯められる水の量は、樽を構成する木の板（胴板）がもっとも低いところで決まります。つまり、管理できていない部門が一つでもあれば、そこから水が漏れていきます。水漏れ箇所（＝管理が十分にできていない部署）があれば、十分な水を貯められなくなります。

〝タガ〟が緩んでいても、水は貯まりません。タガを締めるのは、工場長の仕事になります。

自分たちの工場で、どの部門が品質的にもっとも弱いのか、どの部門を最も強化しなければならないのかを考えてみてください。

弱い箇所を少し強くするだけで、樽の中に水が貯まるようになります。品質管理の外部専門家を雇用することも効果的な方法かもしれません。しかし、それは樽を構成する胴板の一枚だけを大きくしているに過ぎません。貯められる水の量は、胴板の高さがもっとも低いところで決まります。

ドベネックの要素樽

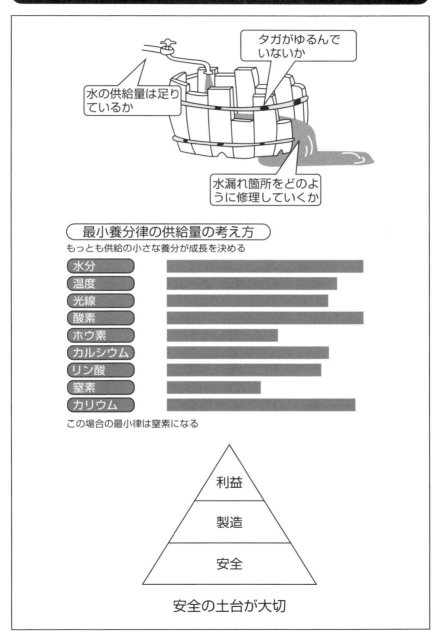

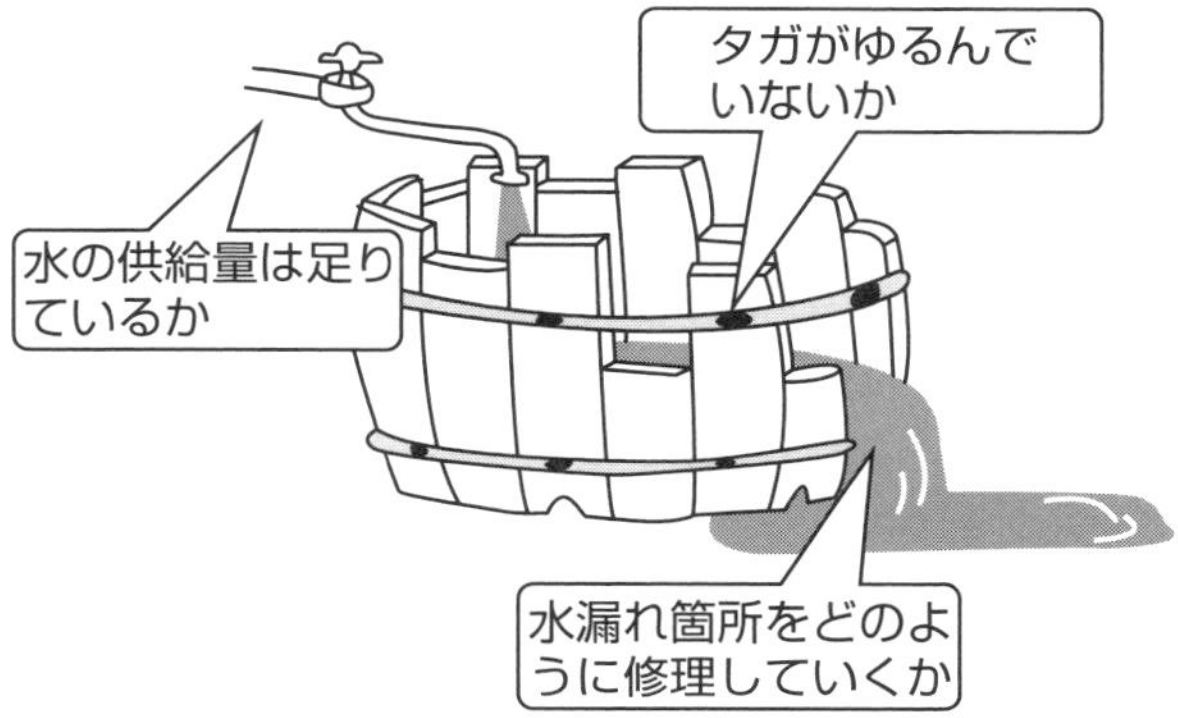

最小養分律の供給量の考え方

もっとも供給の小さな養分が成長を決める

この場合の最小律は窒素になる

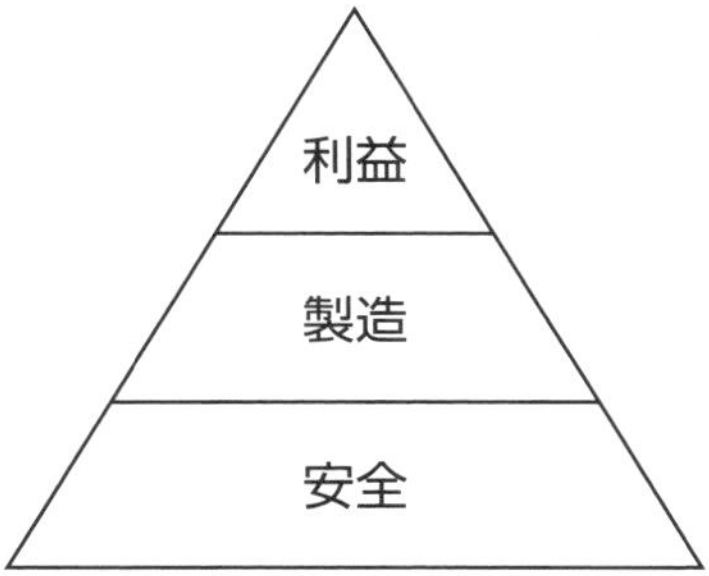

安全の土台が大切

96 ミスを防ぐ考え方

■習慣になるまでの教育が必要

ミスは設備が不足、不完全のために発生する場合と、ミスを起こした方の人的ミスの場合があります。

「ミスを犯すな」、「労災ゼロ」と、経営者が号令をかけても、設備的に整備されていなければ、従業員は対応することはできません。

たとえば、「5Sは事務所から始めよう」と号令をかけ、「毎日帰宅時には机の上は何もない状態で帰るように」と号令をかけても、書類などを入れる袖机、ロッカーなどが不足していては、対応することができません。

5Sを始めるには、経営層が5Sのことを学び、「こうすればできるはずだ」という環境を整え、従業員教育を行うことが必要です。

ロッカーなどの整理する環境を作り上げ、工場長自身から、机の上を綺麗にして帰宅し、片付けることのできない従業員に対しては、具体的な指導ができる監督者が必要なのです。

目標を掲げ、環境を整備し、従業員を教育し、やらせて見せてできていない従業員には、具体的な方法を指導することができるのが、本当の管理監督者です。

「なぜできないのだ」と、大きな声を出しても改善は決して進みません。

ミスを起こしたくても起こせない設備環境をつくり上げることが管理者の仕事なのです。

■従業員同士がチェックする必要性

労災で一番多いのが転倒事故です。現場での転倒、階段での転倒事故が多くなっています。階段での転倒事故を防ぐためには、「階段では必ず手すりを持つこと」この単純なルールを守れば事故が防げます。

しかし、階段に手すりが設置されていない、手すりを持つという教育も行っていない、誰も注意もしない等の、まったく労災に無関心な工場があるのも事実です。

ミスを起こさない組織にするためには、ミスを起こさない設備投資を行い、教育をし、教育したことを実践していない作業者に対して管理監督者だけが注意するのではなく、従業員同士で注意し合える組織が大切です。

ミスを防ぐ考え方

◎ルールを明確にする

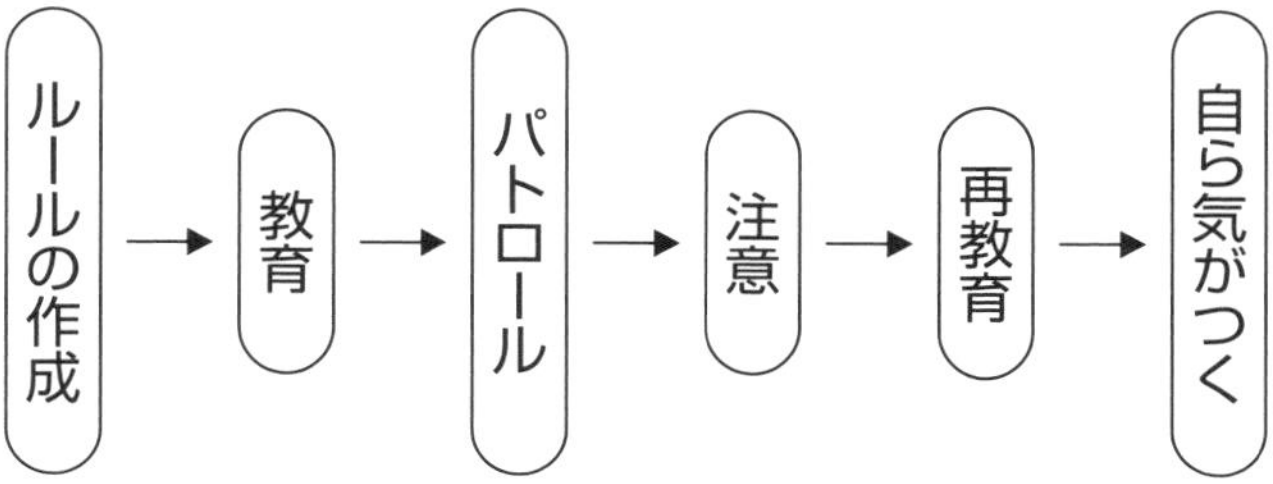

◎段階で考える

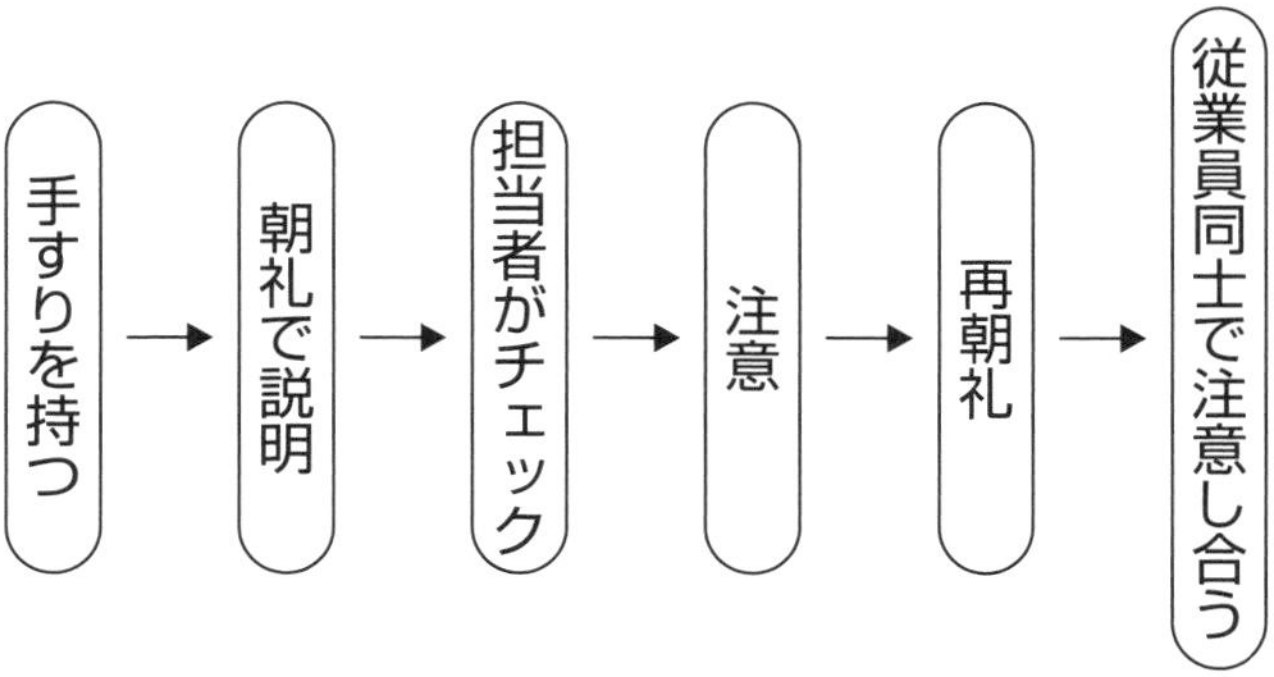

97

人由来の異物混入を防ぐために

■経営者の考えが一番出るところ

人由来の異物混入を防ぐ考え方は、経営者の品質に対する考え方が一番明確に出る項目です。

作業場に入場するときに多くの食品工場ではコロコロローラーをかけて、毛髪などの異物を作業着から取り除きます。ローラーをかけてエアーシャワーを通過してから、タイムカードを打刻させている工場がありますが、異物除去する工程は、本来作業時間に含まれるべきなのです。

異物除去の時間を作業時間に含むことなく、異物混入したときに作業者の責任にする工場は、異物対策に対して真剣に考えていない工場と宣言しているようなものです。

人由来の異物対策で一番効果のある作業に関して、従業員が家庭に持ち帰り洗濯をさせている経営者は、異物が入った時に従業員を責める資格はないと思っています。

食品を取り扱う作業着を家庭で下着と一緒の洗濯機で洗うべきではないのです。

作業着を入れるロッカーと、通勤着が同じロッカーというのも避けるべき事項になります。日本の法律、ISOなどでも更衣室に関する規定がないので、外部監査員の方も注意することなく、日本の食品工場は、作業着を家庭の洗濯機で洗わせてきたのです。

■明確なルールブックが必要

人由来の異物クレームを減らすためには、食品工場で働くときのルールをまとめたルールブックを作成する必要があります。

通勤時の服装から着替え、作業場の入場方法まで細かく定めたルールブックが必要です。

ルールブックは、入社時に教育を行うときに説明し、できれば一人一冊配布し、ルールに迷った時に、常に振り返りながらルールを確認することができるようにするべきです。

外国の方を採用するときには、外国の方が理解できる言語のルールブックを作成する必要があります。

人由来の異物混入を防ぐために

〈通勤中、作業中の注意点〉

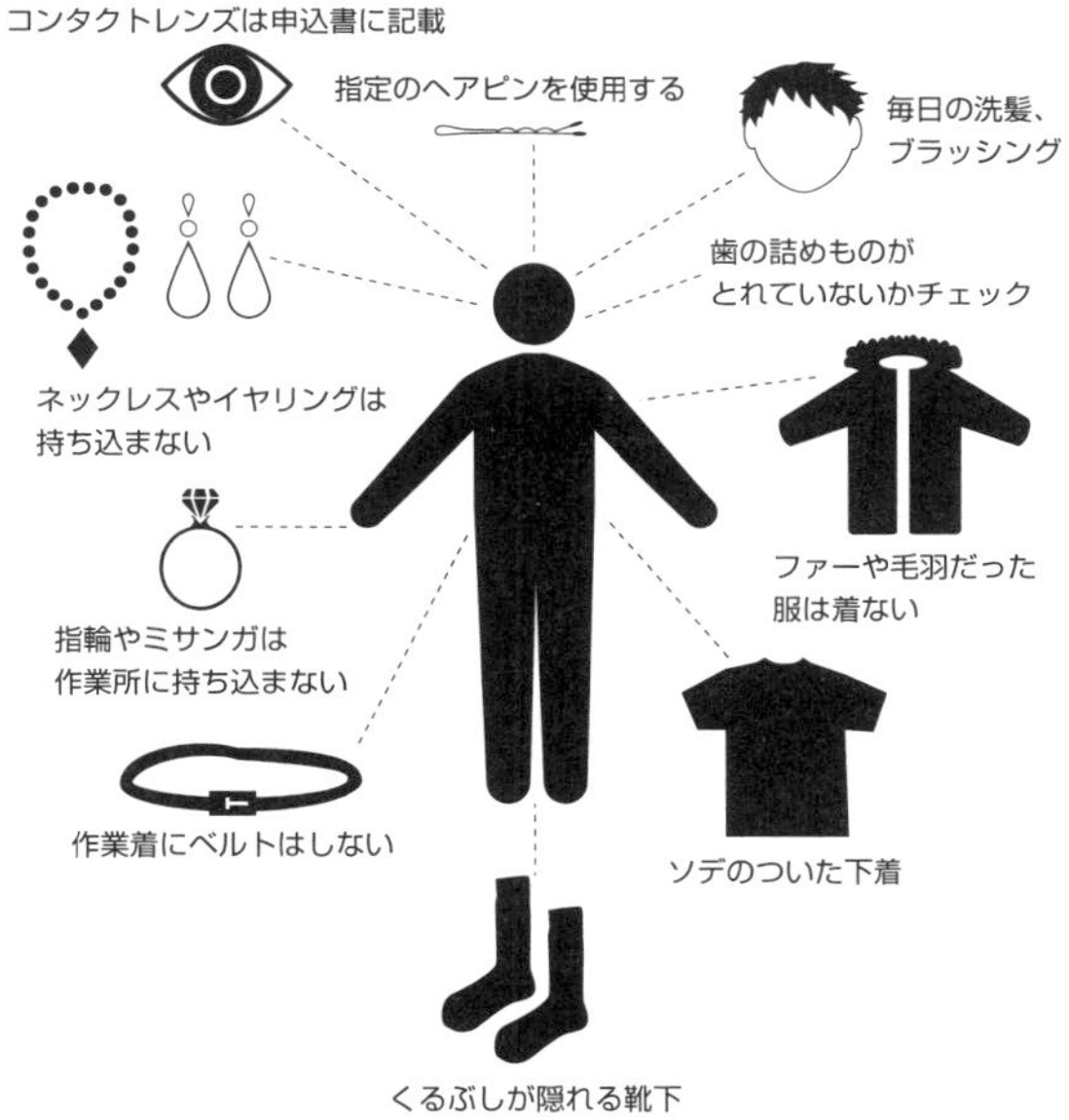

◎入場時のチェック表

・体温が38℃以上ない
・下痢をしていない（同居者を含む）
・ツメが短い
・手にケガがない

◎入場時と退場時にチェック

・歯の治療痕がはずれていない、コンタクトがはずれていない

自主点検ではない、チェックが必要

98 手洗いは衛生の基本の基本

■手洗い設備は十分な数が必要

手洗い設備は、食品工場の品質管理に対する考え方が一番わかる設備です。

原材料仕入れのための工場監査で、毛髪混入防止のローラー掛けと、手洗い方法を確認すれば、仕入れを行っていい工場かどうか、すぐに判断できます。

従業員教育は充分行っていても、手洗い設備の数が足りなければ、手を確実に洗うこともできません。

手洗い設備は手洗専用のものが必要です。手洗いをした時の跳ね水が、食品、材料、製造設備などを洗浄している設備などにかかる可能性のある場合は、障壁などの設置が必要になります。手洗い設備には左図のようなものが必要になります。十分な大きさの手洗い用の流し、使い捨てペーパータオル、手洗い用洗剤、アルコール、専用ゴミ箱、爪ブラシが必要になります。爪ブラシは使用しないときは、図のように手洗い洗剤に漬け込んでおきます。エアーで乾燥させる設備は、エアー発生部分の清掃が不十分な場合は汚染を広げる危険性があります。

■手洗いの方法について

テレビドラマで外科医が手術室に入る場面を見ていると、爪ブラシで各指を10回以上擦ってよく洗っている所を見ることがあります。

外科医ほどの手の洗い方は必要ありませんが、家庭での手の洗い方と食品工場での手の洗い方は異なることを充分教育する必要があります。

作業開始前、昼食後、トイレ休憩後に作業場に入場するときは、左図のように手を触れることなく水を出して手を濡らします。十分な手洗い専用の洗剤を手に取り、指を交差させてよく擦ります。片手を反転させて手のひらで手の甲を洗い、そして反対の手も洗います。親指の根本をよく擦り、この作業も左右交互に行います。次に手首をよく擦ります。もちろん腕時計、指輪、ミサンガなどを付けていることは厳禁です。時間は洗剤で擦る時間が最低30秒以上必要になります。この30秒という時間が洗剤の殺菌効果上必要になります。

手洗いは衛生の基本の基本

◎手洗い設備

手洗いシンクの例

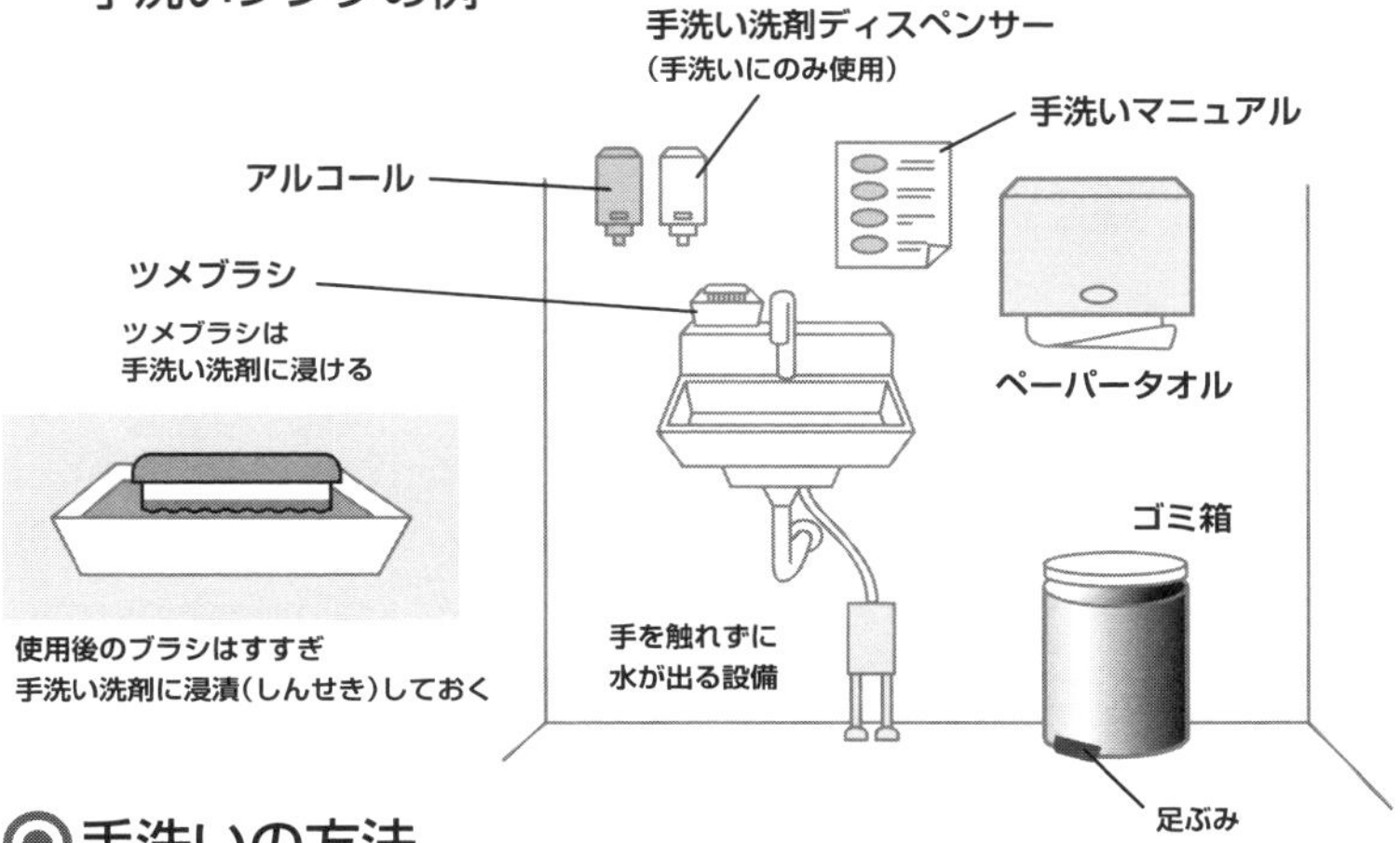

◎手洗いの方法

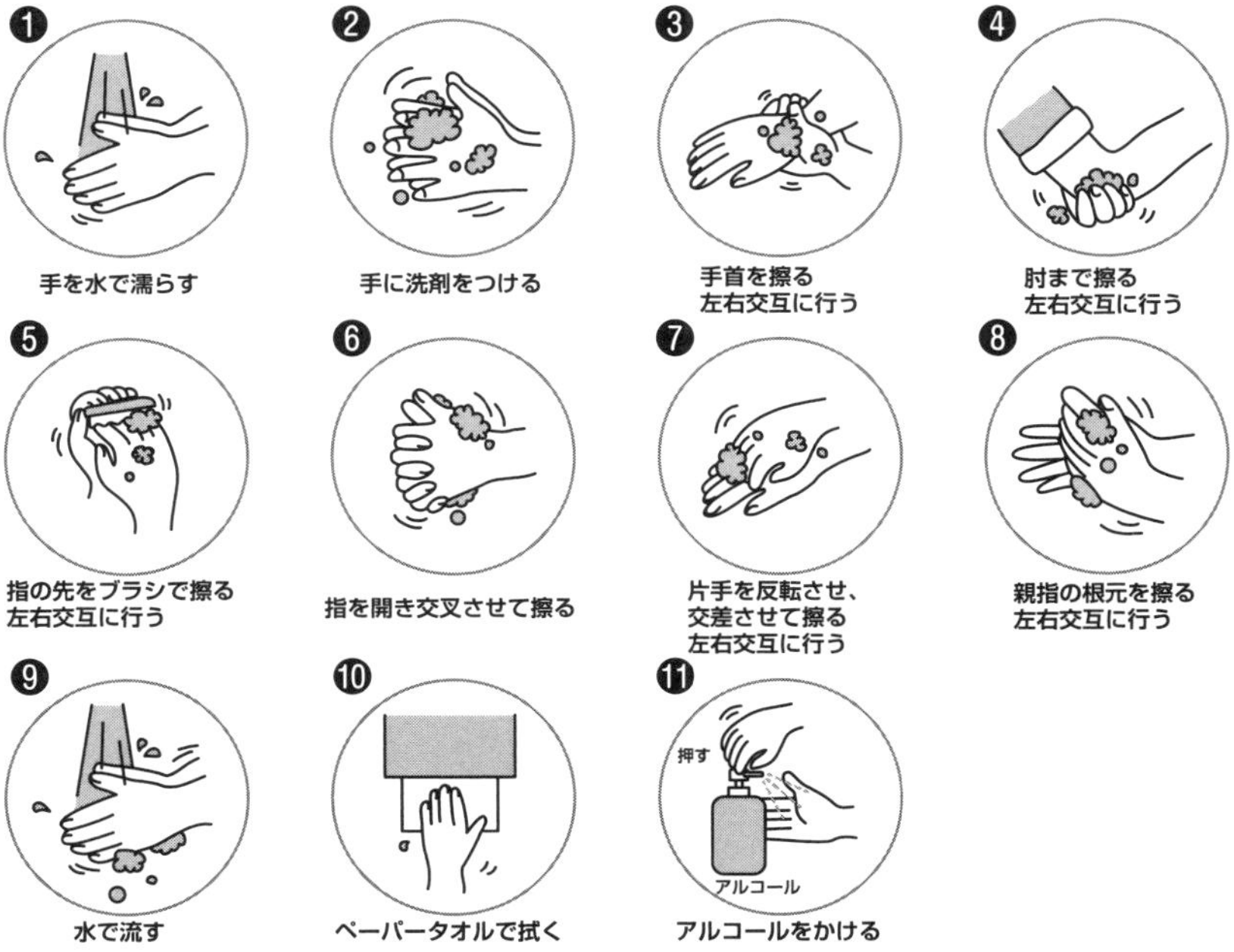

❶ 手を水で濡らす
❷ 手に洗剤をつける
❸ 手首を擦る
左右交互に行う
❹ 肘まで擦る
左右交互に行う
❺ 指の先をブラシで擦る
左右交互に行う
❻ 指を開き交叉させて擦る
❼ 片手を反転させ、
交差させて擦る
左右交互に行う
❽ 親指の根元を擦る
左右交互に行う
❾ 水で流す
❿ ペーパータオルで拭く

アルコールをかける

Column 10

食品事故一覧表

食品産業の時代の変化は、大きなクレームとともにあると言っても過言ではありません。食品事故にはいろいろな教訓が秘められています。「他山の石」として、さまざまなクレームを見ていただきたいと思います。

年度	事故名	人数	内容
1955	森永ヒ素ミルク中毒事件	12,344人、死亡者130名	「森永ドライミルク」の添加物・二燐酸ソーダの中に不純物としてヒ素が含まれていた
1984	熊本カラシレンコン	36名が発症し、11名が死亡	真空パック食品のカラシレンコンによるボツリヌスＡ型中毒
1990	広島ティラミス	697名	材料の液卵が5時間、室温放置されており、この間にサルモネラ菌が増殖したものと推定された
1996	堺市学童集団下痢症 O-157	6,561名	O-157の原因がカイワレ大根とされていたが、結局は不明となる
2000	三菱自動車リコール隠し事件		本来、リコールすべき内容を修理対応してリコールを隠していた事件
2002	雪印食中毒事件	発症者数は1万数千名	低脂肪乳から黄色ブドウ球菌のエンテロトキシンＡが検出された。大樹工場製脱脂粉乳が原因
2001	国内初のBSE牛発見		日本国内初のBSE牛が発見された
2002	無認可香料使用	出荷先は、秋田、高知両県を除く45都道府県の食品メーカーなど、約600社	無認可の添加物を使って香料を製造・出荷していた。違法香料は448品目
2004	韓国生ゴミ餃子輸入禁止		韓国から輸入していた餃子に、生ゴミのダイコンを使用していた
2007	不二家期限切れ原材料使用		賞味期限切れの原料を使用して製品を製造、食品偽装の発端となった
2007	ミートホープ社　挽肉偽装		牛肉の挽肉に、パン、豚の心臓などを混ぜ増量していた
2007	赤福の消費期限不正表示		販売時の売れ残り品の賞味期限を書き換えていた
2007	船場吉兆　菓子の期限張替え		菓子の期限張替え、食べ残し料理の使い回しが発覚
2008	輸入うなぎを「国産」表示		中国産のうなぎを「三河一色産」として加工販売していた
2011	東京電力福島原子力発電事故		原子力発電所の事故により放射線物質が拡散した
2011	グルーポン残飯おせち問題		おせちがパンフレットと大きく異なった商品が届けられた
2013	コンビニのアイスクリームケースで写真		商品の上に寝転んだ写真がSNSで公開される
2013	冷凍食品農薬混入事件		従業員が冷凍食品に農薬を混入させた
2014	マクドナルド　中国産　ナゲット問題		使用期限の切れた原料を使用している事が発覚
2016	カレーチェーン店の廃棄カツの横流し事件		異物混入の可能性のあるカツが横流しされ販売された
2019	新型コロナウイルス流行		中国から流行したと言われるコロナウイルスが世界中で流行
2022	新潟菓子工場で死亡火災事故		深夜に火災が発生し、避難できずに従業員が死亡
2023	老舗弁当屋で食中毒事故		製造能力を超えた生産を行い、全国規模で食中毒事故を発生させた

あとがき

本著は、私がインターネット上で行っている、ホームページとメールマガジンから生まれました。私がインターネットに出会ったのは、１９９９年のことです。それまではＮＩＦＴＹのパソコン通信を富士通のオアシスで楽しんでいました。

ホームページを立ち上げたことのある方は経験があると思いますが、ホームページではひとつのテーマを深く掘り下げることと、毎日、毎週内容を更新することが非常に大切になってきます。最初はいろいろなテーマを書いていましたが、私の場合は、大学時代から食品に関する仕事を行ってきた関係から、食品製造関係の事が一番深く掘り下げることができそうだったので、ホームページのテーマを「食品工場の工場長の仕事とは」とし、メールマガジンとホームページを運営してきました。

このメールマガジンとホームページは、いろいろな方に購読、あるいはアクセスしていただき、リンクもしていただき、リンクもしています。

その、メールマガジンの読者の中に、本書を企画された同文舘出版株式会社の方がいらっしゃいました。ある日、その方からメールをいただきました。その内容は、メールマガジンの内容で本を書いてみないかとのお誘いでした。

インターネットで情報を得ることと、書籍から情報を得ることは、似ているようで非常に異なると面があります。インターネットではいろいろな情報を得ることができます。その情報を印刷してファイルしておけば本と同じように製本することもできます。しかし、本になって書店で売られるということは、ホームページで公開するのと読者層に大きな違いがあります。

今回のチャンスに非常に感謝しています。メールマガジンは自分で考えたことをすぐ公開することができますが、書籍の場合は編集者、イラストレーターとの共同作業になります。イラストはこの本のメインの要素になります。タイトルに図解とあるように、いかにわかりやすくイラストを描くかということでは、有限会社ムーブの新田由起子さんには非常にお世話になりました。

一人仕事でないことは、ひとつの事を行うにしても、よい方向にフィードバックがあるということです。今回、たくさんのフィードバックをいただき、非常に感謝しています。

メールマガジンを通じて様々なご意見をくださった方々にも感謝いたします。本にまとめることができたのも、皆様からの叱咤激励があったからこそと思っています。資料の収集にご協力頂いた加須市立騎西図書館の皆様に非常にお世話になりました。

今回の改訂版にあたり、ミスを防ぐための教育、設備投資の重要性を追加しました。

質問などありましたら、ホームページ上からぜひ質問してください。

「食品工場の工場長の仕事とは」

http://ja8mrx.o.oo7.jp/koujyou1.htm

お客様の健康のための食品工場であることを祈って。

河岸宏和

【参考文献】

『ホンモノの温泉は、ここにある』松田忠徳／光文社新書
『マーケティング』恩蔵直人／日経文庫
『食品ものづくり学講座』浅田和夫／幸書房
『品質管理入門』石川馨／日科技連出版社
『食品の安全・衛生包装』横山理雄・監修／幸書房
『食品事故で会社を倒産させないためのリスクマネージメント』西村雅宏／多賀書院
『製品安全専門講座』財団法人日本科学技術連盟
『コンプライアンスの考え方』浜辺陽一郎／中公新書

著者略歴

河岸　宏和（かわぎし　ひろかず）

食品安全教育研究所 代表

1958年北海道生まれ。帯広畜産大学を卒業後、農場から食卓までの品質管理を実践中。これまでに経験した品質管理業務は、養鶏場、食肉処理場、ハム・ソーセージ工場、餃子・シュウマイ工場、コンビニエンスストア向け総菜工場、配送流通センターなど多数。

『HACCPへの対応が具体的にわかる 図解 飲食店の衛生管理』（日本実業出版社）、『最新版 ビジュアル図解　食品工場の点検と監査』（同文舘出版）など著書多数。

HP　http://ja8mrx.o.oo7.jp/koujyou1.htm
X（旧 Twitter）　https://twitter.com/ja8mrx
Facebook　https://www.facebook.com/ja8mrx

従業員講習、セミナー等の依頼はホームページからお願いします。

新装版　ビジュアル図解

食品工場のしくみ

2024年 2 月 6 日　初版発行
2024年 5 月17日　2 刷発行

著　者 ―― 河岸宏和

発行者 ―― 中島豊彦

発行所 ―― 同文舘出版株式会社
東京都千代田区神田神保町1-41　〒101-0051
電話　営業03（3294）1801 編集03（3294）1802
振替00100-8-42935

　ISBN978-4-495-56923-5

印刷／製本：萩原印刷　Printed in Japan 2024